実験で学ぶ メカトロニクス
TK400SHボード実習

川谷亮治・高田直人 [著]

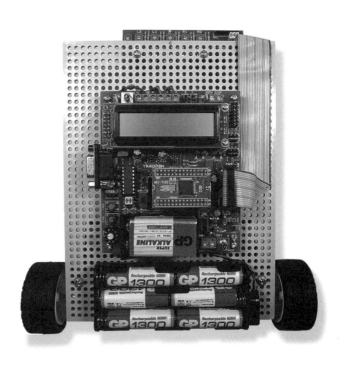

東京電機大学出版局

本書に記載されている社名および製品名は，一般に各社の商標または登録商標です。本文中では ™ および Ⓡ マークは明記していません。

まえがき

　現代社会の快適性，利便性を支えている工学分野の1つがメカトロニクスです。メカトロニクス（Mechatronics）は，機械工学（Mechanics）と電子工学（Electronics）を組み合わせた日本発の造語で，機械，電子，情報，制御などの基盤技術を融合させた総合技術です。電子回路が機械を制御することで，機械だけでは実現が困難であった小型軽量化，省エネ，高速化・高精度化，信頼性の向上，柔軟な適応機能を持たせることができるようになります。

　一例として，家電製品の中で最も省エネ化が進んだとされる冷蔵庫を考えてみましょう。昔は庫内を冷却するために，コンプレッサと呼ばれる回転動力機器を，サーモスタットと呼ばれる簡易的な温度センサでオン・オフ制御をしていました。今では，扉の開閉や食材の分量，庫内温度や周囲温度など，いろいろなセンサを使って冷蔵庫内外の状態を把握し，マイコンによってコンプレッサをきめ細かく運転制御することで冷却力を効率よく調整することが可能になり，大きな省エネ効果を発揮しています。

　メカトロニクスは，このような省エネ技術だけでなく，安全性や利便性の向上などを目的として，様々な分野や用途で活用されています。その意味で，現代の技術者が習得すべきものの1つであるといえるでしょう。しかし，メカトロニクスを自在に駆使するためには非常に広範に渡る知識と経験が必要であり，そのためにメカトロニクス技術者が不足しているのが実状で，彼らの育成が社会から求められています。このような社会的要請に対して，少しでも貢献できたらという願いから本書が生まれました。

　メカトロニクスシステムの基本構成要素はセンサ，アクチュエータ，マイコンです。これらの基本要素の利用法を学習するための最良の題材の1つが自律移動ロボットでしょう。筆者らが開発したTK400SHは，メカトロニクスをこれから学ぼうという初級者から，フィードバック制御を学ぼうとする中・上級者まで使えるメカトロ教育用マイコンボードです。このマイコンボードは，自律移動ロボットに搭載することを想定して設計していますが，初級者の方はまずはじめに，いろいろなセンサをTK400SHに接続して，プログラムを通してその活用方法を学んでください。TK400SHはアナログやディジタルセンサを同時に8個ま

で接続することができます．センサごとに電源を供給できる独自のコネクタ方式になっています．また，最大出力 3.5 A のモータドライバ，RC ラジコンサーボドライバをそれぞれ 2 チャネル搭載しているので，アクチュエータの活用方法についても学習することができます．

　センサとアクチュエータについて学習したい方は，ぜひ自律移動ロボットを製作し，センサとアクチュエータを融合して活用するプログラム作成に挑戦してください．TK400SH は，ボード上にマイコン駆動用電池を搭載しているため，ロボットへの搭載はもちろん，どこにでも持ち込んで使用することができます．他にも，2 相ロータリエンコーダを直接接続できる端子を 2 チャネル搭載しているので，位置制御や速度制御などといったフィードバック制御系を容易に構築できる設計になっています．

　ところで，どんなに優れたマイコンを搭載していても内蔵している周辺機能を利用できなければ，その価値を発揮することができません．そのためには，マイコンに対して様々な設定が必要になり，このことが初心者にとって大きな壁になっていました．筆者らは，簡単なコマンド（関数）に引数を与えるだけで TK400SH が搭載する機能を容易に利用できるよう TK400SH ボードサポートライブラリを作成しました．このライブラリにより，マイコンの内部構造について十分な知識をもたなくても容易にプログラムを記述でき，アルゴリズムの本質について思考を集中することができます．本書では，できるだけ多くのプログラム例を示すよう心がけました．プログラム例を通して，センサとアクチュエータの使い方を学ぶだけでなく，マイコンを利用することにより，どのようなことが可能になるのかについて読者自身で体験し，メカトロニクスに関する知識を深めていただければと思います．

　本書の刊行にあたって，㈱エル・アンド・エフの菅原祥栄氏と㈱バイナスの渡辺互氏には YellowIDE ならびに TK400SH の販売に対してご尽力頂きました．この場を借りて心より感謝いたします．

　最後になりましたが，執筆の機会を与えて頂くとともに，刊行に向けて大変な尽力を頂きました東京電機大学出版局編集課の石沢岳彦氏に心より感謝申し上げます．

2016 年 3 月

筆者らしるす

もくじ

序章
TK400SH の仕様と特長 …………………………… 3
TK400SH の外観と各部の名称 …………………… 5
本書で必要となる準備品 ………………………… 6

第1章 マイコンボード TK400SH の基本的な入出力

1.1 LCD（液晶ディスプレイ）への文字・数字表示…… 7
1.1.1 LCD 用関数　7
1.1.2 使用例　9
実験 1.1　文字列の表示
実験 1.2　整数と浮動小数点数の表示
実験 1.3　16 進数と 2 進数表示

1.2 LED の点滅（ディジタル出力）……………… 14
1.2.1 LED の点灯・消灯　14
実験 1.4　LED1 と LED2 をともに点灯
1.2.2 LED の点滅　16
実験 1.5　for 文を利用した LED の点滅
実験 1.6　while 文を利用した LED の点滅
1.2.3 チェック端子　20
実験 1.7　チェック端子の利用例

1.3 スイッチ（ディジタル入力）………………… 22
1.3.1 タクトスイッチ　22
実験 1.8　タクトスイッチと LED との連動
実験 1.9　タクトスイッチの操作回数
1.3.2 ロータリースイッチ　25
実験 1.10　ロータリースイッチ
実験 1.11　switch 文の利用例

1.4 関数の活用 ……………………………………… 28
実験 1.12　関数の作成例 1（LED の点滅）
実験 1.13　関数の作成例 2

1.5 乱数の生成 ……………………………………… 32
実験 1.14　乱数の生成

1.6 配列 …………………………………………… 34

1.6.1 配列の利用方法　　　　　　　　　　　　　　34
実験 1.15　乱数の出現頻度

1.6.2 文字配列　　　　　　　　　　　　　　　　　36
実験 1.16　電光掲示板

章末課題 …………………………………………… 39

第 2 章　マイコンボード TK400SH の入出力端子の活用

2.1 汎用 I/O ポート ………………………………… 41

2.1.1 汎用 I/O ポートのピン構成　　　　　　　　　41

2.1.2 ディジタル出力（LED）　　　　　　　　　　43
実験 2.1　LED 点灯実験
実験 2.2　LED の点滅制御

2.1.3 7 セグメント LED　　　　　　　　　　　　　47
実験 2.3　7 セグメント LED

2.1.4 ディジタル出力（圧電スピーカ）　　　　　　49
実験 2.4　圧電スピーカ

2.1.5 ディジタル入力（スイッチ）　　　　　　　　52
実験 2.5　タクトスイッチ
実験 2.6　複数端子からの入力

2.2 ディジタル・アナログ入力ポート …………… 56

2.2.1 ディジタル・アナログ入力ポートのピン配置　56

2.2.2 アナログ入力　　　　　　　　　　　　　　　58
実験 2.7　アナログ入力実験

2.2.3 ディジタル入力　　　　　　　　　　　　　　59
実験 2.8　ディジタル入力実験

2.3 DCモータ ……………………………………………… 60
2.3.1 デューティー比　　　　　　　　　　　　　　　　61
実験 2.9　デューティ比と LED の明るさの確認
2.3.2 DC モータの制御方法　　　　　　　　　　　　　63
2.3.3 移動ロボットの試作　　　　　　　　　　　　　　64
実験 2.10　動作確認
2.3.4 シーケンス制御　　　　　　　　　　　　　　　　67
実験 2.11　シーケンス制御

2.4 RC サーボ ……………………………………………… 69
2.4.1 RC サーボ用電源　　　　　　　　　　　　　　　69
2.4.2 RC サーボの準備　　　　　　　　　　　　　　　70
2.4.3 RC サーボの駆動原理　　　　　　　　　　　　　71
実験 2.12　RC サーボ制御実験

2.5 ロータリーエンコーダ ……………………………… 73
2.5.1 計測原理　　　　　　　　　　　　　　　　　　　73
2.5.2 計測用プログラム　　　　　　　　　　　　　　　75
実験 2.13　2 相エンコーダ

章末課題 ……………………………………………………… 77

第 3 章 シリアル通信機能の活用

3.1 シリアル通信の基礎 ………………………………… 78
3.1.1 RS232 通信　　　　　　　　　　　　　　　　　78
3.1.2 TK400SH のシリアル通信機能　　　　　　　　81
3.1.3 TK400SH のシリアルポートの活用方法　　　　82
3.1.4 TK400SH と YellowIDE を使った RS232 通信　84
実験 3.1　シリアルポート 1 を使ったリモート計算機
実験 3.2　シリアルポート 2（CN10）を使ったメッセージ表示

3.2 RS232 通信の応用例　〜GPS モジュールの接続〜 … 92
3.2.1 GPS モジュールの準備　　　　　　　　　　　　92
3.2.2 受信データの表示とデータ抽出　　　　　　　　95
実験 3.3　GPS モジュールからのデータ表示
実験 3.4　位置情報の抽出
実験 3.5　日本標準時間と位置座標表示

3.3 シリアル通信の応用例 ～I²C 通信と SPI 通信～ **103**

3.3.1 I²C 通信とは **103**
3.3.2 I²C バスの通信手順 **104**
3.3.3 I²C バスインタフェース回路と
　　　通信関数ライブラリ　SH_i2c_lib.h **106**
3.3.4 I²C デバイスの活用事例 1
　　　～シリアル EEPROM の活用～ **108**
実験 3.6　I²C-ROM アクセス
3.3.5 I²C デバイスの活用事例 2
　　　～I²C 温度センサの活用～ **114**
実験 3.7　温度センサモジュールによる温度測定
3.3.6 SPI 通信による D/A, A/D コンバータの接続 **119**
3.3.7 12 ビット D/A コンバータ（MCP4922-E/P）の活用 **121**
実験 3.8　のこぎり波の 2 チャネル生成
3.3.8 12 ビット A/D コンバータ（MCP3204-B I/P）の活用 **128**
実験 3.9　A/D コンバータによるディジタル電圧計

第 4 章　センサとアクチュエータの活用

4.1 センサの活用 …………………………………… **137**

4.1.1 リミットスイッチ **137**
実験 4.1　障害物回避ロボット 1
4.1.2 測距センサモジュール **141**
実験 4.2　障害物回避ロボット 2
実験 4.3　測距センサによる距離測定
4.1.3 ジャイロセンサ **150**
実験 4.4　ジャイロセンサによる計画軌道走行
4.1.4 加速度センサ **158**
実験 4.5　加速度センサを使った車載用クリノメータ
4.1.5 反射型フォトセンサ **167**
実験 4.6（A）　反射電流（フォトトランジスタの出力電流）の測定
実験 4.6（B）　ライントレースロボット
4.1.6 赤外線センサ（赤外線リモコン受光モジュール） **179**
実験 4.7（A）　赤外線リモコンの送信データ解析
実験 4.7（B）　赤外線リモコンで操縦するロボット

4.2 アクチュエータの活用 …………………………………… 192

4.2.1 DCモータの駆動回路と速度制御　192
実験4.8（A）　ソフトウェアPWMによる速度制御
実験4.8（B）　モータドライバICを使った速度制御
実験4.8（C）　モータコントローラを使った速度制御

4.2.2 ステッピングモータの制御　203
実験4.9　ステッピングモータの正逆回転

第5章 割り込み処理

5.1 割り込み処理とは …………………………………… 209
5.1.1 SHマイコンの割り込み処理　210
5.1.2 割り込み処理の優先順位（レベル）　211
5.1.3 割り込みコントローラ　211
5.1.4 割り込み関数　213

5.2 コンペアマッチタイマ（CMT）割り込み ………… 214
5.2.1 CMT構成と動作　214
5.2.2 CMTのレジスタ　215
5.2.3 コンペアマッチタイマ時間の設定方法　218
5.2.4 CMT0の動作環境の設定例　218
5.2.5 コンペアマッチタイマを使ったプログラム例　219
実験5.1　タイマ割り込みを使ったLEDの点滅制御
実験5.2　タイマ割り込みを使ったDCモータのPWM制御

5.3 多重割り込みを使った「反射神経ゲーム」の作成　224
5.3.1 割り込み処理と反射神経ゲームの概要　224
5.3.2 IRQ0割り込みの設定手順　226
実験5.3　多重割り込みを使った反射神経ゲーム

章末課題 ………………………………………………… 232

付録

F.1 YellowIDE のインストールと
　　スタートアップルーチンの修正 …………… 233

F.2 プロジェクトの作成方法とマイコン上での実行 … 236

F.3 ルネサスエレクトロニクス統合開発環境 HEW の
　　インストールとプロジェクトの作成手順 … 241

F.4 TK400SH 回路図と動作環境 …………………… 250

F.5 TK400SH ボードサポートライブラリ関数
　　［tk400sh_lib.h］………………………… 252

F.6 I²C 通信関数ライブラリ関数［SH_i2c_lib.h］… 263

F.7 移動ロボットの製作 ……………………………… 265

F.8 マイコンボード TK400SH と開発環境の購入先　271

参考文献 ……………………………………… 273

索　引……………………………………… 274

序章

　本書は5つの章と付録によって構成されています。それらを読み進めるとともに，マイコンボードTK400SHを利用して実験を行い，動作を実体験していくことで，マイコンを動かすための制御系C言語のプログラミング法[※]や各種センサやアクチュエータの使用法を習得し，メカトロニクスの基礎を学習できる内容になっています。

　第1章から第3章では《基礎編》として，TK400SHに搭載されている入出力機能のすべての活用例を示します。第4章と第5章では《応用編》として，メカトロニクスシステムを構成する際に知っておくべき代表的なセンサとアクチュエータの活用方法とマイコンにおいて必須の割り込み処理について説明します。

　メカトロニクスをこれから学習したいと考えている初級者の方は第1章から始めてください。中・上級者の方は必要な章から読み進めていただいて構いませんが，TK400SH用に用意されているTK400SHボードサポートライブラリの使用例を基礎編に示してあるので，それらを一読されることをお勧めします。なお，一般的なC言語の文法に関しては本書では詳しく説明していません。これに関しては多くの良書が出版されているので，それらを副読本として，必要に応じてお読みください。

　各章の内容と学習目的を以下に示します。

※ パソコンのキーボードとディスプレイによるコンソール入出力ならびに数値計算を主体としたプログラミングではなく，マイコンのI/Oポートを利用してそれに接続されている機器（LED，スイッチ，LCD，アクチュエータなど）を制御するプログラムを作成することを，本書では制御系C言語のプログラミングと呼ぶことにします。

《基礎編》

第1章　マイコンボードTK400SHの基本的な入出力表示

　　TK400SHに搭載されているLCD（液晶ディスプレイ），スイッチ，LEDを使い，制御系C言語のプログラミングにおける基本的な文法とプログラムのループ制御について説明します。多くの実験とサンプルプログラムを用意してあるので，プログラムをとおしてマイコンの制御法を楽しく実感してください。

第2章　マイコンボードTK400SHの入出力端子の活用

　　TK400SHに搭載されている機能（汎用I/Oポート，ディジタル・アナログ入力ポート，DCモータ制御，RCサーボ制御，ロータリエンコーダ入力）の使い方を説明します。第1章と同様に，多くの実験とサンプルプログラムを用意してあります。

それらを通して活用法を学習してください。また，本章では，簡易的な移動ロボットも動かします。製作方法は付録にまとめてあるので参考にしてください。

第3章　シリアル通信機能の活用

マイコンとパソコンや周辺機能デバイスとの情報交換を行うために，通信機能は必須です。通信を理解することでマイコンの活用の幅を大きく広げることができます。本章では，シリアル通信，I^2C 通信，SPI 通信を取り上げ，その仕組みと活用法について実験回路を通して学習します。

《応用編》

第4章　センサとアクチュエータの活用

メカトロニクスを理解するための題材として移動ロボットがよく利用されます。移動ロボットを自在に動かすためには，センサ，アクチュエータ，マイコンというメカトロニクスの基本構成要素が必要であることから学習用として適している，というだけでなく，なによりも多くの人が興味をもてる題材であるからでしょう。本章では，その移動ロボットに使われる代表的なセンサであるリミットスイッチ，測距センサ，ジャイロセンサ，加速度センサ，反射型フォトセンサ，赤外線リモコン用受光素子，代表的なアクチュエータである DC モータ，ステッピングモータを取り上げます。そして，これらの動作原理と使用回路，活用上のポイントなどを説明します。また，第2章で製作した移動ロボットに対する実験も行うので，具体的な活用法を学習してください。

第5章　割り込み処理

マイコンを使ううえで割り込み処理は必要不可欠です。本章では，TK400SH に搭載されている SH マイコン（SH7125）における割り込み処理の動作原理を解説し，IRQ（割り込み要求）入力とコンペアマッチタイマ割り込みの活用方法を実験を通して学習します。初級者にとっては少しハードルが高い内容かもしれませんが，ぜひ理解してください。

《付録》

付録 F.1 ～ F.3

付録 F.1 ～ F.2 では，プログラミング開発環境 YellowIDE と SH マイコン用 C コンパイラ YCSH のインストール，なら

びにその環境上でのプログラム開発手順を示します．また，付録 F.3 ではルネサスエレクトロニクス社の開発環境 HEW（無償評価版）についてまとめてあります．本書では YellowIDE の使用を前提としますが，HEW も利用可能です．第 1 章を始める前にこれらの開発環境をお持ちのパソコンにインストールしてください．

付録 F.4

TK400SH の回路図を示しています．プログラム開発だけでなく，マイコン周辺回路を理解することでマイコン活用の幅を大きく広げることができます．ぜひ参考にしてください．

付録 F.5 ～ F.6

TK400SH 用に開発した TK400SH ボードサポートライブラリについてまとめています．具体的な利用方法については本文の例を参照してください．

付録 F.7

主に第 2 章と第 4 章で使用する移動ロボットの製作例を示してあります．自作したプログラムで思ったとおりに移動ロボットが動いたときの喜びはなかなかのものです．TK400SH とともに移動ロボットも学習に活用してください．

付録 F.8

TK400SH ならびに開発環境の入手法をまとめてあります．

本書に掲載されているプログラムはすべてホームページからダウンロードできます．ご活用ください．

TK400SH の仕様と特長

マイコンボード TK400SH の仕様を以下に示します．

① CPU：SH7125　（FLASH-ROM 128KB，RAM 8KB）
　　　　　　CPU クロック　（最大 50 MHz）
　　　　　　周辺クロック　（最大 40 MHz）
② LED × 2　　　（波形観測用オシロプローブ用チェック端子付）
③ LCD × 1　　（16 文字 × 2 行）
④ 押しボタンスイッチ × 2
　10 進ロータリデップスイッチ × 1
⑤ DC モータドライバ × 2
　　最大定格 30 V，3.5 A，最大 100 kHz までの PWM 制御機能付

　　　　　　　　　　　　（定格電流3Aのポリスイッチによる過電流保護付）
⑥　RCサーボモータ端子×2
　　　　　　　　　　　（定格電流1Aのポリスイッチによる過電流保護付）
⑦　アナログ・ディジタル入力専用ポート×1　　（8入力端子）
　　　　アナログとディジタルの入力選択はソフトウェアで設定
⑧　汎用I/Oポート×1　　（8入出力端子）
⑨　2相ロータリエンコーダ入力端子×2
⑩　シリアルコミュニケーションポート×2
⑪　マイコン駆動用電源搭載（006P型乾電池）×1
　　外部電源接続端子×1

　マイコンボードTK400SHは，メカトロニクスの学習に加え，フィードバック制御の学習にも使えるよう，様々な機能を搭載しています。主な特長を以下に列挙します。

◆　マイコン駆動用電池をボード上に搭載しているので，マイコンボード単独での使用が可能であり，移動ロボットへの搭載が容易です。また，電池の容量が不足する場合は外部電源供給端子を利用できます。
◆　16文字×2行のLCDを搭載しているので，C言語による文字列の学習に活用できます。
◆　センサやアクチュエータを簡単に接続できるように，ピンヘッダや端子台を採用しており，ピン配列にも工夫をしています。
◆　8チャネルのディジタル・アナログ入力を搭載しているので，ディジタル，アナログ出力を問わず，様々なセンサを接続することができます。また，センサへの電源供給が容易です。
◆　大容量（最大定格30V，3.5A）のDCモータドライバを2チャネル搭載しているので，2輪独立駆動型の移動ロボットを容易に構成できます。
◆　2チャネルの2相ロータリエンコーダを外付け部品なしで接続できます。このためセンサ入力と組み合わせて，フィードバック制御系の構成が容易です。
◆　オシロスコープのプローブ用チェック端子を搭載しているので，マイコンのタイミング動作を波形で観測することができます。
◆　RISC方式のCPUコアSH-2を搭載した32ビットマイコンを採用しているため，高いデータ演算処理能力をもっています。
◆　マイコンボードTK400SHが搭載するすべての機能を容易に活用できるように，ボードサポートライブラリを完備しています。また，本書では多くのサンプルプログラムを示しているので，初級者でもプ

ログラムの作成に思考を集中できます。

TK400SH の外観と各部の名称

写真1に TK400SH の外観を示します。

1. 10 進ロータリディップスイッチ
2. 押しボタン（タクト）スイッチ
3. 第 2 シリアルポート（ピンヘッダ）
4. 第 1 シリアルポート（D-Sub9 ピンコネクタ）
5. 16 文字×2 行液晶ディスプレイ（LCD）
6. DC モータ電源パイロット LED ランプ（緑）
7. DC モータ電源スイッチ
8. DC モータ電源接続端子（推奨電圧 7 ～ 16 V）
9. DC モータ接続端子（モータ 1）
10. DC モータ接続端子（モータ 2）
11. RC サーボ接続端子（2 チャネル）
12. RC サーボ電源接続端子（推奨電圧 4.8 ～ 6 V）
13. 汎用 I/O ポート（CN4）
14. 2 相ロータリエンコーダ接続端子（2 チャネル）ならびに入力パ

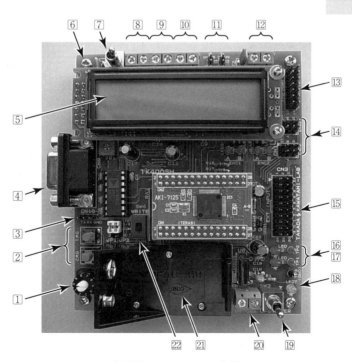

写真 1　TK400SH の外観

ルスモニタ用 LED ランプ（赤）
⑮　アナログ・ディジタル入力専用端子（CN3）
⑯　LED ランプ（LED1，LED2）
⑰　オシロスコープ用チェック端子（TP1，TP2）
⑱　CPU 電源パイロット LED ランプ
⑲　CPU 電源スイッチ
⑳　CPU 外部電源接続端子（推奨電圧 6 〜 12 V）
㉑　CPU 駆動用電池ケース（006P 型乾電池（9 V））
㉒　WRITE／RUN モード切り替えスイッチ

本書で必要となる準備品

　本書では，必要に応じてブレッドボード上に実験回路を製作し，マイコンボード TK400SH と接続して実験を行います．実験に必要な部品は各節ごとに一覧表にまとめてありますが，ここでは本書全体を通して使用する主な物品を表 1 に示します．

表 1　本書で使用する主な物品

名称	規格など	型番	メーカなど	購入先
マイコンボード TK400SH		TK400SH LFTK400SH[注]	バイナス エル・アンド・エフ	バイナス エル・アンド・エフ
ジャンプワイヤキット	単線，より線セット	SKS-390	サンハヤト	サンハヤト オンラインショップ
ブレッドボード	83×52×9 mm	SAD-101	サンハヤト	サンハヤト オンラインショップ
ブレッドボード	45.2×83.7×10 mm	EIC301	E-CALL ENTERPRISE	秋月電子通商
ミニブレッドボード	45×34.5×8.5 mm	BB-601（White）	CIXI WANJIE ELECTRONICS	秋月電子通商
ジャンパーワイヤ（オス-オス）	長さ 15 cm 赤・黒・緑の各色		E-CALL ENTERPRISE	秋月電子通商
ジャンパー延長ワイヤ（メス-メス）	長さ 15 cm，メス-メス 赤・黒・青の各色		E-CALL ENTERPRISE	秋月電子通商
ジャンパーワイヤ（オス-メス）	長さ 15 cm，オス-メス 赤・黒・青の各色		E-CALL ENTERPRISE	秋月電子通商

（注）LFTK400SH はエル・アンド・エフ社で製造販売している TK400SH の互換品です．

第1章 マイコンボード TK400SH の基本的な入出力

TK400SH 上には，2行×16文字の表示が可能な LCD（Liquid Crystal Display：液晶ディスプレイ），モニタ用の2個の LED（Light Emitting Diode：オシロスコープのプローブを接続するためのチェック端子付き），入力用の2個のタクトスイッチと1個のロータリーディップスイッチが搭載されています。本章では，これらの使い方とそのための C 言語を利用した基本的なプログラミングなどを紹介します。

※ デバッグ
　プログラム中に含まれるエラーのことをバグ（英語で虫を意味します）といいます。そして，このエラーを見つけ，プログラムが正しく動作するように修正を行うことをデバッグといいます。

1.1 LCD（液晶ディスプレイ）への文字・数字表示

TK400SH 上にある LCD（SUNLIKE：SC1602BSLB）は，2行×16文字という制限がつきますが，文字や数字などを表示でき，計測したデータの表示やプログラムのデバッグ※など，様々な用途に活用できます。そこで，最初に，LCD の利用法を紹介します。

1.1.1 LCD 用関数

LCD※※には文字や数字などを表示できます。表示する文字の位置はカーソルで指定します。カーソルの位置を表す座標 (x, y) は図 1.1 に示

※※ LCDキャラクタディスプレイ
　TK400SHは，秋月電子通商から販売されているSUNLIKE製LCDキャラクタディスプレイモジュールSC1602BSLBを搭載しています。表示可能な文字については章末の課題1.18で確認します。本モジュールの詳細については，ホームページ上で公開されているデータシートを参照してください。

写真 1.1　TK400SH 上の LCD

図 1.1　LCD の座標

すとおりです（左上がホームポジション (0,0) で右下が (15,1)）。なお，本書では $y = 0$，1 の行をそれぞれ LCD の 1 行目，2 行目と書くことにします。

　LCD 表示に関して用意されている主な関数の一覧を以下に示します（詳細は付録 F.5[※] をご参照ください）。参考までに，各関数の実行時間を（　）内に示しておきました。なお，LCD に 1 文字表示するのに約 60μsec かかるので，`outc()` 以降の関数については，表示する文字数 × 60μsec が表示に必要なおよその時間となります。LCD のクリア `clr_lcd()` には少し時間が必要である点に注意してください（1.67msec）。文字もしくは文字列を表示するとカーソルはその右に移動します。カーソルを特定の位置に移動させたい場合は関数 `locate()` を使います。

※ TK400SHボードサポートライブラリ
　TK400SHを利用しやすくするための関数をヘッダファイルtk400sh_lib.h内に用意してあります。これらをまとめて**TK400SHボードサポートライブラリ**と呼びます。LCD用関数も本ライブラリに含まれます。これらの関数の具体的な使用法（の一部）を第1章と第2章で紹介します。

▼ LCD 用関数

(1) **`void lcd_init(void);`**　　　　　(21.0msec)
　　LCD モジュールの初期設定。LCD を利用するときには必須。

(2) **`void locate(unsigned short x,unsigned short y);`**
　　　　　　　　　　　　　　　　　(60μsec)
　　LCD のカーソルを引数で与えた位置に移動。第 1 引数（$0 \leq x \leq 15$）が列，第 2 引数（$0 \leq y \leq 1$）が行。

(3) **`void clr_lcd(void);`**　　　　　(1.67msec)
　　LCD のクリア。カーソルはホームポジションへ移動。

(4) **`void outc(char c);`**
　　カーソルの位置から引数で与えた 1 文字を表示。

(5) **`void outst(char *s);`**
　　カーソルの位置から引数で与えた文字列を表示。

(6) **`void outi(int i);`**
　　カーソルの位置から引数で与えた整数を表示。

(7) **`void outf(float f);`**
　　カーソルの位置から引数で与えた浮動小数点数を簡易表示。

(8) **`void outhex(short d, short n);`**
　　カーソルの位置から第 1 引数で与えた 2 バイトまでの数値もしくは変数を第 2 引数で与えた桁数だけ 16 進表示。

(9) **`void outbin(short n);`**
　　カーソルの位置から引数で与えた 1 バイトデータの 2 進数表示。

関数と引数と戻り値

関数については 1.4 節で説明しますが，ここでは，関数とはデータを受け取り，それを適切に処理した後，データを返す役割をもつものと理解してください。関数が受け取るデータのことを**引数**，返すデータのことを**戻り値**といいます。ただし，必ずしもすべての関数が引数と戻り値をもたなければならないというわけではありません。これらがない場合，void と書きます。LCD 用関数は LCD 表示に関する処理を行いますが，いずれも戻り値はもちません。

1.1.2 使用例

それでは LCD 用関数の使用例をいくつか紹介します。

実験 1.1　文字列の表示

C 言語では定石の文字列 "Hello World" の表示を少し変更して，"Hello TK400SH" を LCD に表示させてみましょう。プログラムをリスト 1.1（hello.c）に示します。

リスト 1.1　hello.c

```
001  //------------------------------------------------
002  //【実験1.1】文字列 "Hello TK400SH" を LCD に表示　（hello.c）
003  //------------------------------------------------
004  #include <tk400sh.h>            // ヘッダファイル
005
006  //------------------------------------------------
007  // メイン関数
008  //------------------------------------------------
009  void main(void){
010    port_init();                  // I/O ポートの初期設定
011    lcd_init();                   // LCD 初期設定
012
013    outst("Hello TK400SH");       // LCD に文字列を表示
014  }
```

▼ プログラムリストの解説

1〜3 行目　コメント文。プログラムの説明などを記載。

コメント

コメントはプログラムの実行には無関係で，プログラムを説明する目的などに用います。本書で使用する統合開発環境 YellowIDE では 2 種類のコメントが利用できます。

1 つは // で，これ以降から行末までがコメントとして扱われます。もう 1 つが範囲指定型の /* */ です。/* と */ の間に改行が入ってもよいので，複数に渡る行をコメントとしたい場合に使います。

コメントにはプログラマの意図を記載できるので，可能な限りプログラム中の各文に対してコメントを記入します。また，1〜3 行目のように，プログラムの先頭部分に置いたコメントで，プログラム全体の説明を記述するとよいでしょう。

時間が経つと，プログラムの意図を忘れてしまうことがあります。コメントは他人にもわかりやすくするだけでなく，自分自身への備忘録としても役立ちます。

4行目 各種設定や TK400SH ボードサポートライブラリなどに関するヘッダファイル[※]tk400sh.h をインクルード（必須）。

10行目 TK400SH に搭載されているマイコン SH7125 の I/O ポートの初期設定[※※]（必須）。

11行目 LCD の初期設定[※※]（LCD を使用する場合は必須）。
カーソルはホームポジション (0,0) に置かれます。LCD を使用する場合，初期設定はプログラム中で1度行う必要があります。

13行目 ホームポジションから文字列 "Hello TK400SH" の表示。関数 `outst()` を実行後，表示した文字列の右側（この例では (12,0)）にカーソルが移動します。

本プログラムを YellowIDE 上でメイクし，TK400SH に書き込んだ後，実行してください（これらの手続きの詳細に関しては付録 F.2 を参照してください）。LCD の 1 行目に "Hello TK400SH" という文字列が表示されることを確認できます。

> **文字と文字列**
>
> C 言語では文字を 'a' もしくはその文字に対応した文字コード (97) で表します。関数 `outc()` を利用して，`outc('a');` もしくは `outc(97);` により文字 a を LCD に表示できます。【samp_char.c】
>
> 一方，複数の文字からなる文字列については "abcd" というように二重引用符を利用します。文字列の扱いに関しては，1.6 節で説明しますが，ここでは，関数 `outst()` に対して引数として文字列を与える（たとえば，`outst("abcd");`）ことでそれらを LCD に表示できる，と理解しておいてください。

※ ヘッダファイル
　ヘッダファイルとは，様々な関数やプログラムの記述を簡単にする定義などをまとめたテキストファイルです。TK400SHに対するプログラムを作成する場合，tk400sh.hを#includeでインクルードする（読み込む）必要がある，というくらいで理解しておいてください。C言語の理解が深まった時点で，ヘッダファイルtk400sh.hの内容の解読に挑戦すると，マイコンのプログラミングや仕組みに関する知識をより高めることができます。

※※ 初期設定
　マイコンボードのポートピン端子は，複数の機能が割り付けられており，リセット直後はマイコン固有の動作状態に初期化されます。そのため，TK400SHのハードウエア環境に適合するようポートピン端子の機能の再設定が必要です。また，LCDモジュールにおいても，リセット直後の初期状態から，動作に必要な機能設定が必要です。これらのことを初期設定といいます。

写真 1.2 表示結果 (outst)

> **重要**
>
> 　以降に登場するプログラムについても同様の手続きで実行して，動作確認を行います。また，【…….c】はリストは掲載しませんが，本文とサイドノートに関連したプログラムです。そのプログラムの内容については，先頭のコメント部分を参考にしてください。実行してみることをお勧めします。

課題 1.1　文字列の表示※

　リスト 1.1 の 15 行目の次の行に，

```
locate(0,1); outst("abc");
```

を挿入することで，LCD の 2 行目の左端から文字列 "abc" を表示できる。文字列 "abc" の代わりに自分の名前（ローマ字）を右詰めで表示するプログラムを作成しなさい。ただし，表示する文字列は 10 文字以内とする。

※ LCDの表示
　`locate(14,0);` として `outst("abcdefg");` を実行すると，LCDの1行目に "ab" のみが表示されます。残りが2行目に表示されることはありません。つまり，LCDの1行目の右端に文字を表示しても，カーソルが2行目の左端に移動することはありません。試してみましょう。

実験 1.2　整数と浮動小数点数の表示

　次は，整数と浮動小数点数を表示する例です。関数 **outi()** を利用することで整数を表示できます。表示可能な整数範囲は −2147483648 〜 2147483647（4バイト）です。また，浮動小数点数に対しては関数 **outf()** が利用でき，有効桁数が 6 桁で，小数点以下 4 桁までの簡易表示が可能です。その際，絶対値が 10^{-4} 以下の場合には 0.0000 もしくは −0.0000 と表示されます。プログラムをリスト 1.2（disp_int_float.c）に示します。変数 **x**（int）と **y**（float）の値をいろいろ変更して表示内容を確認してください。

リスト 1.2　disp_int_float.c

```
001 //------------------------------------------------------
002 //【実験 1.2】整数と浮動小数点数の表示 （disp_int_float.c）
003 //------------------------------------------------------
004 #include <tk400sh.h>          // ヘッダファイル
005
006 //------------------------------------------------------
007 // メイン関数
008 //------------------------------------------------------
009 void main(void){
010   int x;                      // 整数用変数
011   float y;                    // 浮動小数点数用変数
012   port_init();                // I/O ポートの初期設定
013   lcd_init();                 // LCD 初期設定
```

```
014 
015   x = 2147483640; y = 1234.5678;
016   locate(0,0); outst("int:"); outi(x);        // 整数表示
017   locate(0,1); outst("float:"); outf(y);      // 浮動小数点数表示
018 }
```

▼ プログラムリストの解説

15 行目 表示させたい数字を変数 **x** と **y** へ代入。

16 行目 関数 **locate()** を利用して，カーソルを LCD のホームポジション (0,0) に移動し，そこから変数 **x** の値を表示。

17 行目 カーソルを LCD の 2 行目の左端 (0,1) に移動し，そこから変数 **y** の値を表示。この例の場合，LCD の 2 行目の浮動小数点数の表示は 1234.5677 となる。

写真 1.3 表示結果 (outi, outf)

課題 1.2 浮動小数点数の表示

変数 **y** に適当な実数値（単位は [rad]）を代入し，$\sin(y)$ の関数値を LCD に表示するプログラムを作成しなさい。なお，この場合，ヘッダファイル math.h をインクルードする必要がある（**#include <tk400sh.h>** の次の行に **#include <math.h>** を入れる）。

実験 1.3　16 進数と 2 進数表示

整数を 16 進数と 2 進数で表示します。プログラムをリスト 1.3(disp_hex_bin.c) に示します。

リスト 1.3 disp_hex_bin.c

```
001 //-----------------------------------------------------------
002 // 【実験1.3】16進数と2進数の表示　(disp_hex_bin.c)
```

```
003  //--------------------------------------------------------
004  #include <tk400sh.h>            // ヘッダファイル
005
006  //--------------------------------------------------------
007  // メイン関数
008  //--------------------------------------------------------
009  void main(void){
010    unsigned short num;
011    port_init();                   // I/O ポートの初期設定
012    lcd_init();                    // LCD 初期設定
013    num = 200;                     // 表示する数値（10進数）
014
015    locate(0,0); outst("HEX:"); outhex(num,2);    // 16進数表示
016    locate(0,1); outst("BIN:"); outbin(num);      // 2進数表示
017  }
```

▼ プログラムリストの解説

14行目 表示させたい整数を変数 num へ代入。

15行目 LCD のホームポジションに16進数表示（この例では2桁）。

（表示結果：c8）

16行目 LCD の 2 行目に 2 進数表示。

（表示結果：11001000）

写真 1.4 表示結果 (outhex, outbin)

課題 1.3　16進数と 2 進数表示

次に示す 16 進数もしくは 2 進数に対応する 10 進数表現の整数を計算せよ。それをリスト 1.3 の 13 行目の変数 num に代入し，実行して正しく表示が行われるかどうかを確認しなさい。なお，0x と 0b は，それらに続く数字がそれぞれ 16 進数と 2 進数であることを意味しており，LCD に表示させる必要はない。

(1) 0xFF　　(2) 0x8A　　(3) 0x77　　(4) 0b01010101

(5) 0b00011100

数値定数

C言語のプログラム内では，数値定数として10進数だけでなく，16進数，2進数，8進数表現が使用できます。課題1.3に示したように，16進数の場合は先頭に0xを，2進数の場合は0bを付けます。また，8進数の場合は0を付けます。端子の入出力の設定やディジタル入出力において，10進数表現よりはプログラムの作成が容易になり，可読性がよくなる場合があります。

1.2 LEDの点滅（ディジタル出力）

※ LEDの点灯と消灯
C言語を学習する際の最初の一歩は，文字列"Hello World"の画面表示ですが，一般のマイコンではLEDの点灯と消灯が最初の一歩となります。マイコンの端子に接続したLEDを点灯・消灯させることができると，プログラム開発環境が正しく動作している，作成したプログラムが正しくマイコンに書き込まれている，ポートの設定が正しく行われ，マイコンが正しく動作している，など多くのことが確認できます。たがだLEDの点灯・消灯ですが，実はマイコンにおけるプログラム開発の大きな一歩になります。

TK400SHに搭載されている2つのLEDの使い方（点滅の制御）※と，チェック端子の利用法について紹介します。

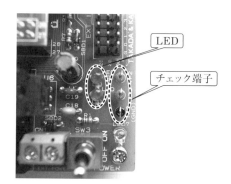

写真1.5 LEDとチェック端子

1.2.1 LED の点灯・消灯

LEDが取り付けられているTK400SHの端子にはLED1, LED2という名前がヘッダファイルtk400sh_lib.h※※内で割り付けられています。プログラム内でこれらに1を代入すると，対応する端子から5Vが出力されることでLEDが点灯し，0を代入すると，その端子の電圧は0VとなりLEDが消灯します（2.1.2項参照）。

※※ ヘッダファイル tk400sh_lib.h
ヘッダファイル tk400sh.hの内容をテキストエディタで確認すると，
```
#include <7125s.h>
#include <stdio.h>
#include <sysio.h>
#include <tk400sh_lib.h>
```
のように，4つのヘッダファイルをインクルードしていることがわかります。この中でTK400SHに関するヘッダファイルはtk400sh_lib.hです。

実験 1.4 LED1 と LED2 をともに点灯

LED1 と LED2 をともに点灯させます。プログラムをリスト 1.4(led.c)に示します。

リスト 1.4 led.c

```
001 //--------------------------------------------------------
002 // 【実験1.4】LED1 と LED2 を点灯  (led.c)
```

```
003  //--------------------------------------------------------
004  #include <tk400sh.h>              // ヘッダファイル
005
006  #define LEDon  (1)
007  #define LEDoff (0)
008
009  //--------------------------------------------------------
010  // メイン関数
011  //--------------------------------------------------------
012  void main(void){
013    port_init();                    // I/Oポートの初期設定
014    lcd_init();                     // LCD初期化設定
015
016    outst("LED");                   // LCDに文字列を表示
017    LED1 = LEDon; LED2 = LEDon;     // LED1とLED2を点灯
018  }
```

#defineの活用

 #define により LEDon，LEDoff を定義する利点がもう1つあります。TK400SH では，マイコンの端子電圧が 5V のとき，LED1 や LED2 が点灯しますが，回路によっては，逆に端子電圧が 0V のとき点灯する場合があります。このとき，#define を利用すれば，

    #define LEDon (0)
    #define LEDoff (1)

とするだけで対応でき，プログラム中では LED1 = LEDon; がそのまま利用できます。

 このように，プログラム中に多数回登場する数字を #define により定義しておけば，可読性がよくなるだけでなく，プログラムの修正の手間を少なくすることができます。

▼ プログラムリストの解説

17行目 本プログラムでは，6行目と7行目で #define によって，LEDon を 1，LEDoff を 0 と定義しています。LED1=1; あるいは LED1=LEDon; いずれの文も LED1 を点灯させますが，後者の方がプログラムが理解しやすいと思いませんか。

写真 1.6 LED1 と LED2 の点灯

課題 1.4　LED の点灯と消灯

LED1 に **LEDoff** を代入すると LED1 が点灯しない（消灯する）ことを確認しなさい。同様のことを LED2 に対しても行いなさい。

1.2.2　LED の点滅

1.2.1 項では，LED の点灯・消灯の方法を紹介しましたが，一定の時間間隔で点灯と消灯を繰り返すことで LED を点滅させることができます。本項では，C 言語のもつ制御文（for，while）を利用して LED の点滅を行います。点滅の時間間隔は，関数 **delay_ms()** を利用します。この関数は TK400SH ボードサポートライブラリに用意されており，それに与える引数を x としたとき，x msec の時間を作ることができます。たとえば，**delay_ms(1000);** の場合，1000msec = 1sec となります。なお，**delay_ms()** は，TK400SH のもつタイマ割り込み機能を利用しているため，あらかじめ関数 **cmt1_init()** を実行しておく必要があります。タイマ割り込みの詳細については第 5 章を参照してください。

※ 変数へ値の代入
C 言語では，複数の変数に同じ値を代入したい場合，**a=b=c=2;** という書き方が認められています。したがって，LED1とLED2をともに点灯させたい（あるいは消灯させたい）場合，**LED1=LED2=LEDon;**（**LED1=LED2=LEDoff;**）と書くことができます。

実験 1.5　for 文を利用した LED の点滅

for 文を利用して，指定の回数（ここでは 10 回）だけ LED1 を点滅させます。プログラムをリスト 1.5（led_for.c）に示します。

リスト 1.5　led_for.c

```
001  //-----------------------------------------------------------
002  //【実験1.5】LED1を指定の回数だけ点滅（for）　(led_for.c)
003  //-----------------------------------------------------------
004  #include <tk400sh.h>                    // ヘッダファイル
005
006  #define LEDon  (1)
007  #define LEDoff (0)
008
009  //-----------------------------------------------------------
010  // メイン関数
011  //-----------------------------------------------------------
012  void main(void){
013    unsigned char icnt;
014    port_init();                          // I/O ポートの初期設定
015    cmt1_init();                          // 時間待ち用
016    lcd_init();                           // LCD 初期設定
017
018    outst("LED(for)");                    // LCD に文字列を表示
019    locate(0,1); outst("cnt:");
020    LED1 = LED2 = LEDoff;                 // LED を消灯※
021    for(icnt=0;icnt<10;icnt++){
```

```
022      locate(4,1); outi(icnt+1); outst("   ");    // カウント数の表示
023      LED1 = LEDon;  delay_ms(500);               // 0.5秒 LED1 を点灯※
024      LED1 = LEDoff; delay_ms(500);               // 0.5秒 LED1 を消灯
025    }
026    outst("end");                                  // プログラム終了の表示
027 }
```

▼ **プログラムリストの解説**

13行目 for 文のカウンタ用の変数として `icnt` を宣言。

for文
for 文の書式は,
　　`for(`初期化式`;`継続条件式`;`再設定式`){`
　　　文
　　`}`
です。最初に**初期化式**を実行し,**継続条件式**が真の間は文を実行します。文を実行するたびに**再設定式**を実行します。文が1つの場合は `{ }` は省略できます。初期化式,継続条件式,再設定式はいずれも必要がなければ省略できます。ただし,`;`(セミコロン)を省略することはできません。

15行目 関数 `delay_ms()` を使用する際には必須。

20行目 2つの LED を消灯(この行はなくても問題ありません)。

21～25行目 LED1 を 0.5sec 間隔で 10 回点滅。その間,LED2 は消灯。また,現在の点滅回数を LCD の 2 行目の所定の場所に表示。

※ ビット演算子 ~(チルダ)
LEDの点滅は,ビット演算子である~(チルダ)を使って,21～25行目を,
`for(icnt=0;icnt<20;icnt++){`
　`LED1 = ~LED1;`
`delay_ms(500);`
`}`
と書くことで同様の動作(LED1の10回点滅)を行わせることができます。
`LED1 = ~LED1;`は,現在のLED1の状態を反転,つまり,点灯であれば消灯,消灯であれば点灯させることを意味します。
【samp_tilde.c】

Column　変数

プログラム中で,(定数ではなく変わり得る)値を記憶しておきたい場合があります。たとえば,リスト1.5の繰返し回数がそれに対応します。この場合,**変数**を使います。ただし,変数は使用する前に**型**を指定する必要があります。それによって,変数に記憶できる値の範囲などが制限されます。YellowIDE で利用できる型を表 1.1 にまとめておきます。

リスト1.5では,13行目で変数 `icnt` を `unsigned char` と宣言しています。この場合,表1.1 より `icnt` には 0～255 の範囲の整数値を代入できます。このことは,`icnt=255;` に対して `icnt++;` を実行すると `icnt` は 256 になるのではなく 0 になる(**オーバーフロー**)ことを意味しています。そのため,このように (`unsigned char`) 宣言した `icnt` に対して,

```
for(icnt=0; icnt<300; icnt++){
    LED1 = LEDon;  delay_ms(500);
    LED1 = LEDoff; delay_ms(500);
}
```

とすると,LED1 は無限に点滅を続けます。なぜならば `icnt` は,最大で 255 であり,300 を超えることがないので,継続条件式が常に真となるためです。

文法上はあっているが,正しく動作しないことを**実行時のエラー**といいます。ここで示した例はよく起こしてしまう実行時のエラーの1つです。

表 1.1 利用可能な型

型	値の範囲	データサイズ
char (signed char)	$-128 \sim 127$	1 バイト
unsigned char	$0 \sim 255$	1 バイト
short	$-32768 \sim 32767$	2 バイト
unsigned short	$0 \sim 65535$	2 バイト
int	$-2147483648 \sim 2147483647$	4 バイト
unsigned int	$0 \sim 4294967295$	4 バイト
long	$-2147483648 \sim 2147483647$	4 バイト
unsigned long	$0 \sim 4294967295$	4 バイト
float	$1.2E-37 \sim 3.4E+37$	4 バイト
double	$2.2E-307 \sim 1.7E+307$	8 バイト
long double	$2.2E-307 \sim 1.7E+307$	8 バイト
ポインタ型	$0 \sim 0xFFFFFFFF$	8 バイト

Column 字下げ（インデント）

リスト 1.5 の 20 行目から 26 行目を，

```
020 LED1 = LED2 = LEDoff;                        // LED を消灯
021 for(icnt=0; icnt<10; icnt++){
022 locate(4,1); outi(icnt+1); outst("   ");     // カウント数の表示
023 LED1 = LEDon; delay_ms(500);                 // 0.5 秒 LED1 を点灯
024 LED1 = LEDoff; delay_ms(500);                // 0.5 秒 LED1 を消灯
025 }
026 outst("end");                                // プログラム終了の表示
```

と書いてもプログラムとしては正しく動作します。しかし，リスト 1.5 と比較したとき，for 文で繰返すべき文がどこからどこまでなのかがわかりにくいと思いませんか。複雑な処理を行うプログラムになると，for 文が入れ子になったり，これから紹介する while 文，if 文，switch 文を組み合わせなければならないことが起こり得ます。文の書き始めに適当な数の空白（スペースもしくは TAB を利用）を入れることを**字下げ**といいますが，使用する制御文が対象とする文がどこからどこまでなのかを明示するために有効な方法です。これによってプログラムの**可読性**※を高めることができます。可読性の高いプログラムはデバッグの際にも効果を発揮します。したがって**プログラムを作成する場合，字下げは必ず行う**習慣をつけてください。

※可読性
　字下げやコメントはプログラムの可読性を高める意味で有効です。これら以外に，空行を適切に入れることも有効です。たとえば，リスト 1.5 の 17 行目です。また，1 行に複数の文を入れる（**マルチステートメント**）ことも有効です。たとえば，リスト 1.5 の 19 行目や 22 〜 24 行目です。ともかく，可読性を高めることはプログラムを開発するためには重要なので，本書のサンプルプログラムだけでなく，多くのプログラムをみて，自分なりの表現方法を見つけてください。

Column　コメントアウト

// を行の先頭におけば，その1行がコメントになるのですが，これは便利に使えます。たとえば，プログラムの動作確認の意味で，

```
for(icnt=0; icnt<10; icnt++){
    LED1 = ~LED1;
}
```

のように for 文のループ中に LED1 の点滅用の文を挿入したとします。動作確認終了後，この行を削除してもよいですが，LED1 の左側（たとえば，その行の先頭など）に // を入れることで，この文をコメントとし，実行からはずすことができます。これを**コメントアウト**といいます。

```
for(icnt=0; icnt<10; icnt++){
//    LED1 = ~LED1;      //コメントアウト
}
```

プログラムを開発する際によく利用するので，覚えておくとよいでしょう。

実験 1.6　while 文を利用した LED の点滅

次に，while 文[※],[※※※]を利用して，無限に（式が真である（0 でない）限り）LED を点滅させます[※※※]。マイコンに所定の仕事をさせる場合，ある条件をみたすまである文を実行し続けることが必要になる場合が多くあります。たとえば，障害物を見つけるまではロボットを前進させることなどです。その意味で while 文は使用頻度の高い制御文です。プログラムをリスト 1.6（led_while.c）に示します。

※ while文
　while文の書式は，
　while(式){
　　文
　}
です。式が真である間は文を繰返し実行します。リスト1.6の場合，式が1，すなわち常に真であるので，文が無限に繰り返されることになります。これを**無限ループ**といいます。文が1つの場合，{ }は省略できます。

リスト 1.6　led_while.c

```
001  //-----------------------------------------
002  //【実験1.6】LED1を無限に点滅（while）（led_while.c）
003  //-----------------------------------------
004  #include <tk400sh.h>          // ヘッダファイル
005
006  #define LEDon  (1)
007  #define LEDoff (0)
008
009  //-----------------------------------------
010  //     メイン関数
011  //-----------------------------------------
012  void main(void){
013    port_init();               // I/O ポートの初期設定
014    cmt1_init();               // 時間待ち用
015    lcd_init();                // LCD 初期設定
016
017    outst("LED(while)");       // LCD に文字列を表示
018    while(1){
019      LED1 = ~LED1; delay_ms(500);    // 0.5秒間隔で状態を反転
020    }
021  }
```

課題 1.5 LED の点滅 1

LED1 と LED2 を交互に点滅させる（LED1 が点灯（消灯）しているときは LED2 が消灯（点灯）していること）プログラムを作成しなさい。なお，点滅の周期は適当に設定すること。

課題 1.6 LED の点滅 2

LED1 が 5 回点滅するごとに LED2 の状態が反転する（点灯している場合は消灯，消灯している場合は点灯する）プログラムを作成しなさい。LED1 の点滅の周期は適当に設定すること。

1.2.3 チェック端子

TK400SH 上に搭載されている LED1，LED2 は，プログラムの動作確認用として有効です。また，ある演算（処理）を行わせるときの実行時間を概略程度に知りたい場合は，計測の開始場所に **LED1 = LEDon;** を，計測の終了場所に **LED1 = LEDoff;** を挿入し，決められた回数の LED の点滅に要した時間をストップウォッチなどで計測して求めればよいでしょう。

しかし，正確な演算（処理）時間を得たい，というのであれば，これでは不十分です。そのような場合は，チェック端子とオシロスコープを利用します。TK400SH ではチェック端子は LED のアノード（+）側に取り付けられており（2.1.2 項参照），その電圧をオシロスコープで調べることで，電圧が変化する（**LEDon** → **LEDoff** と **LEDoff** → **LEDon**）間の時間を正確に計測できます。

実験 1.7 チェック端子の利用例

5msec で LED1 を点滅させるプログラムをリスト 1.7（exectime.c）に示します。説明は不要でしょう。プログラムを実行後，チェック端子を利用して，オシロスコープで点滅時間間隔の計測を行います。

リスト 1.7 exectime.c

```
001  //--------------------------------------------------
002  //【実験1.7】チェック端子の利用例　（exectime.c）
003  //--------------------------------------------------
004  #include <tk400sh.h>                  //ヘッダファイル
005
006  #define LEDon  (1)
007  #define LEDoff (0)
008
009  //--------------------------------------------------
```

※※ do-while文
while文に似たものとしてdo-while文があります。この書式は，
　do{
　　　文
　}while(式);
です。while文との違いは，式が偽であってもdo-while文の場合，文が必ず1度は実行される点です。
【samp_do_while.c】

※※※ 無限ループ
18〜20行目を，
　for(;;){
　　LED1 = ~LED1;
　delay_ms(500);
　}
としても同様の動作（無限にLED1を点滅）をさせることができます。なぜなら，継続条件式がないので，for文から抜け出ることができません。

```
010 // メイン関数
011 //-----------------------------------------------------
012 void main(void){
013   port_init();                        // I/O ポートの初期設定
014   cmt1_init();                        // 時間待ち用
015   lcd_init();                         // LCD 初期設定
016
017   outst("CHECK");                     // LCD に文字列を表示
018   while(1){
019     LED1 = LEDon;  delay_ms(5);       // 5msec  LED1 を点灯
020     LED1 = LEDoff; delay_ms(5);       // 5msec  LED1 を消灯
021   }
022 }
```

プログラムを実行しても，周期が短いので，点滅しているかどうかの判断はできません。オシロスコープの使い方についての説明は本書では行いませんが，チェック端子にオシロスコープのプローブを接続し，計測した結果の画面を図 1.2 に示します。5 msec ごとにオン（5V）とオフ（0V）が繰り返されていることが画面から確認できます（$\Delta X =$ 5 ms）。この例を通して，関数 **delay_ms()** の精度を知ることができます。

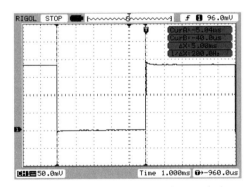

図 1.2　オシロスコープでの計測結果

課題 1.7　実行時間の確認

1.1.1 項で，LCD 用関数の実行時間を示した。それを確認する意味で，

locate(0,0); outst("abc");

の 2 つの文を実行するために必要な時間を計測するためのプログラムを作成し，オシロスコープを利用して時間の計測を行ないなさい。

1.3 スイッチ（ディジタル入力）

本節では TK400SH に搭載されている 2 個のタクトスイッチ SW1, SW2 と 1 個のロータリーディップスイッチ SW5（以下，ロータリースイッチ）の利用法について紹介します。

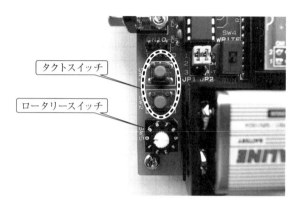

写真 1.7 タクトスイッチとロータリースイッチ

1.3.1 タクトスイッチ

TK400SH では，スイッチが押されているとき 0 V，押されていないとき 5V が対応する端子に入力されるように回路が組まれています（2.1.5 項参照）。マイコン内ではこれらの電圧を 0, 1 として認識します。そのため，端子からの入力が 0 か 1 かを調べることで，タクトスイッチが押されているかどうかを判定できます。ここではその判定のために，if 文※を利用します。

> ※ if文
> if文の書式は，
>   **if**(式){
>   文1
>   }**else**{
>   文2
>   }
> です。式が真のときは文1 を，偽のときは文2を実行します。**else**以下が不要な場合（式が偽のときに実行すべき文がない場合）は省略できます。文が1つの場合，**{ }**は省略できます。

実験 1.8　タクトスイッチと LED との連動

タクトスイッチの利用例として，タクトスイッチと LED を連動させる，すなわち SW1（SW2）が押されたとき LED1（LED2）が点灯し，押されていないとき消灯させます。プログラムをリスト 1.8（tsw.c）に示します。

リスト 1.8 tsw.c

```
001  //--------------------------------------------------------
002  //【実験 1.8】SW1（SW2）が押されたら LED1（LED2）を点灯    (tsw.c)
003  //--------------------------------------------------------
004  #include <tk400sh.h>                    //ヘッダファイル
005
```

```
006  #define LEDon   (1)
007  #define LEDoff  (0)
008  #define SWon    (0)
009  #define SWoff   (1)
010
011  //------------------------------------------------------
012  // メイン関数
013  //------------------------------------------------------
014  void main(void){
015    port_init();                  // I/Oポートの初期設定
016    lcd_init();                   // LCD初期設定
017
018    outst("Switch");              // LCDに文字列を表示
019    while(1){
020      if(SW1==SWon){ LED1 = LEDon; }else{ LED1 = LEDoff; }
021      if(SW2==SWon){ LED2 = LEDon; }else{ LED2 = LEDoff; }
022    }
023  }
```

▼ **プログラムリストの解説**

TK400SH では，タクトスイッチが押されたときに 0，そうでないとき 1 であるので，これらに対して 8 行目と 9 行目で **#define** を利用して **SWon** と **SWoff** の定義を行っています。なお，タクトスイッチが接続されている TK400SH の端子に対してヘッダファイル tk400sh_lib.h 内で SW1, SW2 という名前が割り当てられています。

20 行目と 21 行目で SW1 と SW2 の状態に合わせて LED1 と LED2 を点灯・消灯させています。

== と =

20 行目の if 文の式を **SW1==SWon** ではなく，**SW1=SWon** つまり，

`if(SW1=SWon){ LED1 = LEDon; }else{ LED1 = LEDoff; }`

としても文法上のエラーは生じません。これを実行すると何が起こると思いますか。SW1 をいくら押しても LED1 は点灯しません。**SW1=SWon** は代入式であり，真偽を判定する制御式である **SW1==SWon** とは処理内容がまったく異なります。少し難しい話になりますが，C 言語では式そのものが値をもちます。つまり，**SW1=SWon** において **SWon** は 0 なので，**SW1=SWon** は 0 という値をもちます。そのために，if 文の式は常に偽となり，**LED1** は消灯したままになります。if 文を使用するときによくやってしまうミス（実行時のエラー）なので，注意してください。

実験 1.9　タクトスイッチの操作回数

タクトスイッチ SW1 を 10 回押したら LED1 を 1 回点滅させるプログラムをリスト 1.9（tsw_num.c）に示します。

リスト 1.9 tsw_num.c

```
001 //--------------------------------------------------------
002 //【実験 1.9】SW1 が 10 回押されたら LED1 を 1 回点滅  (tsw_num.c)
003 //--------------------------------------------------------
004 #include <tk400sh.h>                    //ヘッダファイル
005
006 #define LEDon    (1)
007 #define LEDoff   (0)
008 #define SWon     (0)
009 #define SWoff    (1)
010
011 //--------------------------------------------------------
012 //メイン関数
013 //--------------------------------------------------------
014 void main(void){
015   unsigned int nn=0;
016   port_init();                           // I/O ポートの初期設定
017   cmt1_init();                           // 時間待ち用
018   lcd_init();                            // LCD 初期設定
019
020   outst("Push SW1");                     // LCD に文字列を表示
021   locate(0,1); outst("nn=");
022   while(1){
023     while(SW1==SWoff); delay_ms(100); while(SW1==SWon); // SW1 が押された
024     nn++;                                // カウントアップ
025     locate(3,1); outi(nn);               // カウント数の表示
026     if(nn >= 10)  break;                 // 10 回押されたら while から出る
027   }
028   LED1 = LEDon; delay_ms(1000); LED1 = LEDoff;   // LED1 を 1 回点滅
029 }
```

▼ **プログラムリストの解説**

本プログラムでは 23 行目が重要です。TK400SH の電源を入れた時点では，通常，SW1 は押されていません。つまり，制御式 **SW1==SWoff** が真となるので，SW1 が押されるまでは **while(SW1==SWoff);** を実行し続けます。SW1 が押された時点でこの while からは出ますが，今度は制御式 **SW==SWon** が真となるので，**while(SW1==SWon);** を実行し続けることになります。ここで SW1 が離されてはじめて 24 行目に進むことができます※。

ところで，while 文の間に，**delay_ms(100);** が置かれています。これは**チャタリング**※※対策です。チャタリングによって，1 回しか押したつもりがなくても，マイコン側が複数回押したと判断する可能性があります。チャタリングは，タクトスイッチのように機械的な機構をもつスイッチに発生する固有の現象です。本プログラムでは，それに対する簡易的な対策として，接点のばたつきが落ち着くまで時間待ちを入れています。なお，チャタリ

※ タクトスイッチの入力判定
TK400SH で移動ロボットを制御するような場合，電源を入れてすぐに走り出すよりは，タクトスイッチを押してからスタートするようにした方が，何かと扱いやすくなります。

※※ チャタリング
チャタリングとは，スイッチ操作時に接点がばたついて短時間（およそ 50〜100 msec）ですが ON/OFF を繰り返す現象です。

ング対策はスイッチ操作に対して常に必要であるというわけではありません。必要に応じてお使いください。

> **break 文**
> これまでに登場した for 文，while 文，do-while 文において，if 文と break 文を利用することで強制的にループから出ることができます。たとえば，
> ```
> icnt=0;                  // 変数を初期化
> while(1){
>   LED1 = ~LED1; delay_ms(500);      //LED1 の状態を反転
>   icnt++;                //icnt をインクリメント
>   if(icnt==6) break;     //icnt が 6 に等しくなったときループの外へ
> }
> ```
> とすると，LED1 を 3 回点滅してから while 文から出ます。【samp_break.c】break 文に対応するものとして continue 文がありますが，これについては【samp_continue.c】を参照してください。

課題 1.8 タクトスイッチ 1

タクトスイッチ（SW1）を押して，離した後 LED1 を点滅させるプログラムを作成しなさい（本書では，「タクトスイッチを押して離す」までの操作を，「タクトスイッチを押す」と表現する）。

課題 1.9 タクトスイッチ 2

タクトスイッチ（SW1）を 3 回押したら LED1 の状態が反転し（点灯であれば消灯，消灯であれば点灯）し，タクトスイッチ（SW2）を 5 回押したら LED2 の状態が反転するプログラムを作成しなさい。ただし，SW1 と SW2 を同時に押すことはないとする。

1.3.2 ロータリースイッチ

タクトスイッチにより，それを押しているか，いないかの 2 つの状態をマイコンに対して与えることができます。一方，ロータリースイッチは，4 つのタクトスイッチからなる内部構造をもつと考えてください。したがって，これらの組み合わせで $0 \sim 15$（$= 2^4 - 1$）までの入力を行えるのですが，TK400SH に搭載されているロータリースイッチはそのうち $0 \sim 9$ が利用できます。ロータリースイッチの状態を読み取る関数として **get_dip_sw()** が TK400SH ボードサポートライブラリに用意されています。ここでは，その使用例を紹介します。

実験 1.10 ロータリースイッチ

ロータリースイッチを読み取り，そこで指定されている回数だけ

LED1 を点滅させます。プログラムをリスト 1.10（rds.c）に示します。

リスト 1.10 rds.c

```
//--------------------------------------------------------
// 【実験 1.10】ロータリースイッチの使用例  (rds.c)
//--------------------------------------------------------
#include <tk400sh.h>                    // ヘッダファイル

#define LEDon  (1)
#define LEDoff (0)

//--------------------------------------------------------
// メイン関数
//--------------------------------------------------------
void main(void){
  unsigned char num,icnt;
  port_init();                          // I/Oポートの初期設定
  cmt1_init();                          // 時間待ち用
  lcd_init();                           // LCD初期設定

  outst("LED(RDS)");                    // LCDに文字列を表示
  num = get_dip_sw();                   // RDSの読み込み
  locate(0,1); outst("cnt="); outi(num); // 読み込んだ数値の表示
  for(icnt=0;icnt<num;icnt++){
    LED1 = LEDon; delay_ms(500);        // 0.5秒 LED1を点灯
    LED1 = LEDoff;  delay_ms(500);      // 0.5秒 LED1を消灯
  }
}
```

▼ プログラムリストの解説

19行目 関数 **get_dip_sw()** は引数がなく，戻り値は 0 ～ 9 までの整数値です。本プログラムでは，その戻り値を変数 **num** に代入しています。

21 ～ 24 行目 ロータリースイッチの設定値だけ LED1 を点滅させます。

課題 1.10　ロータリースイッチ 1

リスト 1.10 では TK400SH のメイン電源を入れたときのロータリースイッチの設定値を取得して LED1 を点滅させたが，SW1 を押したときのロータリースイッチの設定値に対して LED1 を点滅させるプログラムを作成しなさい。なお，これをメイン電源をオフにすることなく繰返し行えるようにすること。

課題 1.11　ロータリースイッチ 2

タクトスイッチとロータリースイッチを利用して，LED1 の点滅回数を任意に指定できる（10 回以上も可能とする）ような

プログラムを作成しなさい。

これまで作成したプログラムはいずれも単機能でした。しかし，これでは機能を変えるごとに TK400SH へのプログラムの書き込みが必要になります。ロータリースイッチを利用すると，1 つのプログラム内に複数の機能を書き入れておき，メイン電源を入れたときのロータリースイッチの状態でこれらの機能を切り替えて実行することが可能になります。複数の機能の切り替えを表現するには多重分岐ができる switch 文が便利です。なお，この switch 文は，ライントレースロボット※（4.1.5 項参照）を考えたとき，センサのパターンに対応してモータの回転速度や回転方向を定める場合にも利用されます。

※ ロータリースイッチの活用
　TK400SH でライントレースロボットを制御することを考えた場合，ロータリースイッチにモータの（平均）回転速度を割り付けておけば，プログラムの書き換えなしに速度調整が行えます。このような場合，ロータリースイッチは必須です。

実験 1.11　switch 文の利用例

TK400SH のメイン電源をオンにしたとき，ロータリースイッチが 1 の場合は LED1 を点滅，2 の場合は LED2 を点滅，3 の場合はこれらを交互に点滅，これら以外のときは何も行わない，というプログラムをリスト 1.11（led_switch.c）に示します。

リスト 1.11　led_switch.c

```c
//--------------------------------------------------------------
// 【実験 1.11】 switch 文の使用例　(led_switch.c)
//--------------------------------------------------------------
#include <tk400sh.h>                       // ヘッダファイル

#define LEDon   (1)
#define LEDoff  (0)

//--------------------------------------------------------------
// メイン関数
//--------------------------------------------------------------
void main(void){
  unsigned char num;
  port_init();                             // I/O ポートの初期設定
  cmt1_init();                             // 時間待ち用
  lcd_init();                              // LCD 初期設定

  outst("LED(switch)");                    // LCD に文字列を表示
  num = get_dip_sw();                      // RDS の読み込み
  locate(0,1); outst("rds="); outi(num);   // 読み込んだ数値の表示
  switch(num){
    case 1:                                                       // LED1 の点滅
      while(1){ LED1 = ~LED1; delay_ms(200); }
      break;
    case 2:                                                       // LED2 の点滅
      while(1){ LED2 = ~LED2; delay_ms(200); }
```

```
027       break;
028     case 3:                                    // LED1とLED2の交互点滅
029       LED1 = LEDon; delay_ms(200);
030       while(1){ LED1 = ~LED1; LED2 = ~LED2; delay_ms(200); }
031       break;
032     default:
033       while(1);                                // 何もしない
034   }
035 }
```

▼ プログラムリストの解説

19行目で読み込んだロータリースイッチの数値に対して，switch文を利用して実行すべき文を切り替えています。なお，本プログラムでは，case部の文がすべて無限ループになっているので，break文は必要ではありません。同様にdefault部も必要ではありません。

---

switch文

switch文の書式は，

```
switch(式){
  case 定数式1:
    文1 break;
  case 定数式2:
    文2 break;
  case 定数式n:
    文n break;
  default:
    文
}
```

です。式の値を評価し，その値と一致する定数式のcase部にジャンプし，対応する文を実行します。一致する定数式がない場合はdefault部分に記述された文を実行します。default部分は不要であれば省略できます。

caseの定数式は定数(数値か1文字)だけです。変数や不等式などを利用したい場合はif文を使う必要があります。

1.4 関数の活用

コンピュータ言語と呼ばれるものは多くありますが，本書で対象としているC言語もその1つで，手続き型言語に分類されます。手続き型言語は関数の集まりで構成されます。たとえば，これまでのプログラム例で登場した **main()** も関数の1つです(以下，メイン関数と呼びます)。特に，このメイン関数はプログラム中にある関数の中で一番最初に実行される関数です。

関数の基本形は，

```
戻り値の型　関数名（引数，引数，...）{
    変数宣言と文
}
```

です．本章で登場する処理内容程度であれば，メイン関数内だけで必要な処理を行わせるプログラムを作成できます．しかし，行わせるべき処理が複雑になるにつれて，関数をいかに構成するかがプログラム作成において大きな鍵を握ることになります．本節では，関数の作成例を紹介します．

実験 1.12　関数の作成例 1（LED の点滅）

リスト 1.11 を参考に，指定した LED を指定した点滅周期で指定した回数だけ点滅させる関数を作成します．

関数名：関数名は **blink** とします．

戻り値：本関数では戻り値が不要なので **void** とします．

引　数：本関数では 3 つの引数が必要です．1 つは LED の指定です．ここでは，リスト 1.11 に習って 1 のときは LED1 の点滅，2 のときは LED2 の点滅，3 のときは LED1 と LED2 の交互点滅，その他は何もしないことにします．この引数を **sel** としますが，変数宣言は **unsigned char** で十分です．次に，点滅周期ですが，関数 **delay_ms()** を利用することを想定して，1msec を単位として，その整数倍（偶数）で与えることにします．変数名を **period** とし，**unsigned int** とします．最後に点滅回数です．変数名を **num** とし，**unsigned int** とします．

以上をまとめると，

```
void blink(unsigned char sel, unsigned int period, unsigned int num){
}
```

となります．次にプログラム例（関数 **blink()** の具体的な内容とその使用例）をリスト 1.12（blink.c）に示します．

リスト 1.12 blink.c

```
001 //------------------------------------------------------------
002 // 【実験 1.12】関数を利用した LED の点滅 （blink.c）
003 //------------------------------------------------------------
004 #include <tk400sh.h>                    // ヘッダファイル
005
```

```
006  #define LEDon  (1)
007  #define LEDoff (0)
008
009  //LED 点滅制御用関数
010  void blink(unsigned char sel,unsigned int period,unsigned int num){
011    unsigned int icnt;
012    LED1 = LED2 = LEDoff;                        // いったん消灯
013    switch(sel){
014      case 1:                                    // LED1 の点滅
015        for(icnt=0;icnt<2*num;icnt++){
016          LED1=~LED1; delay_ms((int)(period/2));
017        }
018        break;
019      case 2:                                    // LED2 の点滅
020        for(icnt=0;icnt<2*num;icnt++){
021          LED2=~LED2; delay_ms((int)(period/2));
022        }
023        break;
024      case 3:                                    // LED1 と LED2 の交互点滅
025        LED1=LEDon; delay_ms(period/2);
026        for(icnt=0;icnt<2*num;icnt++){
027          LED1=~LED1; LED2=~LED2; delay_ms((int)(period/2));
028        }
029        break;
030      default:                                   // 何もしない
031    }
032  }
033
034  //---------------------------------------------------------
035  // メイン関数
036  //---------------------------------------------------------
037  void main(void){
038    port_init();                                 // I/O ポートの初期設定
039    cmt1_init();                                 // 時間待ち用
040    lcd_init();                                  // LCD 初期設定
041
042    outst("blink");                              // LCD に文字列を表示
043    blink(1,500,10);                             // LED1 を 500 msec で 10 回点滅
044  }
```

▼ プログラムリストの解説

LED の点滅に ~（チルダ）を使用しているので，for 文の繰返し回数を引数で与えた点滅回数の 2 倍にしています。

関数 `blink()` を適当なヘッダファイルに組み込んでおくと，それをインクルードするだけで 43 行目のようにプログラム中で利用可能になります。

実験 1.13 関数の作成例 2

もう 1 つの例を示します。

ここで作成したい関数の処理内容を以下に示します。関数名は **judge**

とします。

> 引数で与えた2桁の正の整数 num が，同じく引数で与えた1桁の整数 x（2以上）の倍数もしくは1桁目か2桁目の整数が x となるとき1を戻り値として返し，そうでない場合0を返す。

まずは関数 **judge()** 内で行うべき処理について検討します。ここでは本関数が整数 **num** に対して1を返すべき状況についてまとめてみます。

1. **num** が x の倍数であるということは，x で割り切れることを意味します。C 言語の算術演算子の中に **%**（モジュロ演算子）があります。これは2つの整数を割り算した余りを計算します。したがって **num % x** が0であるとき，1を返します。
2. **num** を10で割り算すると2桁目（10の位）の数字を手にできます。これが x と等しければ1を返します。
3. **num** を10で割り算した余りが1桁目（1の位）となります。これが x に等しければ1を返します。

これらの条件をみたさない場合は0を返すことになります。

以上の点を考慮したうえで，関数 **judge()** の作成例とその使用例をリスト 1.13（judge.c）に示します。

リスト 1.13 judge.c

```c
//------------------------------------------------------------
// 【実験1.13】関数の作成例2 (judge.c)
//------------------------------------------------------------
#include <tk400sh.h>                    // ヘッダファイル

#define LEDon  (1)
#define LEDoff (0)

// 判定用の関数
unsigned char judge(unsigned char num, unsigned char x){
  if((num%x)==0)   return(1);   // x の倍数
  if((num/10)==x) return(1);    // 2桁目が x に等しい
  if((num%10)==x) return(1);    // 1桁目が x に等しい
  return(0);                    // いずれにも該当しない
}

#define X (3)                           // 対象とする x を3とする

//------------------------------------------------------------
// メイン関数
//------------------------------------------------------------
void main(void){
  unsigned char icnt;
  port_init();                    // I/O ポートの初期設定
  cmt1_init();                    // 時間待ち用
  lcd_init();                     // LCD 初期設定

  outst("JUDGE");
```

```
029   for(icnt=1;icnt<41;icnt++){        // 1～40 までの整数を対象
030     locate(0,1); outi(icnt); outst(" ");
031     if(judge(icnt,X)){               // 条件をみたすとき LED2 を 1 回点滅
032       LED2 = LEDon; delay_ms(500);
033       LED2 = LEDoff; delay_ms(500);
034     }else{                           // そうでないとき LED1 を 1 回点滅
035       LED1 = LEDon; delay_ms(500);
036       LED1 = LEDoff; delay_ms(500);
037     }
038   }
039   locate(0,1); outst("End ");
040 }
```

▼ **プログラムリストの解説**

関数 **judge()** は，第 1 引数の整数が条件（第 2 引数の倍数か，1 桁目か 2 桁目が第 2 引数と等しい）をみたすとき 1 を返し，そうでないときに 0 を返します。ここでは for 文を利用して 1～40 までの整数に対して順に判定を行っています。条件をみたさない場合，つまり **judge()** の戻り値が 0（偽）であるとき LED1 を 1 回点滅し，条件をみたす場合（戻り値が 1（真）），LED2 を 1 回点滅するようにプログラムを作成しています。

課題 1.12　関数の作成

引数で与えた表示桁数に対して，同じく引数で与えた正の整数を右詰めで LCD に表示する関数 **outi_r()** を作成しなさい。たとえば，本関数に対して 4 桁表示で 56 を与えたとき（**outi_r(4,56);**），LCD に " 56" が表示されるようにする。ただし，与える整数は表示桁数を超えないものとする。つまり，4 桁表示の場合，与えることのできる最大の整数は 9999 である。

1.5　乱数の生成

ゲーム用のプログラムを作成する場合，乱数の利用が必須です。また，シミュレーションや数値計算を行う方法の 1 つとして**モンテカルロ法**がありますが，その場合も乱数が必要になります。本節では乱数の生成法を紹介します。

C 言語では，関数 **rand()** を利用することで，乱数を生成できます。本関数を呼び出すごとに，0 から（ヘッダファイル stdlib.h[※]内で定義されている）**RAND_MAX**（= 0x7FFF（= 32767））までの整数値乱数が生成されます。

もし，特定の範囲内（たとえば 0 ～ x）の整数値乱数を得たい場合には，

※ヘッダファイル stdlib.h
関数 **rand()** を使うときには，ヘッダファイル stdlib.h をインクルードすることが必要です。

```
        irand = (unsigned int)(rand()/(RAND_
MAX+1.0)*(x+1));
```

とします。ただし，関数 **rand()** は**種**と呼ばれる整数値を初期値として乱数を生成しているために，その種が同じである以上，プログラムを実行するごとに毎回同じパターンの乱数が生成されることになります。そこで，ここではプログラムを実行してから SW1 が押されるまでの時間を乱数の種として関数 **srand()** に与える方法をとります。以下に例を示します。

実験 1.14　乱数の生成

1～6 までの乱数を発生させ，SW1 を押すごとに，それを LCD に表示します。プログラムをリスト 1.14（dice.c）に示します。

リスト 1.14 dice.c

```
001  //----------------------------------------------------------
002  //【実験1.14】1～6までの整数値乱数を生成　（dice.c）
003  //----------------------------------------------------------
004  #include <tk400sh.h>              // ヘッダファイル
005  #include <stdlib.h>               // 乱数用
006
007  #define LEDon  (1)
008  #define LEDoff (0)
009  #define SWon   (0)
010  #define SWoff  (1)
011
012  //----------------------------------------------------------
013  // メイン関数
014  //----------------------------------------------------------
015  void main(void){
016    unsigned char irand;
017    unsigned short seed=0;
018    port_init();                    // I/Oポートの初期設定
019    cmt1_init();                    // 時間待ち用
020    lcd_init();                     // LCD初期設定
021
022    outst("DICE (SW1)");
023    while(1){                       // SW1の入力待ち
024      if(SW1==SWon) break;
025      seed++;                       // 乱数の種の生成
026    }
027    while(SW1==SWon);               // SW1が離されるのを待つ
028    srand(seed);                    // 乱数の種をセット
029    LED1 = LEDon; delay_ms(100); LED1 = LEDoff;       // LED1の点滅
030
031    while(1){
032      irand=(unsigned int)(rand()/(RAND_MAX+1.0)*6)+1; // 乱数
033      locate(0,1); outi(irand); outst(" ");            // 乱数の表示
034      while(SW1==SWoff); delay_ms(100); while(SW1==SWon);
```

```
035     }
036 }
```

▼ プログラムリストの解説

　　プログラムを実行すると 23 ～ 26 行目で SW1 が押されるまで変数 **seed** をインクリメントします。SW1 が押されると，そのときの **seed** の値を乱数の種として関数 **srand()** に与え，セットできたことを LED1 の点滅で知らせます。その後，31 ～ 35 行目で，SW1 が押されるたびに乱数を生成します。ただし，生成される乱数は 0 ～ 5 の整数なので 1 を足すことで 1 ～ 6 の乱数にしています。それを LCD に表示します。

1.6 配列

　2.2.2 項で述べる A/D 変換を利用することで，センサからの出力電圧を TK400SH が受け取ることができます。たとえば，受け取った 100 個のデータに対して，それらを個別に 100 個の変数に保存するとなると，変数の宣言が大変なだけでなく，それらに対するデータ処理のためのプログラム作成も非常に面倒になります。このような場合に **配列** が有効です。本節ではこの配列について紹介します。

1.6.1　配列の利用方法

　まず，配列を使うためには，**配列名** と **型** と **要素数** を定める必要があります。たとえば，

　　unsigned int ad[100];

により，**unsigned int** 型の 100 個の要素をもつ配列 **ad** がプログラム内で利用できるようになります。配列の各要素は **ad[10]** のようにして参照できます。**[ ]** 内の数値（もしくは数値を表す変数）を **添字** といいます。この添字に関して重要な注意すべき点があります。それは，

　　添字が 0 から始まる

という点です。したがって，上述の配列 ad に対しては，添字の範囲は 0 ～ 99 となります。100 個の配列 ad を用意したからといって **ad[100]** は利用できません。ただし，**a[100]=10;** としても文法上のエラーにはならないので注意してください。【samp_array.c】

実験 1.15　乱数の出現頻度

配列の使用例として，1.5 節で紹介した乱数の出現頻度を評価してみます。そのために作成したプログラムをリスト 1.15（dice_num.c）に示します。

リスト 1.15　dice_num.c

```c
//-------------------------------------------------------
// 【実験1.15】関数 rand()の評価　（dice_num.c）
//-------------------------------------------------------
#include <tk400sh.h>            // ヘッダファイル
#include <stdlib.h>             // 乱数用

#define LEDon  (1)
#define LEDoff (0)
#define SWon   (0)
#define SWoff  (1)

//-------------------------------------------------------
// メイン関数
//-------------------------------------------------------
void main(void){
  unsigned char irand;
  unsigned short seed=0, icnt, nmax=100, d[6];
  port_init();                  // I/Oポートの初期設定
  cmt1_init();                  // 時間待ち用
  lcd_init();                   // LCD初期設定

  outst("DICE_NUM");
  locate(0,1); outst("push SW1");
  while(1){                     // SW1の入力待ち
    if(SW1==SWon) break;
    seed++;                     // 乱数の種の生成
  }
  while(SW1==SWon);             // SW1が離されるのを待つ
  srand(seed);                  // 乱数の種をセット
  LED1 = LEDon; delay_ms(200); LED1 = LEDoff;    // LED1の点滅
  locate(0,1); outst("        ");   // 2行目の文字列表示を消去
  for(icnt=0;icnt<6;icnt++) d[icnt] = 0;   // 配列の初期化

  for(icnt=0;icnt<nmax;icnt++){
    irand=(unsigned int)(rand()/(RAND_MAX+1.0)*6)+1;   // 乱数（1～6）
    d[irand-1]++;               // irand-1の配列の要素をカウントアップ
  }

  clr_lcd();                    // LCDのクリア
  for(icnt=0;icnt<3;icnt++){    // 1～3の出現回数表示
    outi(d[icnt]); outst(":"");"
  }
  locate(0,1);
  for(icnt=3;icnt<6;icnt++){    // 4～5の出現回数表示
    outi(d[icnt]); outst(":");
  }
}
```

※ 変数と配列の初期化
　変数や配列の宣言（`unsigned short icnt,d[6];`）は，データを保存するためのメモリエリアを確保するだけです。したがって，必要に応じて適当な値を代入（**初期化**）する必要があります。リスト1.15において，32行をコメントアウトして実行してみましょう。

▼ **プログラムリストの解説**

29行目で乱数の種をセットした後，32行目で配列の要素の値を0に初期化※します。35行目で乱数を生成し，それがxのとき，36行目で対応する配列の要素`d[x-1]`をインクリメントします。これを`nmax`回繰返し，39～46行目で配列の要素の値をLCDに表示します。

100個（`nmax = 100`）の乱数を生成して，1～6の出現頻度を調べました。ここでは5回実験を行った結果を表1.2に示します。表中，下線を引いた数字が最小頻度，上線が最大頻度を表しています。乱数が一様に生成されている場合，出現頻度の平均は16.7回となるはずですが，出現頻度にかなりなばらつきがあることがわかります。

表1.2　1～6の出現頻度（100個）

1	2	3	4	5	6
19	11	17	$\overline{24}$	15	14
16	$\overline{19}$	16	15	18	16
$\overline{22}$	17	9	19	12	21
15	15	$\overline{19}$	18	$\overline{19}$	14
12	21	14	16	$\overline{22}$	15

次に，生成する乱数の個数を10 000個（`nmax = 10000`）にして同様の実験を行ってみました。結果を表1.3に示しますが，回数が増えるに伴い，出現頻度のばらつきが小さくなっていることが確認できます。

表1.3　1～6の出現頻度（10 000個）

1	2	3	4	5	6
1639	1696	1684	$\overline{1741}$	1613	1627
1594	1660	1679	$\overline{1709}$	1697	1661
1647	1688	$\overline{1713}$	1679	1619	1654
1620	1619	$\overline{1785}$	1632	1707	1637
1661	1652	1623	$\overline{1752}$	1651	1661

1.6.2　文字配列

1.1.2項でLCD上に文字列の表示を行いました。マイコン内では，1文字は**文字コード**と呼ばれる整数値として処理されます（文字と文字コードの対応については課題1.18で確認します）。この1文字が複数個連続して集まったものが文字列なので，文字列はchar型の配列として

扱うことができます。ただし，通常の配列と異なることは，文字列の最後に**ヌル文字**と呼ばれる**値が 0 の要素**が付け加えられているという点です。

たとえば，`char ss[10];` とした配列 `ss` に対して，関数 `strcpy()` を利用して文字列 "abcd" を代入したとします※。

```
strcpy(ss,"abcd");
```

この場合，`ss[0]` から `ss[3]` には，それぞれ 'a', 'b', 'c', 'd' に対応した整数値（文字コード）が代入されますが，それらに加えて文字列の終了を表すために `ss[4]` にヌル文字に対応した整数の 0 が代入されます。【samp_string1.c】

この文字配列を LCD に表示する場合，

```
outst(ss);
```

とすればよいのですが，関数 `outst()` は `ss[0]` からヌル文字が現れるまで順に文字を表示していきます。したがって，

```
strcpy(ss,"abcd");    // 文字列のコピー
ss[2] = 0;            //'c' をヌル文字で置き換える
outst(ss);            // 文字列の表示
```

とすると，LCD には "ab" だけが表示されることになります。【samp_string2.c】

もし，

```
strcpy(ss,"abcd");    // 文字列のコピー
outst(ss+2);
```

とするとどうなると思いますか。この場合，`ss+2` というのは `ss[2]`（正確には `ss[2]` が保存されているメモリアドレス）を意味しており，そこから文字列が表示されるので LCD には "cd" が表示されることになります。【samp_string3.c】

文字列を代入するための配列を宣言する際に，次のように初期化することができます。この場合，要素数の指定を省略できます。

```
char ss[]="abcd";
```

> ※ ヘッダファイル string.h
> C言語では文字列を処理するための関数が用意されています。`strcpy()` を利用する場合，ヘッダファイル string.h をインクルードする必要があります。

実験 1.16　電光掲示板

街でよく目にする電光掲示板は，表示する文字列が左右や上下に移動していきます。ここでは，LCD に表示した文字列が左端に消えていくプログラムをリスト 1.16（eboard.c）に示します。

リスト 1.16 eboard.c

```
//----------------------------------------------------------
// 【実験1.16】2行目に表示した文字列が左端へ消えていく （eboard.c）
//----------------------------------------------------------
#include <tk400sh.h>              // ヘッダファイル
#include <string.h>               // 文字列処理用


//----------------------------------------------------------
// メイン関数
//----------------------------------------------------------
void main(void){
  unsigned char icnt;
  char ss[]="abcdefghi";       // 表示する文字列
  port_init();                 // I/O ポートの初期設定
  cmt1_init();                 // 時間待ち用
  lcd_init();                  // LCD 初期設定

  outst("EBOARD");
  while(1){
    for(icnt=0;icnt<strlen(ss);icnt++){
      locate(0,1); outst(ss+icnt); outst(" ");
      delay_ms(200);
    }
  }
}
```

▼ プログラムリストの解説

　　対象とする文字列を12行目で作成しています。関数 **strlen()** は引数で与えた文字列の文字数を戻り値として返すものです。20行目の **outst()** で表示を開始する文字を順に移動させることで，文字が LCD の左端に消えていくことを表現しています。

章末課題 (課題 1.13 〜 1.18)

課題 1.13　プログラム error1.c 〜 error5.c には，プログラム中の先頭のコメントに記載されているような文法上のエラーや実行時のエラーなどが含まれている。それらを探し出し，正しいプログラムに修正しなさい。

課題 1.14　タクトスイッチ SW1 が押されている（この場合，離すことは含まない）間は LED2 が点滅し，そうでないときは LED1 が点滅するプログラムを作成しなさい。

課題 1.15　LED1 と LED2 を消灯状態で，SW1 を押すと LED1 を点灯し，適当な時間経過後 LED2 を点灯させる。LED2 が点灯してから SW1 が押されるまでの時間を計測し，結果を LCD に表示するプログラムを作成しなさい（反射神経ゲームのようなもの）。なお，関数 `delay_2us();` を利用すると 2μsec 単位での時間の計測が可能である。たとえば，`delay_2us(2);` の場合，4μsec。この関数はタイマー割り込みを使用していないので，関数 `delay_ms()` のときに必要であった関数 `cmt1_init()` は不要である。

課題 1.16　1/10 秒まで表示可能なストップウォッチを作成しなさい。スタートとストップはタクトスイッチ SW1 を使用し，一時停止はタクトスイッチ SW2 を使用するものとする。なお，LCD に文字を表示する時間については考慮する必要はない。つまり，文字表示分，時間の計測が不正確であってもよい。

課題 1.17　適当な文字数の文字列（たとえば自分の名前など）を指定し，それが LCD の 1 行目の右端から現れ，左方向に順に移動していくプログラムを作成しなさい。なお，左端に消えた文字は再び右端に現れ，エンドレスで表示するようにすること。

課題 1.18 LCD用関数の1つである関数 **outc()** は，文字コード（0～255の整数）を与えることで，それに対応した1文字をLCD上に表示する。この関数を利用して，LCDに表示可能な文字を確認し，表1.4の空欄を埋めなさい。【samp_ascii.c】なお，0～31はプリンタなどの機器を制御するための制御文字として予約されており，意味のないパターンがLCDに表示されるので，表1.4では除いてある。表中の数字はすべて16進数表示であり，縦が下位4ビット，横が上位4ビットを意味する。たとえば，文字コード100は16進数で表すと64 h[※]なので，上位4ビットは6（表1.4では60），下位4ビットは4（表1.4では04）となる。

※ 16進数の表記法
　本書では，16進数に対して0x32だけでなく32hという表記も使用します。

表1.4　文字コード

	20	30	40	50	60	70	80	90	A0	B0	C0	D0	E0	F0
00														
01														
02														
03														
04														
05														
06														
07														
08														
09														
0A														
0B														
0C														
0D														
0E														
0F														

第2章 マイコンボード TK400SH の入出力端子の活用

　第1章では，TK400SH に搭載されている LCD，LED，スイッチを対象としましたが，本章では，TK400SH のもつ入出力端子を利用して，外部機器との接続を考えます．具体的には，汎用 I/O ポート（CN4），ディジタル・アナログ入力ポート（CN3），DC（直流）モータに対する PWM 制御，RC（ラジコン）サーボ制御（CN6, CN7），2 相エンコーダ（ENC1, ENC2）が対象です．本章では，ブレッドボード上で簡単な回路を製作し，実験を行いながらこれらの使い方を紹介します．また，簡易的な移動ロボット（第4章でも利用）も製作します．なお，シリアル通信ポートの活用に関しては第3章を参照してください．

　本章の実験で必要な物品を以下に示します．なお，これらは一例であり，相当品があればそれを使用してください．また，数量も必要最小限の個数であり，実験内容によっては，増える場合もあります．

表 2.1　実験に必要な部品

名称	規格など	型番	メーカーなど	数量
LED（赤）	φ5mm, 赤色，相当品可	OSDR5113A	秋月電子通商	1
炭素皮膜抵抗	220Ω, 1/4W	CF25J220RB	秋月電子通商	1
炭素皮膜抵抗	10kΩ, 1/4W	RD25S 10K	秋月電子通商	1
炭素皮膜抵抗	1.5kΩ, 1/4W	RD25S 1K5	秋月電子通商	1
炭素皮膜抵抗	1kΩ, 1/4W	CF25J1KB	秋月電子通商	8
半固定抵抗	10kΩ	3362P-1-103LF	秋月電子通商	1
タクトスイッチ	白色		秋月電子通商	
圧電スピーカ	直径24mm	SPT08-Z185	秋月電子通商	1
7セグメントLED	カソード・コモン，赤	C-551SRD	秋月電子通商	1
RC サーボ	PICO/STD/F（フタバ）		秋月電子通商	1
ロータリーエンコーダ	クリックタイプ	EC12E2420801	秋月電子通商	1

2.1　汎用 I/O ポート

　TK400SH の汎用 I/O ポート（CN4）は，プログラムで設定を行うことで，ディジタル入力もしくはディジタル出力として利用できます[※]．

2.1.1　汎用 I/O ポートのピン構成

　汎用 I/O ポート（CN4）のピン配置を図 2.1 に示します．

※ 汎用I/Oポート
　一般にマイコンの汎用I/Oポートは，それをディジタル入力・ディジタル出力のどちらで使うのかを設定してから，使用します．なお，マイコンによっては，ディジタル入出力以外の機能が割り付けられている場合も多くあります．

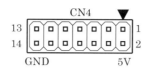 

図 2.1 汎用 I/O ポート (CN4) のピン配置

汎用 I/O ポート (CN4) には，表 2.2 (のピン名称) に示すように，SH7125 のポート E の 16 個の端子のうちの 8 つ (PE0 〜 PE3, PE9, PE11, PE13, PE15) が割り付けられています。これらをビットごと，もしくはまとめて 1 バイトとして扱います。ビット表記する場合，n ビット目を CN4-Bn，端子表記の場合は CN4-n と書き表すことにします (プログラムでは前者，ブレッドボードで回路を製作する場合，後者の表記が便利です。以下では CN4-Bn (CN4-n) と併記します)。なお，5V の端子 (CN4-1, CN4-2) と GND の端子 (CN4-13, CN4-14) については，それぞれ CN4-5V, CN4-GND とビット表記します。

表 2.2 汎用 I/O ポート (CN4) のピン番号と表記法

CN4ピン番号	1	2	3	4	5	6	7
ピン名称	+5V	+5V	PE13	PE15	PE9	PE11	PE2
端子表記	CN4-1	CN4-2	CN4-3	CN4-4	CN4-5	CN4-6	CN4-7
ビット表記	CN4-5V	CN4-5V	CN4-B6	CN4-B7	CN4-B4	CN4-B5	CN4-B2

CN4ピン番号	8	9	10	11	12	13	14
ピン名称	PE3	PE0	PE1	NC	NC	GND	GND
端子表記	CN4-8	CN4-9	CN4-10	—	—	CN4-13	CN4-14
ビット表記	CN4-B3	CN4-B0	CN4-B1	—	—	CN4-GND	CN4-GND

汎用 I/O ポート (CN4) を利用するために，TK400SH ボードサポートライブラリ内に用意されている関数を以下に示します。

▼汎用 I/O ポート (CN4) 用関数

(1) `void set_peio(unsigned char pedr);`

汎用 I/O ポート (CN4) の各端子の入出力指定。1 が入力，0 が出力。たとえば，CN4-B0 (CN4-9) と CN4-B2 (CN4-7) を入力，残りを出力として使用したい場合，`set_peio(0x05);` (もしくは `set_peio(0b00000101);`, `set_peio(5);`)。

(2) `unsigned char input_pe(void);`

汎用 I/O ポート (CN4) を 1 バイト単位で扱い，各端子の状態を 1 バイト整数として取得。

(3) **void bitset_pe(unsigned char ppe);**
ppe（0～7）で指定した端子を1にする※。

(4) **void bitclr_pe(unsigned char ppe);**
ppe（0～7）で指定した端子を0にする※。

(5) **void output_pe(unsigned char ped);**
汎用 I/O ポート（CN4）を1バイト単位で扱い，引数で与えた値を汎用 I/O ポート（CN4）から出力。

※ 出力端子の設定
　この関数を使用する前に，関数**set_peio()**で出力端子に設定しておく必要があります。

2.1.2　ディジタル出力 (LED)

LED は，それに電流を与えることで発光する半導体素子です。テレビ，パソコンなどのモニタ用ランプはすべて LED です。ちらつきがない，低消費電力，長寿命，発熱量が少ない，最適な発光色を選択できるなどの特長をもち，その活用範囲は広がる一方です。第 1 章では，TK400SH 上の LED（LED1, LED2）を対象としましたが，ここでは，ブレッドボード上に LED 用回路を製作して，汎用 I/O ポート（CN4）からその LED の点滅制御を行います。

● LED 用回路

図 2.2(a) に示す回路をブレッドボード上で製作してください（図 2.2(d) 参照）。LED はその名前（ダイオード）が示すとおり，極性があります。逆に使用すると点灯しないだけでなく，場合によっては壊れてしまうので注意してください。足（リード）の長い方がアノード（＋）短い方がカソード（－）です（図 2.2(b)）。

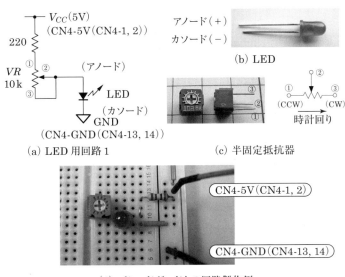

(a) LED 用回路 1　　(b) LED　　(c) 半固定抵抗器

(d) ブレッドボード上の回路製作例

図 2.2　LED 用回路 1

図2.2(a)の回路のV_{CC}に対しては，CN4-5V（CN4-1, 2）から5Vを与えます．また，CN4-GND（CN4-13, 14）と回路のGNDを接続することも忘れないようにしてください．

実験2.1　LED点灯実験

1. TK400SHのメイン電源を入れると，ブレッドボード上のLEDが点灯します．
2. 半固定抵抗器の抵抗値を変える（＋ドライバで回す）ことによってLEDの明るさが変わることを目視により確認してください．
3. 半固定抵抗器を適当な抵抗値にセットした状態でLEDの両端の電圧をテスターで計測してください．これを**順方向電圧**V_Fといいます．また，そのときのLEDに流れる電流を**順方向電流**I_Fといいます．

LEDの順方向電圧は色や種類によって異なります．参考程度ですが，表2.3にまとめておきます（順方向電圧はメーカーによっても異なります．使用の際にはデータシートをご確認ください）．LEDに与える電圧が順方向電圧以下の場合，LEDを点灯させることはできません．そのため，単3電池2本だけでは，白や青のLEDは点灯できないことがわかります．TK400SHからは約5Vを供給できるので，希望の色のLEDを点灯させることができます．

表2.3　LED順方向電圧

発光色	順方向電圧
赤	1.8 V前後
橙	1.8 V前後
黄	2.1 V前後
緑	2.1 V前後
白	3.5 V前後
青	3.5 V前後

ところで，LEDに対するデータシートを見ると，そのLEDに対する絶対定格が掲載されています（もし，手元にあればご確認ください）．たとえば，赤色LED（OSDR5113A（秋月電子通商））に対しては，25℃における順方向電流が約30 mAとなっています．最近のLEDはわずかな電流でも十分な明るさで点灯するので，順方向電流が数mA（2〜5 mA）程度で使用するのがよいでしょう[※]．

電池などに直接LEDを接続した場合，この絶対定格を超える順方向電流が流れるために，LEDは一瞬で壊れます．そこで，図2.2(a)の回路では，220Ωの固定抵抗と10kΩの半固定抵抗器を直列接続して

※ ＴＫ４００ＳＨ上のLED1，LED2に対する電流制限抵抗
　ＴＫ４００ＳＨを設計当初，LEDのタイプによっては明るさが弱いと感じました．そこで，マイコンに大きな負担をかけない範囲ということで，マイコンからの出力電圧（V_{OH}）4.5V，順方向電圧（V_F）1.8V，順方向電流（I_F）2.7mAとして電流制限抵抗を1kΩと設計しました（TK400SHの回路図の該当箇所を抜粋した図2.3参照）．TK400SHのLEDは高輝度タイプが使用されており，十分な明るさで点灯します．

います（半固定抵抗器はまわし方によっては0Ωとなるため，220Ωの固定抵抗は安全対策）。このような目的で使用する抵抗のことを**電流制限抵抗**といいます。図2.2(a)の回路の場合，LEDの順方向電圧を1.8Vとすると，半固定抵抗器の設定により，LEDにはおよそ0.31〜14.5 mAの順方向電流が流れることになります。

$$I_F = \frac{5-1.8 \text{[V]}}{(10\,000+220)\sim 220\text{[}\Omega\text{]}} = 0.31\times 10^{-3} \sim 14.5\times 10^{-3} \text{[A]} \tag{2.1}$$

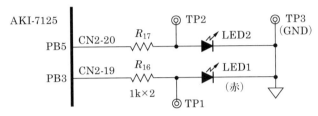

図2.3 TK400SH上のLED1, LED2用の回路

課題2.1 電流制限抵抗の設計

V_{CC}を5Vとし，LEDの順方向電圧V_Fを1.8Vとする。このとき，順方向電流が2mA程度となるように電流制限抵抗を設計しなさい。ただし，抵抗はE12系列から選定するものとする。

E12系列

抵抗はカバーすべき範囲が非常に広いため，等比数列を基本として抵抗値が定められています。E12系列は，1〜10までを等比級数（$10^{\frac{1}{12}}=1.212$）で分割したものを有効数字2桁で表します。

1, 1.2, 1.5, 1.8, 2.2, 2.7, 3.3, 3.9, 4.7, 5.6, 6.8, 8.2 $\times 10^n$

E12系列以外に，E6，E24，E96系列があります。

実験2.2 LEDの点滅制御

それでは，TK400SHからブレッドボード上のLEDを点滅させてみましょう。図2.2(a)の回路において，電流制限抵抗を1.5kΩとし，VccをCN4-B0（CN4-9）に接続し直してください（図2.4）。このLEDを点滅させるプログラムをリスト2.1（led_cn4.c）に示しますが，基本的な考え方は実験1.6と同じです[※]。

※ #defineの利用
　#defineを利用して，汎用I/Oポート（CN4）の端子に名前を定義することも可能です。具体的なやり方については，プログラム【samp_led_cn4.c】を参照してください。

(a) LED用回路2　　　(b) ブレッドボード上の回路製作例

図 2.4　LED用の回路2

リスト 2.1　led_cn4.c

```
001  //--------------------------------------------------------
002  // 【実験2.2】CN4-B0に接続したLEDの点滅　(led_cn4.c)
003  //--------------------------------------------------------
004  #include <tk400sh.h>                    // ヘッダファイル
005
006  //--------------------------------------------------------
007  // メイン関数
008  //--------------------------------------------------------
009  void main(void){
010    port_init();                          // I/Oポートの初期設定
011    cmt1_init();                          // 時間待ち用
012    lcd_init();                           // LCD初期設定
013
014    outst("LED_CN4");                     // LCDに文字列を表示
015    set_peio(0x00);                       // CN4のすべての端子を出力に指定
016    while(1){                             // 無限ループ
017      bitset_pe(0); delay_ms(200);        // LED点灯
018      bitclr_pe(0); delay_ms(200);        // LED消灯
019    }
020  }
```

▼ プログラムリストの解説

15行目　汎用I/Oポート（CN4）をすべて出力に設定（0x00）。

16〜19行目　無限ループ（17行目と18行目を繰返す）。

17行目　LED点灯（CN4-B0（CN4-9）を1）後，200 msec時間待ち。

18行目　LED消灯（CN4-B0（CN4-9）を0）後，200 msec時間待ち。

課題 2.2　LEDの点灯

図2.2の回路では，CN4-B0（CN4-9）を1とすることでLEDを点灯させたが，逆に0とすることで点灯させる回路を考えなさい。また，ブレッドボード上で回路を製作し，正しく動作することを確認しなさい。

課題 2.3　複数のLEDの点滅

汎用I/Oポート（CN4）には最大8個までのLEDを接続で

きる．可能な範囲で複数の（できれば異なる色の）LEDを取り付け，それらを様々なパターンで点滅させるプログラムを作成しなさい．なお，LEDの色によって電流制限抵抗値が異なる点と汎用I/Oポート（CN4）が出力可能な電流に制限がある点に注意すること[※]．

2.1.3 7セグメントLED

7セグメントLEDとは，数字の「8」を図2.5のように7個の要素に分割し，それぞれを独立して点灯できるようにしたものです．分割された各部分を**セグメント**といい，aからgの名前で表します．また，これら7個のセグメント以外に，小数点表示（DP：Decimal Point）用のLEDがあるので，7セグメントLEDは合計8個のLEDで構成されています．

> ※ 汎用I/Oポート（CN4）が出力可能な電流
> SH7125のハードウェアマニュアル（第21章電気的特性）によると，端子あたりの許容電流は2mAであることが記載されています．したがって，TK400SHを利用してLEDの点灯制御を行う場合，そこに流す電流が2mA以内になるように電流制限抵抗を設計してください．

C-551SR
（カソードコモン）

A-551SR
（アノードコモン）

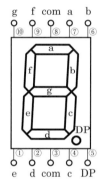

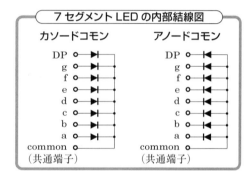

図2.5 7セグメントLED

7セグメントLEDにはLEDのカソード側を共通（common）にした**カソードコモンタイプ**とアノード側を共通（common）にした**アノードコモンタイプ**があります．図2.5からわかるように，前者（後者）に対してはcom端子をGND（5V）に接続し，点灯させたいセグメントに対応した端子を5V（GND）にすることで，そのセグメントを点灯させることができます．たとえば，セグメントのa, b, c, d, e, fを点灯させることで，数字の「0」を表示できます．本項では，カソードコモンタイプを使用します．この場合，汎用I/Oポートのビット配置を表2.4のように対応させれば数字「0」の表示は0b00111111（0x3F）になります．ここで，表中のBnはCN4-Bnを意味します．

表2.4 7セグメントLEDの点灯パターン

表示文字	汎用I/Oポートのビット配置とセグメント								16進数
	B7	B6	B5	B4	B3	B2	B1	B0	
	DP	g	f	e	d	c	b	a	
0	0	0	1	1	1	1	1	1	0x3F
1	0	0	0	0	0	1	1	0	0x06
2									
3									
4									
5									
6									
7									
8									
9									

※ 7セグメントLEDの小数点DP

表2.4ではDPは0（消灯）としました。もし，小数点付きで0.と表示させたい場合，0x3Fを0xBF（=0b10111111）としてもよいですが，ビットごとの論理和|を利用して0x3f|0x80とする方法もあります。

課題2.4　7セグメントLEDに表示する数字

7セグメントLEDに数字の「2」から「9」を表示するための点灯パターンと対応する16進数を求め，表2.4を完成させなさい。なお，DPは0（消灯）とする※。

● 7セグメント用実験回路

ブレッドボード上に図2.6に示す回路を製作してください。

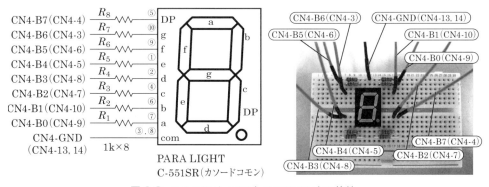

図2.6　7セグメントLEDとTK400SHとの接続

実験2.3　7セグメントLED

それでは，数字の「0」を表示してみましょう。プログラムをリスト2.2（led_7seg.c）に示します。

リスト 2.2 led_7seg.c

```
001 //-----------------------------------------------
002 // 【実験 2.3】数字の 0 を 7segLED に表示 （led_7seg.c）
003 //-----------------------------------------------
004 #include <tk400sh.h>            // ヘッダファイル
005
006 //-----------------------------------------------
007 // メイン関数
008 //-----------------------------------------------
009 void main(void){
010   port_init();                  // I/O ポートの初期設定
011   lcd_init();                   // LCD 初期設定
012
013   outst("7segLED");             // LCD に文字列を表示
014   set_peio(0x00);               // CN4 のすべての端子を出力に指定
015   output_pe(0x3F);              // 「0」を表示
016 }
```

課題 2.5 7セグメントLED

表 2.4 を参考にして，7 セグメント LED 上に一定の時間間隔で「0」～「9」までの数字を繰返し表示するプログラムを作成しなさい。

2.1.4 ディジタル出力 (圧電スピーカ)

LED は光を発しますが，圧電スピーカを利用すると音を出すことができるようになります。圧電スピーカを CN4-B1（CN4-10）に接続して，音を出してみましょう。

● 圧電スピーカ用回路

図 2.7 に示す回路をブレッドボード上に製作してください。なお，2.1.5 項で使用するので，2.1.2 項の LED の回路はそのまま残しておいてください。

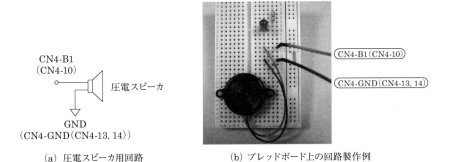

(a) 圧電スピーカ用回路　　　(b) ブレッドボード上の回路製作例

図 2.7 圧電スピーカ用回路

LEDに対しては，5Vと0Vを繰返し与えることで点滅させました．圧電スピーカも同じです．ただし，与える周波数で音の高さが異なります．

> **コネクタ**
>
> TK400SHには，外部機器との接続用としてストレートピンヘッダが用意されています．圧電ブザーだけではなく各種センサなどをTK400SHに接続する場合，それらのリード線に写真2.1に示すコネクタ（リンクマン：2.54mmピッチコネクタ，1ピンZL2543-1PS，3ピンZL2543-3PS）を取り付けておくとストレートピンヘッダに直接接続できます．なお，図2.7ではブレッドボードを介しています．

写真2.1 コネクタ

実験2.4　圧電スピーカ

一例として，オクターブ4のラの音を鳴らしてみましょう．この周波数は440Hzです．つまり，5Vと0Vを $1/(440 \times 2) = 1.136\,\mathrm{msec}$ の時間間隔で繰返し与えればよいはずです．プログラムをリスト2.3（speaker.c）に示します．

リスト2.3 speaker.c

```
001  //------------------------------------------------------
002  //【実験2.4】圧電スピーカからラの音を鳴らす （speaker.c）
003  //------------------------------------------------------
004  #include <tk400sh.h>                  // ヘッダファイル
005
006  //------------------------------------------------------
007  // メイン関数
008  //------------------------------------------------------
009  void main(void){
010    port_init();                        // I/Oポートの初期設定
011    lcd_init();                         // LCD初期設定
012
013    outst("SPEAKER");                   // LCDに文字列を表示
014    set_peio(0x00);                     // CN4のすべての端子を出力に指定
015    while(1){                           // 無限ループ
016      bitset_pe(1); delay_2us(568);     // 440Hzの信号
017      bitclr_pe(1); delay_2us(568);     //
018    }
019  }
```

▼ **プログラムリストの解説**

リスト 2.1 とほぼ同じプログラムです．圧電スピーカを取り付けた端子（CN4-B1（CN4-10））とオンオフを繰り返す時間間隔が異なるだけです．ここでは 2 μsec を単位とする関数 **delay_2us()** を使用しているので，この場合の引数として与えるべき数値は 1 136（μsec）/2 = 568 となる点に注意してください．関数 **delay_2us()** を使用する場合，関数 **cmt1_init()** は不要です．

課題 2.6　圧電スピーカ

オクターブ 4 のドからオクターブ 5 のドまで各音階の周波数から，以下に示すリスト 2.4（onkai.c）（ロータリースイッチに対応させて各音階の音を鳴らす）の 6 〜 13 行目のカッコ内に整数値を代入してプログラムを完成しなさい．

リスト 2.4 onkai.c

```
001 //-----------------------------------------------------
002 //【課題2.6】様々な音階の音を出す　(onkai.c)
003 //-----------------------------------------------------
004 #include <tk400sh.h>                          // ヘッダファイル
005
006 #define DO    (   )                           // oct4  ド   261.6Hz
007 #define RE    (   )                           //       レ   293.7Hz
008 #define MI    (   )                           //       ミ   329.6Hz
009 #define FA    (   )                           //       ファ 349.2Hz
010 #define SO    (   )                           //       ソ   392.0Hz
011 #define RA    (568)                           //       ラ   440.0Hz
012 #define SI    (   )                           //       シ   493.9Hz
013 #define DOH   (   )                           // oct5  ド   523.3Hz
014
015 //-----------------------------------------------------
016 // メイン関数
017 //-----------------------------------------------------
018 void main(void){
019   unsigned char rds;
020   unsigned short onkai[]={DO,RE,MI,FA,SO,RA,SI,DOH};
021   port_init();                                // I/O ポートの初期設定
022   lcd_init();                                 // LCD 初期設定
023
024   outst("ONKAI");                             // LCD に文字列を表示
025   set_peio(0x00);                             // CN4 のすべての端子を出力に指定
026   while(1){                                   // 無限ループ
027     rds = get_dip_sw();                       // ロータリースイッチの読み込み
028     if(rds<8){
029       bitset_pe(1); delay_2us(onkai[rds]); //
030       bitclr_pe(1); delay_2us(onkai[rds]); //
031     }else{                                    // 音を出さない
032       bitclr_pe(1);
033     }
```

```
034    }
035  }
```

▼ **プログラムリストの解説**

27行目 ロータリースイッチの読み込み。

28行目 `rds` が8未満であれば，

29，30行目 `rds` に対応した音階の音を出力。

ところで，本項では圧電スピーカを使いましたが，マグネチックスピーカの方がよりクリアな音を出すことができます。そのための駆動回路の例を図2.8に示しておきますので，興味ある方はトライしてみてください。

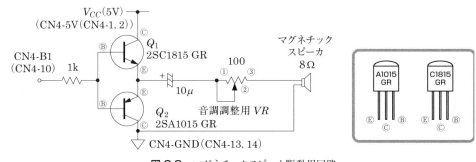

図 2.8　マグネチックスピーカ駆動用回路

2.1.5　ディジタル入力（スイッチ）

次に，汎用 I/O ポート（CN4）を利用したディジタル入力について紹介します。

●**タクトスイッチ用回路**

回路図を図2.9に示します。タクトスイッチはCN4-B2（CN4-7）に取り付けます。

回路中に置かれている抵抗（10kΩ）を**プルアップ抵抗**といいます。このプルアップ抵抗は V_{CC} に接続されているので，タクトスイッチがオフのときには端子（CN4-B2（CN4-7））電圧が5Vとなり，タクトスイッチがオンのときには0Vとなります。マイコン内部ではこれらがそれぞれ1，0として読み込まれます。これは，1.3.1項のSW1，SW2の場合と同じです。つまり，**タクトスイッチが押されれば0，押されていなければ1**です。

プルアップ抵抗

一般に，プルアップ抵抗は，スイッチがオフのとき，端子がどこにも接続されない状態になることを避ける目的で使用されます。スイッチが押されていないときに入力ポートの電圧を5Vにするのであれば，抵抗値は特に気にする必要がないように思うかもしれません。しかし，スイッチがオン時に，プルアップ抵抗 R が消費する電力 P は，

$$P = \frac{V_{CC}^2}{R}$$

で与えられるので，R が小さいと無駄な電力を消費してしまいます。それであれば大きくすればよいかというと，それはそれで問題があります。それは，スイッチにはオン時に適度な電流を流す必要があるためです。通常は，10kΩ程度に選んでおけばよいでしょう。

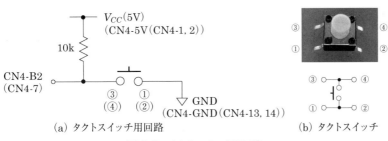

(a) タクトスイッチ用回路　　(b) タクトスイッチ

図 2.9　タクトスイッチ用回路

実験 2.5　タクトスイッチ

それでは，タクトスイッチと CN4-B0（CN4-9）に取り付けた LED を連動（タクトスイッチがオンのとき点灯，オフのとき消灯）させるプログラムをリスト 2.5（sw_cn4.c）に示します。

リスト 2.5 sw_cn4.c

```
//--------------------------------------------------------
//【実験2.5】CN4-B2に取り付けたタクトスイッチとCN4-B0に
// 取り付けたLEDを連動 (sw_cn4.c)
//--------------------------------------------------------
#include <tk400sh.h>                    // ヘッダファイル

//--------------------------------------------------------
// メイン関数
//--------------------------------------------------------
void main(void){
  unsigned char ss;
  port_init();                          // I/Oポートの初期設定
  lcd_init();                           // LCD初期設定

  outst("SW_CN4");                      // LCDに文字列を表示
  set_peio(0b00000100);                 // CN4-B0を出力，CN4-B2を入力指定
  bitclr_pe(0);                         // LEDを消灯
  while(1){                             // 無限ループ
```

```
019    ss = input_pe();                    // CN4 の状態を取得
020    if(ss & 0b00000100) bitclr_pe(0); else bitset_pe(0);
021  }
022 }
```

▼ **プログラムリストの解説**

16 行目 CN4-B2（CN4-7）のみ入力端子に設定（0b00000100）。

19 行目 CN4 の状態を取得。

20 行目 タクトスイッチが押されていれば LED を点灯，押されていなければ消灯（コラム参照）。

Column マスク処理

今，1 バイトの整数が 2 進数で 0b abcdefgh と与えられているとします。a〜h は 0 もしくは 1 です。これに対して 0b00001111 とのビットごとの論理積 **&** をとります。その結果，

0b abcdefgh & 0b00001111 = 0b0000efgh

となります。つまり，この例では，整数の上位 4 ビット（abcd）がどのような値であってもそれらは 0 になり，下位 4 ビット（efgh）だけを取り出すことができます。このように，論理積を利用して一部のビットの情報のみを取り出す操作のことを**マスク処理**といいます。

リスト 2.5 の 20 行目では，**ss=input_pe();** で入力した値のうち，タクトスイッチが取り付けられているビットだけが注目すべきものです。そこで 0b00000100 でマスク処理することで，タクトスイッチの状態を取得しています。タクトスイッチがオンのときは *****0**，オフのときは *****1** であるので，**ss & 0b00000100** が 0b00000100，つまり非零（真）であればオフ，0b00000000，つまり 0（偽）であればオンと判断できます。

ディジタル入力を行う場合，このマスク処理が重要になります。

マスク処理は不要なビットを 0 にする操作ですが，ビットごとの論理和 **|** を利用することで，特定のビットを 1 にすることができます。

0b abcdefgh | 0b11110000 = 0b1111efgh

●複数端子からの入力実験用回路

マスク処理の例として，ブレッドボードを利用して，次の 4 つの端子 CN4-B0（CN4-9），CN4-B1（CN4-10），CN4-B2（CN4-7），CN4-B3（CN4-8）に 0V（マイコン内部では 0）もしくは 5V（マイコン内部では 1）を与え，その 4 ビットの入力パターンに対して LED の点灯制御を行います。回路図を図 2.10 に示します。

実験 2.6　複数端子からの入力

ここでは，0b0001 のとき，LED1 を点灯（LED2 は消灯），0b0010 のとき，LED2 を点灯（LED1 は消灯），0b0011 のとき，LED1 と LED2 を点灯，それ以外は LED1 と LED2 を消灯させます。プログラ

ムをリスト 2.6（cn4_dig.c）に示します。

　実験 2.6 のように，入力端子の値（状態）によって出力を切り換える応用例としてトレースロボットがあります。
　トレースロボットは，与えられたコース上を正確にかつ高速に自律移動することを目的としています。通常，コースを検出するためにセンサを複数もち，それらのパターンでモータの回転速度を制御したり，舵を切ったりします。センサとしては，反射型フォトセンサを利用したディジタル出力（たとえば，床の色が白のときには 1 で黒は 0）タイプのものが用いられることが多くあります（4.1.5 項参照）。その場合，ここで示したプログラムにおいて，LED の点灯制御をモータの速度制御で置き換えたものがプログラムの基本的な構成となります。

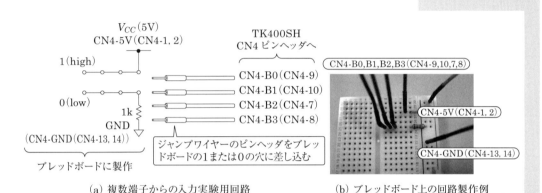

(a) 複数端子からの入力実験用回路　　(b) ブレッドボード上の回路製作例

図 2.10　複数端子からの入力実験用回路

リスト 2.6　cn4_dig.c

```
001  //------------------------------------------------------------
002  //【実験 2.6】CN4-B0～B3 に与えた入力パターンに対してLED
003  // を点灯・消灯（cn4_dig.c）
004  //------------------------------------------------------------
005  #include <tk400sh.h>            // ヘッダファイル
006
007  #define LEDon  (1)
008  #define LEDoff (0)
009
010  //------------------------------------------------------------
011  // メイン関数
012  //------------------------------------------------------------
013  void main(void){
014    unsigned char ss;
015    port_init();                  // I/O ポートの初期設定
016    lcd_init();                   // LCD 初期設定
017
018    outst("CN4_DIG");             // LCD に文字列を表示
019    set_peio(0b00001111);         // CN4-B0～B3 を入力指定
020    while(1){                     // 無限ループ
021      ss = (input_pe() & 0x0F);   // CN4 の状態（下位4ビット）を取得
022      locate(0,1); outbin(ss);    // CN4 の状態を LCD に表示
023      switch(ss){                 // CN4 の状態に対応して LED の点灯・消灯
024        case 0b0001: LED1 = LEDon;  LED2 = LEDoff; break;
025        case 0b0010: LED1 = LEDoff; LED2 = LEDon;  break;
```

```
026        case 0b0011: LED1 = LED2 = LEDon; break;
027        default: LED1 = LED2 = LEDoff;
028      }
029    }
030  }
```

▼ プログラムリストの解説

19 行目　CN4-B0 〜 B3 を入力端子に設定。

21 行目　マスク処理を施して，CN4 の下位 4 ビットの状態を取得。

22 行目　CN4 の下位 4 ビットの状態を LCD に表示。

23 〜 28 行目　CN4 の状態に対応させて LED の点灯もしくは消灯。

2.2　ディジタル・アナログ入力ポート

　ディジタル・アナログ入力ポート（CN3）は，入力専用ポート（8 端子）で，ディジタル電圧入力もしくは 10 ビットの A/D 変換器を通してアナログ電圧入力が可能です。

2.2.1　ディジタル・アナログ入力ポートのピン配置

　ディジタル・アナログ入力ポート（CN3）のピン配置を図 2.11 に示します。

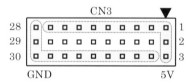

図 2.11　ディジタル・アナログ入力ポート（CN3）

　ディジタル・アナログ入力ポート（CN3）は 30 ピンで構成されています。図 2.11 の点線で示すように，1，2，3，4，7，10，…，25 が 5V で，6，9，…，27，28，29，30 が GND です。これらに CN3-5V，CN3-GND と名前を付けます[※]。5，8，11，…，26 の 8 ピンが入力端子です。汎用 I/O ポート（CN4）のときと同様に，ビット表記と端子表記について表 2.5 のように名前を付けます。

※ CN3は5VとGNDの端子数が多いのでこれらについては端子表記のみとします。

表2.5　ディジタル・アナログ入力ポート（CN3）

ビット表記	CN3-B7	CN3-B6	CN3-B5	CN3-B4	CN3-B3	CN3-B2	CN3-B1	CN3-B0
端子表記	CN3-5	CN3-8	CN3-11	CN3-14	CN3-17	CN3-20	CN3-23	CN3-26

このようなピン構成にすることで，{4, 5, 6}，{7, 8, 9}というセットを{5V, S（信号），GND}として利用できます．種々のセンサからデータを受け取る場合，センサに対して5Vを提供しなければならないことが多くありますが，そのことを意識したピン構成となっています．3端子のコネクタ※を用意しておくとディジタル・アナログ入力ポート（CN3）を利用する際に便利です．

ディジタル・アナログ入力ポート（CN3）を利用するために，TK400SHボードサポートライブラリ内に用意されている関数を以下に示します．

※ 3端子のコネクタ
2.54mmピッチの3端子コネクタはZL2543-3PS（リンクマン）が便利です（写真2.1参照）．

▼ディジタル・アナログ入力ポート（CN3）用関数

(1) `void ad_init(unsigned char adm);`
A/D変換器の初期設定．TK400SHのA/D変換器は2系統あるため，どちらを使用するのか（0もしくは1）を指定．0とすると入力チャネル0～3が，1とすると0～7すべてが使用可能（動作状態）となる．

(2) `void set_ad_ch(unsigned short adch);`
A/D変換する入力チャネルを指定（0～7）．

(3) `void ad_start(unsigned short adch);`
指定した入力チャネルに対してA/D変換開始．

(4) `unsigned short get_ad(unsigned short gch);`
A/D変換結果の取得．

(5) `void ad_off(void);`
A/D変換器をスタンバイ状態に移行させる．

(6) `unsigned char get_sensor(void);`
ディジタル・アナログ入力ポート（CN3）の状態をディジタル値として取得[※※]．

課題 2.7　A/D変換

(1) n個の2進数からなる数字をnビットと呼ぶ．たとえば，4ビットであれば表現できる数字の範囲は0b0000～0b1111（＝0～15）である．このとき，8ビット，10ビット，12ビットで表現できる数字の範囲をそれぞれ10進数で示しなさい．

※※ CN3
ディジタル・アナログ入力ポート（CN3）はA/D変換中以外は，いつでもディジタル入力として使うことができます．ただし，A/D変換中はアナログ入力端子のビットは1が読み出されます．

(2) 0Vを10ビットの0b0000000000, 5Vを10ビットの0b1111111111に対応させたとしよう。このとき1ビットに対応する電圧を算出しなさい。これが10ビットA/D変換の分解能に対応する。

2.2.2 アナログ入力
●アナログ入力用回路

図2.12に示す回路をブレッドボード上に製作します（図2.2(c)参照）。ここではCN3-B0（CN3-26）にアナログ電圧（半固定抵抗器を利用して生成）を入力することにします（図2.2(c)参照）。CN3-5Vを回路のV_{CC}に，CN3-GNDを回路のGNDに接続します。

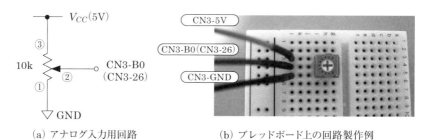

(a) アナログ入力用回路　　　　(b) ブレッドボード上の回路製作例

図2.12　ディジタル・アナログ入力ポート（CN3）

実験2.7　アナログ入力実験

1. プログラムcn3_ana.cをTK400SHに書き込み，実行します。
2. 半固定抵抗器の抵抗値を変えたときのLCDに表示された電圧とCN3-B0（CN3-26）の出力電圧をテスタで計測した結果とを比較してください。

A/D変換の結果
LCDに表示される数値とテスタで計測した値に違いが生じるかもしれません。この原因の1つはCN3-5Vから出力される電圧が5Vでないためです。たとえば，CN3-5Vの電圧をテスタで計測したとき，4.93Vである場合，26行目を，
```
fnum = (get_ad(ch))*4.93/1024.;
```
としてください。

リスト2.7　cn3_ana.c
```
001 //------------------------------------------------------
002 // 【実験2.7】CN3-B0に与えた電圧をA/D変換　(cn3_ana.c)
003 //------------------------------------------------------
004 #include <tk400sh.h>          // ヘッダファイル
005
006 #define LEDon   (1)
```

```
007  #define LEDoff (0)
008
009  //--------------------------------------------------------
010  // メイン関数
011  //--------------------------------------------------------
012  void main(void){
013    unsigned char ch;           // A/D 変換チャネル
014    float fnum;
015    port_init();                // I/O ポートの初期設定
016    cmt1_init();                // 時間待ち用
017    ad_init(0);                 // A/D 変換モジュール（ch0～ch3）を動作状態
018    lcd_init();                 // LCD 初期設定
019
020    outst("A/D");                                   // LCD に文字列を表示
021    locate(0,1); outst("CN3-0:");
022    ch = 0;                                         // 入力チャネルを 0
023    set_ad_ch(ch);                                  // 入力チャネルの指定
024    while(1){                                       // 無限ループ
025      ad_start(ch);                                 // A/D 変換開始
026      fnum = (get_ad(ch))*5.0/1024.;                // 電圧値に変換
027      locate(7,1); outf(fnum); outst("     ");      // LCD に表示
028      delay_ms(100);                                // 100ms ウエイト
029      }
030  }
```

▼ プログラムリストの解説

A/D 変換器の初期設定（**ad_init**）を行い，入力チャネルを指定した（**set_ad_ch()**）後，A/D 変換を開始し（**ad_start()**），受け取った変換（**get_ad()**）結果を電圧に変換してから，LCD に表示しています。

課題 2.8 A/D 変換

入力電圧値が 2V 未満のときには LED1 を点灯（LED2 は消灯），2V 以上のときには LED2 を点灯（LED1 は消灯）するプログラムを作成しなさい。

2.2.3 ディジタル入力

●ディジタル入力用回路

写真 2.2 に示す回路をブレッドボード上に製作します。ここでは，

写真 2.2 ディジタル入力用回路製作例

2.1.5 項の汎用 I/O ポート（CN4）に対して行った複数端子からの入力用回路を利用して，ディジタル・アナログ入力ポート（CN3）の上位 4 ビット（CN3-B4(CN3-14) ～ CN3-B7(CN3-5)）にディジタル電圧（5V もしくは 0V）を与えることにします。

実験 2.8　ディジタル入力実験

端子に与えた電圧パターンを 2 進数で LCD に表示します。プログラムをリスト 2.8（cn3_dig.c）に示します。

リスト 2.8　cn3_dig.c

```
001  //-------------------------------------------------------
002  // 【実験 2.8】CN3-B4 ～ CN3-B7 に与えた入力を LCD に 2 進数表示
003  //   (cn3_dig.c)
004  //-------------------------------------------------------
005  #include <tk400sh.h>                              // ヘッダファイル
006
007  //-------------------------------------------------------
008  // メイン関数
009  //-------------------------------------------------------
010  void main(void){
011    unsigned char num;
012    port_init();                                    // I/O ポートの初期設定
013    lcd_init();                                     // LCD 初期設定
014
015    outst("CN3_DIG");                               // LCD に文字列を表示
016    locate(0,1); outst("CN3");
017    while(1){                                       // 無限ループ
018      num = get_sensor() & 0xF0;                    // マスク処理
019      locate(4,1); outbin(num); outst("    ");     // LCD に表示
020    }
021  }
```

▼ プログラムリストの解説

18 行目　関数 `get_sensor()` で取得した情報にマスク処理を施し，変数 num へ代入。

19 行目　LCD の所定の位置に num を 2 進数表示。

2.3　DC モータ

移動ロボットの駆動源として，モータ（主に DC モータもしくはステッピングモータ）が使用されます。モータはそこに流す電流に対応してトルクを発生しますが，マイコンが出力できる電流ではモータを直接駆動することはできません。そのため，モータを動かす回路が必要になります。これを一般に駆動回路（**ドライバ**）といいます。TK400SH は DC モータ用の駆動回路（以下，**モータドライバ**）を標準で 2 回路搭載して

おり，2個のDCモータを独立に駆動できます。そこで，二輪独立駆動型の移動ロボットを製作し，これをTK400SHで制御してみましょう。

2.3.1 デューティ比

DCモータを動かす前に，TK400SH上のLED1，LED2を利用して簡単な実験を行います。

LEDの点滅制御については第1章や2.1節などですでに紹介済みですが，点滅の際のオンとオフの時間は同じでした。ここではこれらの比率を変えたときにLEDの点灯状態がどのようになるのかを調べます。ちなみに，点滅周期（オンとオフの時間の和）に対するオンの時間の比率のことを**デューティ比**といいます（図2.13）。これまではデューティ比が50%の点滅を行っていたことになります。

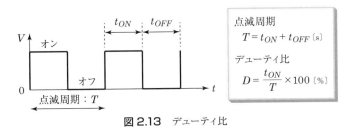

図2.13 デューティ比

● **デューティ比とLED の明るさ実験**

実験 2.9 デューティ比とLEDの明るさの確認

点滅周期を1msecとして，デューティ比を変更して，LEDの明るさを確認します。プログラムをリスト2.9（led_duty.c）に示しますが，ここではロータリースイッチで5，15，25，…，95%に変更できるようにしてあります。明るさを比較する意味でLED2は点灯状態にしておきます。

リスト 2.9 led_duty.c

```
001  //---------------------------------------------------
002  // 【実験2.9】デューティ比とLEDの明るさ　(led_duty.c)
003  //---------------------------------------------------
004  #include  <tk400sh.h>                    // ヘッダファイル
005
006  #define  LEDon   (1)
007  #define  LEDoff  (0)
008  #define  SWon    (0)
009  #define  SWoff   (1)
010
011  //---------------------------------------------------
012  // メイン関数
013  //---------------------------------------------------
```

```c
014  void main(void){
015    unsigned char dip;
016    unsigned short period, on, off;
017    port_init();                                    // I/O ポートの初期設定
018    lcd_init();                                     // LCD 初期設定
019
020    outst("DUTY ratio");                            // LCD に文字列を表示
021    LED1 = LEDoff; LED2 = LEDon;                    // LED1 を消灯，LED2 を点灯
022    period = 500;                                   // PWM 周期（1ms）
023    while(1){                                       // 無限ループ
024      dip = get_dip_sw();                           // ロータリースイッチの読み込み
025      on = period/10*dip+5; off = period-on;        // on と off の時間設定
026      locate(0,1); outst("Duty ");                  // デューティ比の表示
027      outf((float)(on)/(float)(period)*100.); outst("%   ");
028      while(1){                                     // 無限ループ
029        LED1 = LEDon; delay_2us(on);                // LED1 点灯
030        LED1 = LEDoff; delay_2us(off);              // LED1 消灯
031        if(SW1==SWon) break;                        // SW1 が押されれば while から出る
032      }
033      while(SW1==SWon);                             // SW1 が離されるまで待つ
034    }
035  }
```

▼ プログラムリストの解説

22 行目 点滅周期の設定（500 × 2μsec = 1msec）。

24 行目 ロータリースイッチの読み込み（`dip`）。

25 行目 `dip` に合わせて on と off の時間を設定。

26〜27 行目 デューティ比〔%〕を LCD に表示。

28〜32 行目 SW1 が押されるまで LED1 の点滅を繰り返す。

課題 2.9 デューティ比と出力電圧

各デューティ比に対して，TK400SH の端子の出力電圧をテスターを使って計測し，表にまとめなさい。なお，チェック端子 TP1-TP3（GND）間の電圧は LED1 の順方向電圧であるので，マイコンボード AKI-7125 上の CN2-19 を計測すること（写真 2.3 参照）。また，CN2-20 の電圧を計測すると，デューティ比が 100% のときの電圧（LED2 に対する電圧）を知ることができる[※]。さらに，オシロスコープでも電圧を確認しなさい。

※ マイコンの端子からの出力電圧

たとえば，**LED1 = LEDon;** のように，マイコンの（ディジタル出力に設定された）端子を1とすると，そこから約5Vの電圧が出力されます。ただし，その端子に負荷（たとえばLED）が接続され，負荷電流が大きい場合，出力電圧値が5Vよりも低下します。CN2-20の電圧を計測したとき5Vとならないのはこのことが原因です。そのような場合でも，CN2-20の電圧が x〔V〕でデューティ比が y〔%〕のとき，CN2-19の出力電圧はおよそ $x \cdot (y/100)$〔V〕になっているはずです。

写真 2.3 マイコンボード上の計測位置

2.3.2 DC モータの制御方法

DC モータを搭載した移動ロボットを平面内で自由に動かすためには，DC モータの回転速度と回転方向の変更が必須です。DC モータ用の電源を電池1本から2本（ただし，直列）に増やすことで，その回転速度が上がることはご存知だと思います。このことは，DC モータに与える電圧により回転速度が変更できることを意味しています。また，電池の極性を逆にすると DC モータは逆転します。つまり，この操作により回転方向を変更できます。しかし，DC モータを動かしているとき（移動ロボットの走行中など）に，これらの操作を行うことはできません。そこで，これらの操作に相当するものとして **PWM**[※]**制御**と **H ブリッジ**という方法が用いられます。

[※] Pulse Width Modulation

● PWM 制御

TK400SH の端子から出力できる電圧は 5V もしくは 0V ですが，2.3.1 項の LED に関する実験結果からもわかるように，それらを高速に切り替えることによって，実は等価的に中間電圧を出力できます。このような出力のことを **PWM 出力**といいます。たとえば，図 2.14 のように，周期 T[※※]に対して，t_{ON} を $0.25T$ とすれば，デューティ比が 25% なので，$V/4$ が出力される等価電圧となります。$V = 5V$ であれば 1.25V となります。

[※※] 周期 T を **PWM 周期**〔s〕，その逆数を **PWM 周波数**〔Hz〕といいます。

DC モータは，与える電圧に回転速度が比例する特性をもつので，PWM 出力を利用することで，DC モータの回転速度を自由に制御できます。このような制御方策のことを PWM 制御といいます。TK400SH では，SH7125 が内部にもつタイマパルスユニットを利用して，PWM 出力を生成することができます。それをモータドライバに与えることで，DC モータに与える等価電圧を変化させ，回転速度を制御できます。

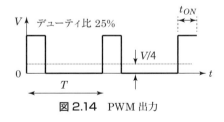

図 2.14　PWM 出力

● 回転方向

図 2.15 の回路において，DC モータ M に対して，ちょうどアルファベットの H のように4つのスイッチが置かれています。そこで，この回路を **H ブリッジ回路**といいます。

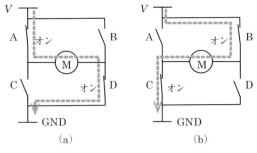

図 2.15 H ブリッジ回路

今，図 2.15(a) に示すように，A と D を同時にオンにしたとします（B と C はオフ）。そうすると，DC モータ M に対して，点線で示すように左から右に向かって電流が流れます。逆に，図 2.15(b) に示すように，B と C を同時にオン（A と D はオフ）にしたとすると，右から左に向かって電流が流れることになります。これはちょうど電池の極性を逆にしたことに対応しています。A から D のスイッチは，トランジスタや FET を利用して作ることができます。その場合，そのオンオフはマイコンを利用して行えます。

ちなみに，A と B を同時にオン（C と D はオフ）または C と D を同時にオン（A と B はオフ）にすると DC モータは**短絡制動**（ブレーキモード）の状態になり，A～D すべてをオフにすると**自然制動**（フリーモード）になります。

TK400SH に搭載されている TB6549PG は H ブリッジ回路を内蔵したドライバ用 IC です。これらは SH7125 の端子に接続されており，プログラムで DC モータを自在に動かすことができます（付録：TK400SH の回路図 F.4.1 参照）。

> **DC モータ用電源**
> DC モータ用電源 V_m は，モータドライバ用 IC の仕様により 7V 以上で使用しなければなりません。そのため，DC モータの最大定格電圧が 7V 以下の場合，デューティ比を 100% にすると DC モータに V_m が印加され，DC モータを焼損する可能性があります。デューティ比の設定には十分に注意してください。

2.3.3 移動ロボットの試作

DC モータの制御方法が理解できたところで，付録 F.7 を参考に移動ロボットを製作してください。これまでの光（LED）や音（圧電スピーカ）だけでなく，物体（移動ロボット）の動きを制御できるようになると，楽しさや興味が倍増するかもしれません。

写真 2.4 試作した移動ロボット

実験 2.10　動作確認

　それでは，DC モータに関する動作確認と配線確認を行うための手順を以下に示します。合わせて，DC モータを動かすためのプログラムも紹介します。

1. プログラム motor.c を TK400SH に書き込みます。
2. DC モータ用の電源スイッチ SW5 がオフであることを確認した後，メイン電源をオンにします。
3. 移動ロボットのタイヤが地面に接触しないように手で持ち上げ（ただし，回転部分には絶対に手を置かないでください），DC モータ用の電源スイッチ SW5 をオンにした後，SW1 を押します。左右のモータが正方向（移動ロボットの進行方向）に回転することを確かめてください。
4. 回転方向が逆の場合，いったん，すべてのスイッチをオフにしたうえで，端子台のリード線を逆に付け直してください。再度，2. と 3. を行い，回転方向が正しいことを確認してください。
5. 次に SW1 を押すと左モータが逆転，右モータが正転し，SW2 を押すと左モータが正転，右モータが逆転すること，スイッチをともに押すと，モータが停止（ブレーキモード）することを確かめます。以上の動作がおかしい場合，CN5 の配線などを再確認してください。

リスト 2.10　motor.c

```
001 //-----------------------------------------------------
002 //【実験 2.10】移動ロボットの DC モータの動作確認　(motor.c)
003 //-----------------------------------------------------
004 #include <tk400sh.h>                    // ヘッダファイル
005
```

```c
006  #define LEDon   (1)
007  #define LEDoff  (0)
008  #define SWon    (0)
009  #define SWoff   (1)
010
011  //------------------------------------------------------
012  // メイン関数
013  //------------------------------------------------------
014  void main(void){
015    unsigned char ss;
016    port_init();                    // I/O ポートの初期設定
017    cmt1_init();                    // 時間待ち用
018    lcd_init();                     // LCD 初期設定
019
020    set_pwm_freq(10000);            // PWM 周波数  10kHz
021    set_pwm_duty(20,20);            // デューティ比 左右ともに 20%
022    set_motor_dir(S,S);             // 回転停止
023    motor_amp_off();                // モータドライバオフ
024
025    locate(0,0); outst("Motor check");
026    locate(0,1); outst("START->SW1");
027    while(SW1==SWoff); delay_ms(100); while(SW1==SWon);   // SW1 の入力待ち
028
029    locate(0,1); outst("SW1->L, SW2->R");
030    motor_amp_on();                 // モータドライバオン
031    set_motor_dir(F,F);             // 回転方向を前進に設定
032    while(1){                       // 無限ループ
033      ss = 0;
034      if(SW1==SWon) ss +=1;
035      if(SW2==SWon) ss +=2;
036      switch(ss){
037        case 0  set_motor_dir(F,F); break;   // SW が押されていない
038        case 1  set_motor_dir(R,F); break;   // SW1 が押された
039        case 2  set_motor_dir(F,R); break;   // SW2 が押された
040        case 3  set_motor_dir(B,B);          // SW がともに押された
041      }
042      delay_ms(100);
043    }
044  }
```

▼ **プログラムリストの解説**

20～23行目 PWM 周波数を 10kHz, デューティ比を左右ともに 20%, DC モータの回転を停止, モータドライバをオフに設定。

27行目 SW1 の入力待ち。

30行目 SW1 が押されると, モータドライバをオン。

31行目 DC モータの回転方向を正転。これで DC モータが正回転を始める。

32～43行目 SW1 と SW2 の押し方によって DC モータの回転方向を変える。

プログラム motor.c でも使用していますが, DC モータに関連した関

数を以下に示します。これらは TK400SH ボードサポートライブラリ内に用意されています。

▼ DC モータ用関数

(1) `void set_pwm_freq(unsigned int fq);`
PWM 周波数を **fq**〔Hz〕に設定。設定が行える範囲は 100 〜 100 000Hz。

(2) `void set_pwm_duty(unsigned short dtl, unsigned short dtr);`
左右の DC モータのデューティ比を設定（第 1 引数が左，第 2 引数が右）。0 〜 100% の範囲（整数）で設定可。

(3) `void set_motor_dir(unsigned short dl, unsigned short dr);`
左右の DC モータの回転方向の設定[※]（第 1 引数が左，第 2 引数が右）。F が正転，R が逆転，S が停止，B がブレーキ。

(4) `void motor_amp_on(void);`
モータドライバを動作状態（オン）に切り替える。左右の DC モータの回転方向を停止状態（S）にしてから実行すること。

(5) `void motor_amp_off(void);`
モータドライバをスタンバイ状態（オフ）に切り替える。切り替え後は DC モータはフリーの状態になる。

※ 回転方向の設定
関数`set_motor_dir()`で DC モータの回転方向を指定する場合，必ず大文字の F，R，B，S のいずれかを与えてください。

課題 2.10 デューティ比と回転速度

PWM 周波数を 10kHz として，デューティ比に対する移動ロボットの走行速度を調べなさい。

2.3.4 シーケンス制御

制御はその形態から，**シーケンス制御**と**フィードバック制御**に大別できます。あらかじめ決められた順序に従って，ロボットを動作させるのが前者です。一方，トレースロボットは，センサを利用してトレースすべきラインに対する自分自身の位置を計測し，それに基づいて DC モータの制御を行うので，これはフィードバック制御です。

ここでは，シーケンス制御に関する実験を行います。

実験 2.11 シーケンス制御

シーケンス制御のプログラムをリスト 2.11（sequence.c）に示します。

実験を行う際に，DCモータ用の電源スイッチSW5をオンにすることを忘れないようにしてください。

リスト 2.11 sequence.c

```c
//--------------------------------------------------------------
// 【実験2.11】移動ロボットのシーケンス制御 （sequence.c）
//--------------------------------------------------------------
#include <tk400sh.h>                    // ヘッダファイル

#define LEDon    (1)
#define LEDoff   (0)
#define SWon     (0)
#define SWoff    (1)

//--------------------------------------------------------------
// メイン関数
//--------------------------------------------------------------
void main(void){
  unsigned char ss;

  port_init();                          // I/Oポートの初期設定
  cmt1_init();                          // 時間待ち用
  lcd_init();                           // LCD初期設定

  set_pwm_freq(10000);                  // PWM周波数　10kHz
  set_pwm_duty(20,20);                  // デューティ比　左右ともに20%
  set_motor_dir(S,S);                   // 回転停止
  motor_amp_off();                      // モータドライバオフ

  outst("Sequence");
  while(1){                             // 無限ループ
    locate(0,1); outst("push SW1   ");
    while(SW1==SWoff); delay_ms(100); while(SW1==SWon); // SW1の入力待ち

    locate(0,1); outst("START!!     ");
    motor_amp_on();                     // モータドライバオン
    set_motor_dir(F,F); delay_ms(2000); // 2sec前進
    set_motor_dir(B,B); delay_ms(100);  // ブレーキ
    set_motor_dir(R,R); delay_ms(2000); // 2sec後退
    set_motor_dir(B,B); delay_ms(100);  // ブレーキ
    set_motor_dir(S,S);                 // 停止
    motor_amp_off();                    // モータドライバオフ
  }
}
```

▼ プログラムリストの解説

21～24行目　DCモータの設定。

29行目　SW1の入力待ち。

33～37行目　2sec前進してから0.1sec停止（ブレーキ）し，2sec後退後，0.1sec停止（ブレーキ）。

課題 2.11 シーケンス制御

リスト 2.11 を参考に，各自で考えたシーケンス動作を移動ロボットに行わせるプログラムを作成しなさい。なお，タイヤと床面との摩擦の状態に依存して，同じプログラムを実行しても，動作が微妙に異なってしまうことが起こり得る。特に，走行開始時の急激な加速や減速時に動作のばらつきが生じやすい。

2.4 RC サーボ

モータを利用して物体を移動させる際，その物体を決められた位置に制御したいというケースが起こり得ます。ロボットアームは代表的な例の 1 つです。この目的で，DC モータを利用する場合，モータ軸の回転角を計測する角度センサ（たとえば 2.5 節のロータリーエンコーダなど）が必須となります。**ラジコンサーボモータ**（以下では，**RC サーボ**と呼ぶ）は，DC モータと減速機と制御回路（サーボアンプ）を一体化したもので，指令通りに回転角を制御できる便利なモータユニットです。テレビなどで，二足歩行ロボットを見かけることがあると思いますが，このロボットは複数の RC サーボとアルミ製のブラケットを組み合わせて作られており，各 RC サーボに適切な回転角指令を与えることで，あたかも人間のように歩行などの動作を行わせることができます。

2.4.1 RC サーボ用電源

TK400SH は，後述するように，汎用トランジスタ 2SC1815 を利用した 2 チャネルの RC サーボ制御用回路をもちます。本節では，その使用法を紹介します。なお，始める前に，サーボ用の電源を用意する必要があります。ここでは，ディジタル・アナログ入力ポート（CN3）もしくは汎用 I/O ポート（CN4）の 5V を使用することにします。CN3-5V もしくは CN4-5V と CN8（少しわかりにくかもしれませんが，SERVO POWER と書かれたターミナルブロックの VS）をジャンパ線で接続してください（写真 2.5 参照）。

> **RC サーボ用電源**
> RC サーボ用電源は CN8-VS から供給されます（図 2.17 参照）。**RC サーボ用の電源電圧は 4.8 〜 6V の範囲で与えてください。6V 以上の電圧を与えると，RC サーボが故障します。**写真 2.5 のように，汎用 I/O ポート（CN4）（あるいはディジタル・アナログ入力ポート（CN3））から 5V を取り出し，CN8-VS に供給する場合は電流供給能力に注意してください。この電源はマイコン用電源と共用しており，TK400SH に搭載された電池 006P（9V）から三端子レギュレータによって供給されています。大型の RC サーボを使用

したり，大きな負荷をかけると，負荷電流が大きくなり，搭載している三端子レギュレータでは供給しきれないことがあります。そのような場合は，RCサーボ用専用電源を用意してください。

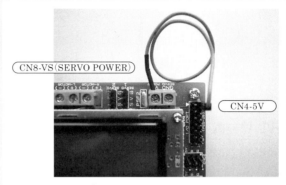

写真2.5　RCサーボ用の電源

2.4.2　RCサーボの準備

現在，多くの種類のRCサーボが市販されていますが，ここでは秋月電子通商から購入できるGWSサーボを使用します。回転角は±60°で，4.8V供給時のトルクが0.7kg·cmです（種類によって回転角や発生可能なトルクが異なるので注意すること）。動作を確認するだけであれば，1個あれば十分です。もし，ロボットアームのような少し複雑な動きを実現したい場合は2個準備してください。TK400SHは2個まで駆動できます[※]。

RCサーボにはリード線が取り付けられています。メーカによって配列が異なりますが，TK400SHではフタバ製のRCサーボの端子配列に合わせてあり，上記のGWSサーボであればそのまま利用できます。変更が必要な場合，各自で対応してください。GWSサーボに添付されているサーボホーンを取り付けておくと，軸の回転の確認が容易になります。

写真2.6　RCサーボ

※ RCサーボ用コントローラ

TK400SHには2チャネルのRCサーボ用回路が搭載されていますが，第3章で紹介するシリアル通信を利用すると，RCサーボ用コントローラを通して，3個以上（動かせる最大数はサーボ用コントローラに依存）のRCサーボを動かすことが可能になります。

2.4.3 RC サーボの駆動原理

RC サーボは，図 2.16 に示すパルス波形を S（信号）端子に繰返し与えることで駆動できます。回転角度は，パルス幅によって指定します。本節で使用する GWS サーボの場合，サーボ周期が 20 msec で 0.8〜2.0 msec の範囲のパルス幅の信号に対応して回転軸が 0〜± 60° の範囲で回転します。

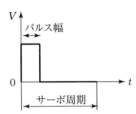

図 2.16 RC サーボに与える電圧

TK400SH には，汎用トランジスタ 2SC1815 を利用したサーボ制御回路（TK400SH の回路図の該当箇所を抜粋した図 2.17 参照）が搭載されています。SH7125 の端子から 5 V 出力すると，トランジスタがオンとなります。この場合，サーボ信号は 0 V です。一方，ポートからの出力電圧が 0 V の場合，トランジスタがオフになるため，サーボ信号は 5 V となります。このことを理解したうえで，図 2.16 に従って，RC サーボに電圧を与えるプログラムを作成することで，RC サーボを自由に制御できるようになります。

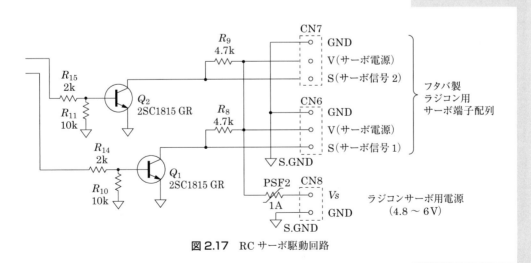

図 2.17 RC サーボ駆動回路

RC サーボに関連した関数を以下に示します。これらは TK400SH ボードサポートライブラリ内に用意されています。

▼ **RC サーボ用関数**

(1) `void servo_init(void);`
RC サーボの初期設定を行う。回転軸はニュートラル(0°)へ移動。

(2) `void set_servo1(short sdt1);`

(3) `void set_servo2(short sdt2);`
sdt1 と sdt2 は − 600 ～ 600 の範囲で与える。0 がニュートラル，− 600 が出力軸を正面に見て，反時計回りに − 60°に，600 が時計回りに + 60°に回転。

実験 2.12 RC サーボ制御実験

GWS サーボの回転軸を 1sec 間隔で時計回り・反時計回りに順に回転させるプログラムをリスト 2.12（servo.c）に示します。

リスト 2.12 servo.c

```
//--------------------------------------------------------
// 【実験 2.12】 RC servo motor （servo.c）
//--------------------------------------------------------
#include <tk400sh.h>                    // ヘッダファイル

#define LEDon   (1)
#define LEDoff  (0)
#define SWon    (0)
#define SWoff   (1)

//--------------------------------------------------------
// メイン関数
//--------------------------------------------------------
void main(void){
  port_init();                          // I/O ポートの初期設定
  cmt1_init();                          // 時間待ち用
  servo_init();                         // RC サーボの初期設定
  lcd_init();                           // LCD 初期設定

  outst("Servo (SW1)");                 // LCD に文字列を表示
  while(SW1==SWoff); delay_ms(100); while(SW1==SWon);   // SW1 の入力待ち

  while(1){                             // 無限ループ
    set_servo1(600);  delay_ms(1000);   // 時計回り
    set_servo1(-600); delay_ms(1000);   // 反時計回り
  }
}
```

▼ **プログラムリストの解説**

17 行目 RC サーボの初期設定（必須）。

24 行目 + 60°まで時計回りに回転。

25 行目 − 60°まで反時計回りに回転。

課題 2.12　RC サーボ

RC サーボの軸の回転角を，ニュートラルの状態から一定の時間間隔で 1° 刻みで往復回転運動させるプログラムを作成しなさい。

2.5 ロータリーエンコーダ

回転角度を計測するセンサはいろいろありますが，DC モータの回転角を計測するためにはロータリーエンコーダが必須です。TK400SH には 2 つのエンコーダ入力用端子 ENC1，ENC2 が用意されています。

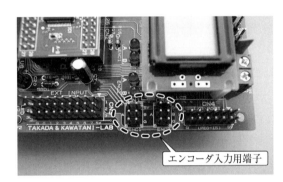

写真 2.7　ENC 端子

2.5.1　計測原理

ロータリーエンコーダはその内部に**フォトインタラプタ**を持ちます。フォトインタラプタは，発光ダイオードと受光素子（フォトトランジスタ）を対向して置き，その間に物体があれば光が遮断され，なければ通過することで，発光・受光部間の物体の有無の検出を行います。このフォトインタラプタをスリット円盤に取り付けると，その円盤の回転に合

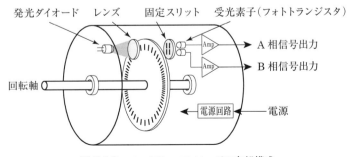

図 2.18　ロータリーエンコーダの内部構成

わせて，図2.19に示すパルス出力が得られます（スリットのないところでは光は遮断され，スリットのあるところでは通過）。

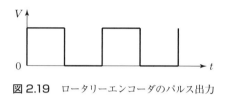

図2.19　ロータリーエンコーダのパルス出力

たとえば，90個のスリットが入った円盤の場合，90パルス（の立ち上がり）を検出すると円盤が1回転したことになります。この円盤が回転軸に取り付けられている場合，1パルスあたりの分解能は360°/90 = 4°となります。

しかし，単にパルス（の立ち上がり）をカウントするだけだと，回転方向までは知ることができません。そこで，1/4周期だけずらした位置にもう1つのフォトインタラプタを取り付けます。そうすると，2つのフォトインタラプタから，図2.20に示す出力が得られます。なお，フォトインタラプタの出力それぞれに**A相**，**B相**と名前を付けています。この場合，A相の立ち上がりに対するB相の状態から回転方向を知ることができます。さらに，A相とB相の組み合わせ（立ち上がりと立ち下がり）を考慮することで，円盤が持つスリット数の4倍の分解能を得ることができます。たとえば，90個のスリットが入った円盤の場合，分解能は360°/90 × 1/4 = 1°となります。これを**4逓倍**といいます。このように2つのフォトインタラプタを利用して回転角を検出するロータリーエンコーダを**2相エンコーダ**といいます。

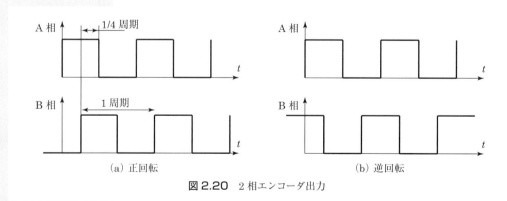

図2.20　2相エンコーダ出力

マイコンを利用して，2相エンコーダの出力から，円盤（あるいは円盤を取り付けた回転軸）の回転角を検出するためには，A相とB相の

立ち上がりと立ち下がりを調べる必要がありますが，SH7125 は CPU とは独立にそれを行う**カウンタ機能**を有しており，カウント結果は**レジスタ**と呼ばれるメモリに保存されます。したがって，それを読み出すだけで，回転角を知ることができます。

2.5.2　計測用プログラム

TK400SH ボードサポートライブラリ内に用意されている 2 相エンコーダ※用関数を以下に示します。

▼ **2 相エンコーダ用関数**

(1)　`void enc_start(void);`
　　カウンタを 0 にしてカウント開始。

(2)　`void enc_stop(void);`
　　カウンタの動作停止。

(3)　`unsigned short get_enc(unsigned short ch);`
　　引数で指定したチャネルのカウンタの値を読み出す。取り扱うことが可能なカウント範囲は $-32\,768 \sim 32\,767$。

● **2 相エンコーダ用回路**

図 2.21 に示す回路をブレッドボード上に製作してください。

※ 2 相エンコーダ
　図2.18で示した内部構成では，フォトインタラプタとスリット円板を利用して光学的に図2.20の出力信号を生成しています。それに対して，実験2.13で使用している2相エンコーダは機械的接点方式であり，機械的な接点が回転によってON/OFFすることで出力信号が生成されます。

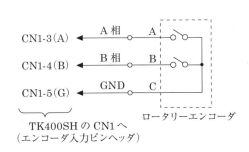
(a) 2 相エンコーダ用回路

(b) ブレッドボード上の回路製作例

図 2.21　2 相エンコーダ用回路

光学式の 2 相エンコーダは高価である反面，高分解能の出力信号が得られます。一方，機械式は安価であることから，360°回転する調整ダイヤルなどに使われています。用途に応じて，ノンクリック式のタイプもあります。

実験 2.13 2相エンコーダ

2相エンコーダのパルス数をカウントするプログラムをリスト2.13（encoder.c）に示します。このプログラムでは，ENC1 に取り付けた2相エンコーダのパルス数を LCD に整数表示しています。使用する2相エンコーダの分解能がわかれば，回転角を表示することもできます。

リスト2.13 encoder.c

```
//--------------------------------------------------------
//【実験2.13】2相エンコーダからのパルス数の読み取り　(encoder.c)
//--------------------------------------------------------
#include <tk400sh.h>                    // ヘッダファイル

//--------------------------------------------------------
// メイン関数
//--------------------------------------------------------
void main(void){
  short enct1;
  port_init();                          // I/Oポートの初期設定
  lcd_init();                           // LCDの初期設定

  outst("Encoder");                     // LCDに文字列を表示
  enc_start();                          // エンコーダカウンタの動作開始
  while(1){                             // 無限ループ
    enct1 = get_enc(1);                 // ENC1の値取得
    locate(0,1); outst("Enc1 "); outi(enct1); outst("   ");
  }
  enc_stop();                           // エンコーダカウンタの動作停止
}
```

▼ プログラムリストの解説

15行目　カウンタを0にしてカウント開始。

17行目　カウンタ値の取得。

18行目　カウンタ値を LCD に表示。

章末課題（課題2.13～2.18）

課題2.13　LEDに対してPWM制御を施し，消灯状態から次第に明るくし，その後次第に暗くすることを繰返すプログラムを作成しなさい。LEDを蛍のように光らせることができるか。

課題2.14　7セグメントLEDを利用して電子サイコロを製作しなさい。その際に，7セグメントLEDの各セグメントの点灯・消灯の仕方を工夫すること。

課題2.15　現在，多くの家電製品で，スタートや終了時に様々なメロディーが鳴る。そこで，適当な楽譜から音符を読み取り，それを圧電スピーカで鳴らすプログラムを作成しなさい。

課題2.16　半固定抵抗器が生成するアナログ電圧と圧電スピーカに与える周波数を対応させ，半固定抵抗器を入力装置として音を出すプログラムを作成しなさい。

課題2.17　2個のRCサーボそれぞれに赤色と白色の旗を取り付ける。そして，SW1（SW2）を押したら，赤色（白色）の旗を取り付けたRCサーボを90°回転させ，離したらもとの角度に戻るように動作させるプログラムを作成しなさい。

課題2.18　タクトスイッチ4つからなるスイッチボックスを製作し，それと汎用I/Oポート（CN4）もしくはディジタル・アナログ入力ポート（CN3）を適当な長さのケーブルで接続する。4つのタクトスイッチにそれぞれ，移動ロボットの動作（前進，後退，右回転，左回転）を割り付けることで，移動ロボットをスイッチボックスでリモコン操縦できるようにしなさい。

第3章 シリアル通信機能の活用

　第2章まではC言語を使って，TK400SHがもつ基本的な入出力機能の活用について学んできました．本章ではシリアル通信に関する基礎的な知識と，TK400SHのシリアル通信ポートの活用，I^2C通信やSPI通信といったその他のシリアル通信方式について紹介します．これらの機能により，キーボードからの入力情報をTK400SHで処理し，その結果をパソコン画面上に表示したり，メモリやD/AコンバータなどのTK400SHがもたない機能を増設できます．さらに，GPSモジュールや温度センサなども利用可能になります．

3.1　シリアル通信の基礎

3.1.1　RS232通信

　シリアル通信とは，データを送受信するための伝送路を1本，または2本使用してデータを1ビットずつ連続的に送受信する通信方式です．少ない信号線での接続が可能であるため，ケーブルなどのコストが抑えられるメリットがあります．RS-232C，RS-422A，RS-485と呼ばれる通信方式は，米国の電子工業界（EIA[※]）が定めた規格であり，中でもRS-232Cは用途を問わず広く普及しました．1969年に策定され，現在ではANSI/EIA-232-Fという名称に変わりましたが，今なおRS232という名称が広く使われていることから，本書ではRS232と表記します．USBやIEEE1394といった，より高速なシリアル通信方式が主流になった今日では，RS232はレガシーインタフェースとも呼ばれています．しかし，単純な通信方式であることから今でも様々な分野で使われ続けています．TK400SHには，2チャネルのRS232ポートが搭載されています．

(1) RS232シリアルデータの構成

　シリアルデータの受け渡し方法には，同期式と非同期式の2通りがあります．同期式とは，データとクロックパルスを送信し，受信側ではそのクロックに同期してデータを受信する方式です．一方，非同期式は1バイト分のデータごとに，先頭と末尾を示すビットを付加して送り出

[※] Electronic Industries Association

すもので，**調歩同期式**とも呼ばれています。RS232 はこの調歩同期式を採用しています。1 バイトのデータ送信は，図 3.1 のような順序でシリアルデータへと並び替えが行われます。

データの送信開始前は High レベルで待機し，送信開始を合図する**スタートビット**を先頭に付加した後，データの最下位ビット（LSB）から順番に送り出し，最後に**ストップビット**を付加した合計 10 ビットのデータ構成で 1 バイトのデータを送信します。このとき，1 ビットを送り出す速さが通信速度[※]になり，その単位にはビット毎秒〔bps〕が用いられます。一方受信側では，送信側と同じ通信速度に合わせます。スタートビットを同期のトリガとして，それ以降のシリアルデータを一定の時間間隔で取り込んでメモリに蓄え，8 ビット分そろうと 1 バイトのデータ復元完了というサイクルを繰返すことで，データ受信を行います。送信側と受信側の通信速度が合っていないと正しくデータ通信が行えず，意味不明の文字や記号の羅列を受信すること（いわゆる文字化け現象）になります。

※ 通信速度
単位時間（1 秒間）に伝送路を通過したデータ量をビット単位で表すもので，一般に，bps（ビット毎秒）の単位が使われます。

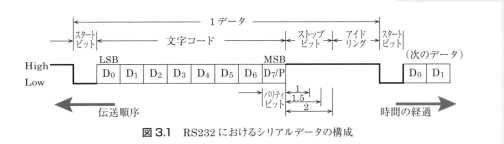

図 3.1 RS232 におけるシリアルデータの構成

Column パリティビット

図 3.1 には，パリティビットと呼ばれるビットがあります。元々は送信するデータのエラーをチェックするために，1 つのデータにおける「1 の数」が，奇数または偶数になるよう調整するためのものでした。アルファベットの送信だけなら 7 ビットのデータで十分であったため，パリティビットを加えて 8 ビット単位にして送信していました。ところが日本では，アルファベットに加えて半角カタカナも取り扱う必要が生じたため，8 ビットで構成された拡張型の文字コード（これを拡張型 ASCII コードという）が使われています。一方，ストップビットは，1，1.5，2 ビットの中からいずれかを選択しますが，スタートビットとストップビットにそれぞれ 1 ビットを割り当てると，拡張型の文字コードでは 10 ビットのデータ構成になります。RS232 通信では 1 文字あたり，10 ビットのデータ構成で扱うことがほとんどであるため，パリティビットは「なし」という設定になります。

(2) RS232の電圧レベル

RS232規格は，ほかの機器との接続のためにケーブルを引き回しても，伝送波形のなまりや雑音などに影響されることなく，確実にデータ通信ができるよう電圧レベルに工夫がしてあります。図3.2は1バイトのデータ31h[※]を伝送する際の波形を示したものです。

※31h
　31hは，1バイトのデータ「00110001」を16進数で表したものです。

図3.2　RS232におけるシリアル送信波形と電圧レベル

TTLレベルとRS232規格の伝送波形とでは，波形が反転することに注意してください。RS232規格の伝送波形では，0Vを中心に正負の振幅をもった電圧になります。このため電圧レベル変換用インタフェースICが必要になります。このICを **RS232ラインドライバ** ともいい，TK400SHではADM3202ANという専用ICを使用しています。表3.1にRS232の主な電気的規格を示します。電圧の規格は，送信（ドライバ）側が±5～±15 V，受信（レシーバ）側では±3～±15 Vの範囲にあればよいことになっています。一般的なインタフェース用ICではおよそ－12～＋12 Vになります。規格ではさらに，内部回路に異常が発生しても接続している相手側の機器に悪影響が出ないよう，最大入力電圧なども決められています。また，最大伝送速度は20 kbpsになっていますが，実際にはさらに高速伝送が可能になっており，TK400SHでは307.2 kbpsまで設定が可能です。

表 3.1 EIA232 の主な電気的規格

項　目	名　称	定格値	備　考
送信側 （ドライバ）	無負荷時最大出力電圧	± 25 V 以下	
	負荷時出力電圧	± 5 ～ ± 15 V	3 ～ 7 kΩ 負荷
	短絡時の出力電流	± 500 mA 以下	
	電源切断時の出力抵抗	300 Ω 以上	
	スルーレート	30 V/μs 以下	
受信側 （レシーバ）	入力抵抗	3 ～ 7 kΩ	
	入力電圧	± 3 ～ ± 15 V	
	最大入力電圧	± 25 V	
伝送系	最大ケーブル長	15 m	
	最大伝送速度	20 kbps	

3.1.2 TK400SH のシリアル通信機能

TK400SH は 2 つの RS232 ポートをもち，これらはマイコンボード上では写真 3.1 の場所に配置されています。その接続回路は図 3.3 のようになっています。シリアルポート 1 は D-Sub 9 ピンコネクタ（ソケット）であり，パソコンと接続してプログラムの書き込みやデバッグ，通信など標準的なインタフェースとして用います。

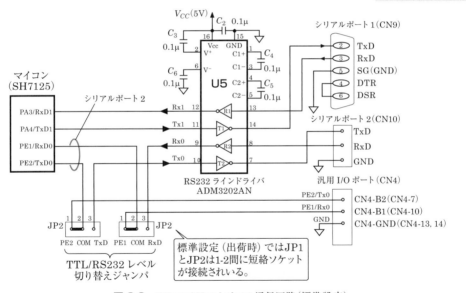

図 3.3　TK400SH のシリアル通信回路（標準設定）

写真 3.1 TK400SH におけるシリアルポートの配置

もう1つのシリアルポート2は，汎用 I/O ポート（CN4）の I/O 端子と兼用しており，プログラムの設定により，ディジタル入出力端子からシリアル端子に切り替えることができます。さらにこのシリアル端子は，シリアルポート1と同様に RS232 規格の電圧レベルに変換した信号を CN10（3ピンのストレートピンヘッダ）から入出力するか，TTL レベルのシリアル信号を直接，汎用 I/O ポート（CN4）から入出力するかを選ぶことができます。どちらの信号レベルを扱うかは，ジャンパ端子 JP1 と JP2 によって選択します。

3.1.3　TK400SH のシリアルポートの活用方法

(1) シリアルポート1の活用

シリアルポート1は D-Sub9 ピンコネクタ（CN9）に配置され，標準的なシリアルケーブルを使用できます[※]。普段はパソコンと接続し，プログラムの書き込みやデバッグ，一般的な通信用として使用します。標準設定の通信速度は 38 400 bps ですが，変更する場合は TK400SH ボードサポートライブラリで用意されている `set_sci()` 関数を使うことにより，110 bps から 307 200 bps の範囲で設定することができます。たとえば，9 600 bps に通信速度を設定する場合は次のようにします。

```
void set_sci(DSUB,9600);
// 第1引数：シリアルポート1の名称，この場合 DSUB
// 第2引数：通信速度，9 600 bps
```

(2) シリアルポート2の活用

シリアルポート2を使用するためには，汎用 I/O ポート（CN4）の CN4-B1（CN4-10）と CN4-B2（CN4-7）を I/O 端子から，シリア

※　RS232のシリアルケーブルにはストレートタイプとクロスタイプがあります。パソコンどうしを接続する場合，同じピン番号どうしを接続すると，送信と送信，受信と受信という組み合わせになってしまうため，信号線をクロスさせて送信と受信がペアになるようにしたものをクロスケーブルといいます。ストレートケーブルは，パソコンと周辺機器を接続するときに使用し，同じピン番号どうしを接続しても送信と受信がペアになるように周辺機器側で工夫しています。TK400SHとパソコン間とはストレートタイプのケーブルを使用します。最近のパソコンはRS232インタフェースを標準搭載していない機種が多くなりました。この場合はUSB-RS232変換ケーブルを使用します。このケーブルを直接TK400SHに接続しても良いし，ストレートタイプのケーブルで延長接続してもかまいません。

ル送信端子・受信端子へと設定変更しなければなりません。TK400SHボードサポートライブラリで用意されている次の関数を実行することにより変更することができます。

● **ポートピン端子の機能変更**

  `void set_pe_sci();`

 //引数なし

 //汎用 I/O ポートの CN4-B2（CN4-7）と CN4-B1（CN4-10）を I/O 端子からシリアル端子に変更

続いて，シリアル端子に変更したポートピン端子に対して，データの入出力方向を設定します。シリアル端子以外のポートピン端子は汎用 I/O ポートになりますが，シリアル端子に設定変更したピンも含めて，すべてのポートピン端子に対してデータの入出力方向の設定が必要です。データ方向は次の関数によって設定します。

● **ポートピン端子の入出力方向の設定**

  `void set_peio(0b*****01*);`

 //引数：ポートピン端子の入出力方向を 1 バイトデータで指定します。入力端子に設定する場合は「1」，出力端子に設定する場合は「0」を指定します。

 //CN4-B2（CN4-7）（送信端子）を出力（0），CN4-B1（CN4-10）（受信端子）を入力（1）に設定し，その他の * 印は 0（出力）または 1（入力）のいずれかにします。

そして最後に，シリアルポート 2 の通信速度を次の関数によって設定します。

● **通信速度の設定**

  `void set_sci(SPIN,38400);`

 //第 1 引数：シリアルポート 2 の名称，この場合 SPIN[※]

 //第 2 引数：通信速度，38 400 bps

以上の設定でシリアルポート 1 とは独立に，シリアルポート 2 を使用することができます。

シリアルポート 2 では，RS232 規格の電圧レベルによるシリアル通信を行う場合，図 3.4 のようにジャンパ設定端子 JP1 と JP2 の 2-3 間にそれぞれ短絡ソケットを挿入します。一方，TTL レベルによるシリアル信号を行う場合は，図 3.5 のように JP1 と JP2 の 1-2 間に短絡ソケットをそれぞれ挿入し，汎用 I/O ポートの CN4 を使って周辺機器と接続します。

※ TK400SHのシリアル通信設定に関する関数の引数として，ＳＰＩＮとＤＳＵＢの２つの名称を使っています。SPINは，接続コネクタCN10の形状であるStraight Pin-header（ストレートピンヘッダ）から由来しています。一方，DSUBは，CN9のD-Sub 9ピンコネクタの名称がもとになっています。

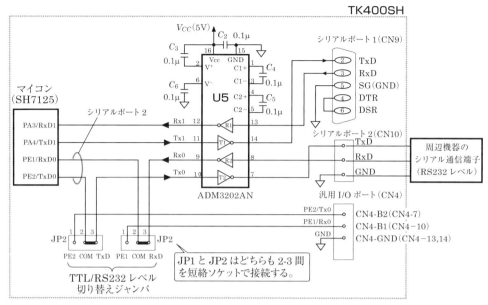

図 3.4 シリアルポート 2 の活用①(RS232 信号レベルによる接続)

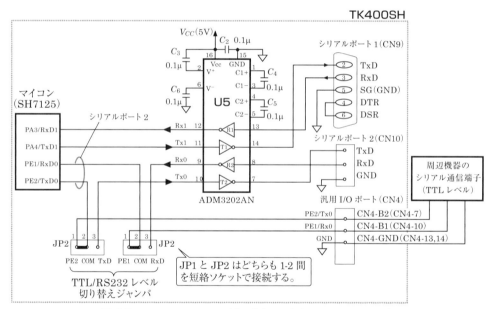

図 3.5 シリアルポート 2 の活用②(TTL 信号レベルによる接続)

3.1.4 TK400SH と YellowIDE を使った RS232 通信

ここでは YellowIDE がもつ「ターミナル表示」を使い，RS232 によるシリアル通信の活用例を示します。C 言語のコンソール入出力[※]である **scanf()** 関数と **printf()** 関数を使うことができ，キーボードとディスプレイを使ったプログラム演習が可能になります。

実験 3.1　シリアルポート 1 を使ったリモート計算機

TK400SH の D-Sub9 ピンコネクタとパソコンのシリアルポートをケーブルで接続したうえで，YellowIDE の「ターミナル表示」機能を利用し，キーボードから入力された 2 つの整数 A，B に対して，TK400SH が四則演算を行い，その結果をパソコンのターミナル画面に表示する，という実験をしてみましょう。通信速度は 38 400 bps とします。

● **実験回路**

実験するための接続を図 3.6 に示します。パソコンからのシリアルケーブルを TK400SH のシリアルポート 1 の D-Sub9 ピンコネクタに接続します。プログラムを書き込むための接続と同じなので，プログラム開発環境の状態から変更することなく実験を行うことができます。プログラムをリスト 3.1（calc.c）に示します。

※
コンソールとは，キーボードとディスプレイをもつ装置のことを指す伝統的な用語です。制御系C言語では一般に，**scanf()** 関数や**printf()** 関数はなく，プログラマが必要に応じて独自に作成する必要があります。本書で使用しているYellowIDEのCコンパイラには，これらの関数が標準で用意されています。ただし，入出力対象はシリアルポートになります。YellowIDEによる開発環境ではシリアルポートを使って，標準的なC言語で使われている**scanf()** 関数や**printf()** 関数などによるプログラム作成を行うことができます。

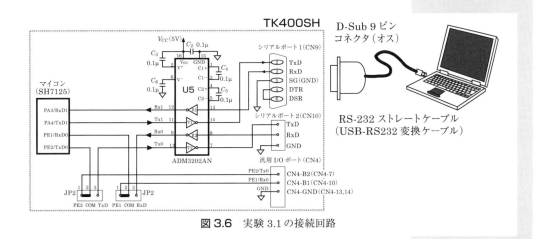

図 3.6　実験 3.1 の接続回路

リスト 3.1　calc.c

```
001  //-------------------------------------------------
002  // 【実験3.1】リモート計算機（パソコンのターミナル画面に表示）（calc.c）
003  //-------------------------------------------------
004  #include <tk400sh.h>
005
006  //-------------------------------------------------
007  // メイン関数
008  //-------------------------------------------------
009  void main(void){
010      int a, b;
011      port_init();                // I/O ポートの初期設定
012      set_sci(DSUB,38400);        // シリアルポート1，38 400 bps
013      rx_start(DSUB);             // シリアルポート1の受信開始
```

```
014    printf("Hello! TK400SH ¥n");        // マイコン起動メッセージ表示
015
016  while(1) {
017    printf("A ? ");                     // 入力 A のメッセージ
018    scanf("%d", &a);                    // キーボード入力
019
020    printf("B ? ");                     // 入力 B のメッセージ
021    scanf("%d", &b);                    // キーボード入力
022
023    printf("A+B= %d ¥n",    a+b);       // 加算と表示
024    printf("A-B= %d ¥n",    a-b);       // 減算と表示
025    printf("A*B= %d ¥n",    a*b);       // 乗算と表示
026    printf("A/B= %d ¥n¥n", a/b);        // 除算と表示
027  }
028 }
```

▼プログラムリストの解説

12行目 シリアルポート1 (D-sub9ピンコネクタ) の通信速度を 38 400 bps に設定します[※]。

13行目 シリアルポート1の受信動作を開始します[※]。シリアルポートの受信機能を常に動作状態にしておくと，必要のないデータが受信バッファに蓄積され続けます。この結果，受信データを利用するプログラムを実行する際に誤動作することがあります。シリアルポートの受信機能を停止したい場合は **rx_stop()** 関数を，受信を開始したい場合は **rx_start()** 関数を使います。

14行目 マイコンが起動した合図として，標準出力先[※※]に，指定された書式でメッセージを表示させます。このメッセージはマイコンのシリアルポートから出力されるため，パソコンのターミナル画面上に表示することができます。

18行目 **scanf()** 関数は標準入力先から文字や数字を入力する関数です。パソコンのキーボードからシリアルポートを経由して文字や数字を入力できます。入力書式はC言語の文法に従います。

第1引数の **%d** は10進数の符号付き整数として入力することを表す**書式指定記号**です。第2引数は入力した値の格納先です。格納先の変数名の頭に **&** を付けて書くことにより，格納先（変数のアドレス）を表します。

23行目 **A+B=** までが画面表示される文字列で，**%d** は変数 **a** と **b** を加算した結果を10進数の整数で表示する**変換指定記号**です。**¥n** は改行 (new line) 命令。26行目の **¥n¥n** は2行改行することを表します。

[※] YellowIDEではCPUのフラッシュROMの書き込みにシリアルポート1を使用しています。また，通信速度は38 400 bpsで使用することが想定されており，各プロジェクトごとに設定するスタートアップルーチン（付録参照）で初期値として設定されています。このため，12行目と13行目の設定は省略することができます。

[※※] 標準入出力関数とは，**printf()**, **fprintf()**, **fputc()**, **scanf()**, **fscanf()**, **fgetc()**, **getc()** などを指します。YellowIDEのCコンパイラでは，これらの入出力先はCPU内蔵のシリアルインタフェースで，そのチャネルはスタートアップルーチンで定義された値（標準はチャネル1）になります。このため，ターミナルソフトを使用することにより，シリアルポートを介してデータの入出力をパソコン画面上で確認することができます。

▶プログラムの実行

プログラムを実行する前に，ターミナル画面のシリアル通信に関する設定を行っておきます。

① ターミナル表示の設定

手順1　Yellow IDE のメニューバーから，ターミナル (C) ＞設定 (S) をクリックすると「ポートの設定」画面が現れる。

手順2　「ポートの選択」において，シリアル通信に使用している COM ポート番号を選択する（ここでは COM2）。

手順3　続いて「通信設定」ボタンをクリックすると図 3.7 のような画面が表示されるので「ビット/秒 (B)」を 38400 に設定する。他の設定は変更の必要がないが，念のため「データビット 8，パリティなし，ストップビット 1，フロー制御なし」という設定になっているか確認する。

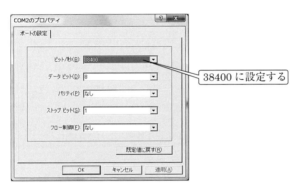

図 3.7　通信速度の設定

手順4　OK ボタンをクリックすると元のポートの設定画面に戻る。続いて OK ボタンをクリックして完了する。

以上の設定を一度行えば YellowIDE のシステムに記憶され，次回以降は設定の必要はありません。

② ターミナル表示によるプログラムの動作確認

手順1　Yellow IDE のメニューバーから，ターミナル (C) ＞表示 (D) をクリックするとターミナル画面が現れる。

手順2　TK400SH の CPU POWER スイッチを入れるとプログラムが実行され，ターミナル画面にメッセージが表示される。ここで，キーボードから変数 A と B に対して整数をそれぞれ入力すると答えが表示される。

実行結果を図 3.8 に示します。

図 3.8　リモート計算機の実行結果

課題 3.1　割り算の商の表示

$A = 1$，$B = 3$ を入力すると，商は $A/B = 0$ と表示される。なぜ答えが 0 になるのか考えなさい。

実験 3.2　シリアルポート 2（CN10）を使ったメッセージ表示

TK400SH のシリアルポート 2（CN10）を使い，マイコンが起動した合図として "TK400SH Ready OK!" というメッセージをターミナル画面上に表示した後，タイプしたテンキーの数字に応じて，次のようなメッセージを表示させます。

　　1 をタイプしたとき "Hello! TK400SH world "
　　2 をタイプしたとき "Key is 2 "
　　3 をタイプしたとき "Key is 3 "
　　上記以外をタイプ "Error "

● 実験回路

シリアルポート 2（CN10）とパソコンのシリアルポートとの接続は図 3.9 のように行います。3 ピン・ストレートピンヘッダ（CN10）とパソコン側の D-Sub コネクタとは，ブレッドボード用のジャンパ延長ワイヤ（メス－メス）※で写真 3.2 のように接続します。また，TK400SH のジャンパ JP1 と JP2 は，どちらも 2-3 間に短絡ソケットを挿入してください。プログラムをリスト 3.2（mess.c）に示します。

※ ジャンパ延長ワイヤ（メス-メス）は，秋月電子通商より購入することができます。長さ15cm，10本セットになっていて，赤・黒・青の3種類があります。

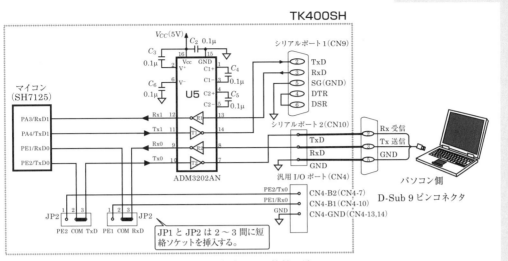

図 3.9 実験 3.2 の接続回路

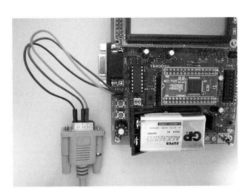

写真 3.2 シリアルケーブルと CN10 の接続

リスト 3.2 mess.c

```
//--------------------------------------------------------
//【実験 3.2】シリアルポート 2 を使ったメッセージ出力　(mess.c)
//--------------------------------------------------------
#include <tk400sh.h>
#include <string.h>

char mess0[] = "TK400SH Ready OK!";
char mess1[] = "Hello! TK400SH world";
char mess2[] = "Key is 2";
char mess3[] = "key is 3";
char mess4[] = "Error";

//--------------------------------------------------------
// メイン関数
//--------------------------------------------------------
void main(void){
    unsigned char a, b;
    port_init();                          // I/O ポートの初期設定
```

```
019      set_pe_sci();                    // 汎用I/OポートのBit2, Bit1をシリアル端子に
020      set_peio(0x02);                  // Bit(Rx)は入力，他はすべて出力端子
021      set_sci(SPIN,38400);             // シリアルポート2の通信速度は38 400 bps
022      rx_start(SPIN);                  // シリアルポートの受信開始
023
024      b = strlen(mess0);               // メッセージ1の文字数を取得
025      sendtx(SPIN, b, mess0);          // メッセージ1を出力
026      sendbyte(SPIN,0x0d);             // 改行
027
028    while(1) {
029      getbyte(SPIN,&a);                // キーボードから1文字取得
030      switch(a){
031        case '1': b = strlen(mess1);   // メッセージ1の文字数を取得
032                  sendtx(SPIN, b, mess1); // メッセージ1を出力
033                  sendbyte(SPIN,0x0d); // 改行
034                  break;
035        case '2': b = strlen(mess2);   // メッセージ2の文字数を取得
036                  sendtx(SPIN, b, mess2); // メッセージ2を出力
037                  sendbyte(SPIN,0x0d); // 改行
038                  break;
039        case '3': b = strlen(mess3);   // メッセージ3の文字数を取得
040                  sendtx(SPIN, b, mess3); // メッセージ3を出力
041                  sendbyte(SPIN,0x0d); // 改行
042                  break;
043        default: b = strlen(mess4);    // メッセージ4の文字数を取得
044                 sendtx(SPIN, b, mess4); // メッセージ4を出力
045                 sendbyte(SPIN,0x0d);  // 改行
046      }
047    }
048  }
```

▼**プログラムリストの解説**

7～11行目 char（文字）型の配列に文字列を格納します。たとえば，`mess4[ ]="Error";`と記述するとmess4の配列には，`mess4[0]='E'`，`mess4[1]='r'`，`mess4[2]='r'`，`mess4[3]='o'`，`mess4[4]='r'`，`mess4[5]=0`が格納されます。C言語の文字列表現のルールとして，文字列の最後には終端記号（文字コード0（ヌル文字）[※]）を付けることになっています。終端記号はコンパイラが付加してくれるのでプログラムでは不要です。

※ 第1章1.6.2項参照

19行目 この関数以降22行目まで，TK400SHボードサポートライブラリ関数によるシリアル通信に関する設定が続きます。シリアルポート2は汎用I/O端子[※※]と兼用しています。ディジタルI/Oからシリアルポートとして使うためにはポートの機能の設定変更，データ方向の設定，通信速度の設定，シリアルポートの受信開始命令が必要になります。

※※ 汎用I/Oポートは，マイコンSH7125のポートE（PE）のBit0～Bit15の間に割り付けられています。このうちBit2(PE2/TX0)とBit1(PE1/RX0)がシリアルポートと兼用したI/O端子になっています。

20行目 この関数は汎用I/Oポート（CN4）のCN4-B0（CN4-9）～CN4-B7（CN4-4）まで各端子におけるデータの入出力方向を

設定します．1を設定すると入力（Input）端子に，0を設定すると（Output）端子になります．CN4-B2（CN4-7）がシリアル送信端子Tx（出力），CN4-B1（CN4-10）がシリアル入力端子Rx（入力）に，他の端子は出力に設定すると 0b00000010 となり，この値を16進数で表すと 0x02 となります．

21行目 シリアルポート2（SPIN）の通信速度を 38 400 bps に設定します．

22行目 シリアルポート2（SPIN）の受信を開始します．この関数が実行されるまでは受信動作を停止して待機状態になっています．この関数により受信動作を開始します．

24行目 `strlen()` 関数はC言語の標準ライブラリ関数の1つで，文字列の長さを取得します．この行では `mess0` の配列に格納されている文字の数をカウントし，変数 `b` に格納します．`strlen()` 関数を利用するためには，メイン関数よりも前に `#include <string.h>` を記述しておく必要があります．

25行目 この関数はTK400SHボードサポートライブラリ関数の1つです．標準出力ポートでは文字列の出力に `printf()` 関数を利用できましたが，それ以外のポートでは使用できません．`sendtx()` 関数は，第1引数で指定されたシリアルポートから，第2引数で指定されたバイト数のデータを，第3引数で指定されたメモリの先頭アドレスから読み出して送信します．配列の場合，配列名は配列の先頭要素（`mess0[0]`）のアドレスを示します．

26行目 この関数もTK400SHボードサポートライブライ関数の1つです．第1引数で指定されたシリアルポートから，第2引数の1バイトデータを送信します．0x0dは改行命令（CR：キャリッジリターン）を意味する文字コードです．

29行目 TK400SHボードサポートライブライ関数の1つです．第1引数で指定されたシリアルポートから1バイトのデータを取得し，第2引数は格納先です．変数の頭に `&` を付けて書くことにより，格納先（アドレス）を意味します．

▶プログラムの実行

マイコンボードの電源を投入すると，起動を知らせるメッセージがパソコンに表示されます．キーボードから任意の数字や文字を入力すると，それに対する応答が表示されます．実行中の様子を図3.10に示します．

図 3.10

課題 3.2 小文字→大文字変換

入力された小文字を大文字に変換して表示するプログラムを作りなさい。

【ヒント】小文字から大文字に変換する標準ライブラリ関数がC言語には用意されている。

`b = toupper(a);`

引数の **a** が英小文字なら大文字に変換して変数 **b** に代入する。この関数を使うためには，メイン関数の前に **#include <ctype.h>** が必要である。

3.2 RS232 通信の応用例〜 GPS モジュールの接続〜

3.2.1 GPS モジュールの準備

RS232 通信の応用例として，GPS モジュールを TK400SH に接続し，位置情報を LCD に表示する実験をしてみましょう。GPS モジュールは，地上約 20 000 km の高度を約 12 時間かけて周回する，約 30 個の人工衛星（GPS 衛星）から送られてくる信号に基づいて，受信点における緯度，経度，高度などの位置情報を算出する計測システムです。表 3.2 に示す部品を準備してください。本書では，秋月電子通商から購入できる GPS モジュール GT-720F を使用します。このモジュールは受信アンテナと電子回路基板が一体化しており，モジュール内で算出した位置情報を RS232 のシリアルデータとして出力します。GT-720F の主な仕様を表 3.3 に示します。

表 3.2 GPS モジュールを使った実験に使用する部品

名称	規格など	型番	メーカなど	数量	購入先	単価
GPS モジュール	GT-720F	GT-720F	CANMORE ELECTRONICS	1	秋月電子通商	2 700
ブレッドボード	45.2 mm × 83.7 mm	EIC-301	E-CALL ENTERPRISE	1	秋月電子通商	150
3 ピンストレートピンヘッダ	1 パック 10 個入り		Useconn Electronics	1	秋月電子通商	30
ジャンパワイヤ（オス-メス）	赤，黒，青		E-CALL ENTERPRISE	各色1本	秋月電子通商	30

（注）単価は参考価格〔円〕

表 3.3 GPS モジュール GT-720F の主な仕様

名 称	仕 様
測位精度	位置：5 m CEP※ 速度：0.1 m/s
データ更新周期	1 秒ごと
信号インタフェース	RS232 レベル，TTL レベル
通信プロトコル	フォーマット：NMEA-0183 V3.01 センテンス ：GPGGA, GPGLL, GPGSA, SPGSV GPRMC, GPVTG 通信速度 ：4800/9600/19200/38400 bps 8 ビット，パリティなし，ストップビット 1 標準状態の通信速度は 9 600 bps
電源電圧	3.3 ～ 6 V
消費電流	26 mA 以下（衛星捕捉中）
外形寸法	25.4 mm(L) × 25.4 mm(W) × 2.88 mm(H)

※ 5m CEPとは，50%の確率で半径5mの中に存在している確率誤差円を意味します。

　GPS モジュールの GT-720F のピン配置は図 3.11 のようになっています。標準状態の通信速度は 9 600 bps で，TTL レベル出力と RS232 レベル出力を利用することができます。ここでは TTL レベル出力を使用し，汎用 I/O ポート（CN4）のシリアル受信端子（CN4-B1（CN4-10））と接続します。GPS モジュールからのリード線は，図 3.12 のように 3 ピンのストレートピンヘッダにはんだ付けし，写真 3.3 のようにブレッドボード上に配置します。TK400SH との接続は，図 3.13 のようにブレッドボードを経由して TK400SH の汎用 I/O ポート（CN4）の CN4-B1（CN4-10）に接続します。また，電源も汎用 I/O ポート（CN4）の 5V 端子（CN4-5V（CN4-1，2））と GND 端子（CN4-GND（CN4-13，14））から供給します。ブレッドボードと TK400SH との接続はジャンパワイヤ（オス-メス）を使用します。なお，JP1 と JP2 は 1-2 間に短絡ソケットを接続してください。写真 3.4 に接続の様子を示します。

　TK400SH の電源を投入すると，GT-720F の赤色 LED が点灯します。衛星からの電波を受信しやすい窓際や屋外に移動し，30 秒程度放置しておくと赤色 LED が約 1 秒間隔で点滅を始めます。これが位置情

報などを計算するために必要な数の人工衛星を捕捉できた合図になります。点滅を始めない場合は，衛星を捕捉できる場所に変えて試みてください。

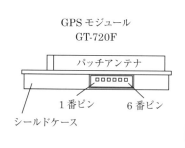

ピン番号	信号名	機　能
1	GND	電源端子，GND
2	POWER	電源端子，3.3〜6V
3	シリアルデータ(入力) RS232(Rx)	RS232レベルのシリアル入力端子 (受信端子)
4	シリアルデータ(出力) RS232(Tx)	RS232レベルのシリアル出力端子 (送信端子)
5	シリアルデータ(入力) TTLレベル(Rx)	TTLレベルのシリアル入力端子 (受信端子)
6	シリアルデータ(出力) TTLレベル(Tx)	TTLレベルのシリアル出力端子 (送信端子)

図 3.11　GPSモジュール(GT-720F)のピン配置

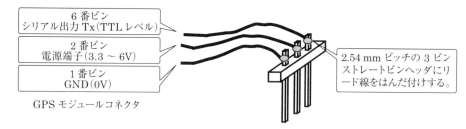

図 3.12　GPSモジュールからの信号線の取り出し

写真 3.3　ブレッドボード上へのGPSモジュールの配置

写真 3.4 実験回路の接続

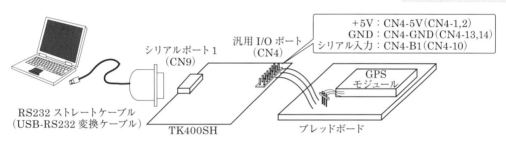

図 3.13 GPS モジュールと TK400SH の接続

3.2.2 受信データの表示とデータ抽出

実験 3.3　GPS モジュールからのデータ表示

　GPS モジュールからは，測位情報が 9 600 bps の速度でシリアルデータとして 1 秒に 1 回の周期で出力されます．TK400SH のシリアルポート 2（TTL レベル入力）を使って受信し，シリアルポート 1 からは 38 400 bps の速度でパソコンのターミナル画面に表示する実験をしてみましょう．

　プログラムをリスト 3.3（GPSchk.c）に示します．

リスト 3.3 GPSchk.c

```
001 //-----------------------------------------------------
002 //【実験 3.3】GPS モジュールからのデータ受信    GPSchk.c
003 //-----------------------------------------------------
004 #include <tk400sh.h>
005
```

```
006   //--------------------------------------------------
007   // メイン関数
008   //--------------------------------------------------
009   void main(void){
010     char a;
011     port_init();              // I/O ポートの初期設定
012     cmt1_init();              // 時間待用，delay_ms を使用するときに必要
013     lcd_init();               // LCD 初期設定
014
015     outst("GPS ジュシン ");    // LCD への表示
016
017     set_pe_sci();             // 汎用 I/O ポートの Bit2，Bit1 をシリアル端子に変更
018     set_peio(0x02);           // Bit1 (Rx) は入力，他はすべて出力端子
019     set_sci(DSUB,38400);      // シリアルポート 1 の通信速度は 38 400 bps
020     set_sci(SPIN,9600);       // シリアルポート 2 の通信速度は  9 600 bps
021     rx_start(SPIN);           // シリアルポート 2 の受信開始
022
023     while(1){
024       getbyte(SPIN,&a);       // シリアルポート 2 から 1 文字 (1 バイト) を取得
025       sendbyte(DSUB,a);       // 取得したデータをそのまま PC へ送信
026     }
027   }
```

▼プログラムリストの解説

19～20行目 シリアルポート1（DSUB）の通信速度を38 400 bpsに，シリアルポート2（SPIN）の通信速度を9 600 bpsに設定します。2つのシリアルポートはそれぞれ独立しているので，このように異なる通信速度を設定することができます。

24行目 シリアルポート2から1文字（1バイト）のデータを取得し，文字型宣言をした変数 a に格納します。

25行目 変数 a に格納されている1バイトのデータをシリアルポート1からパソコン側に送信します。この命令によりターミナル画面上で文字を確認することができます。

▶プログラムの実行

図3.13のように接続したうえで，YellowIDE のメニューバーから，ターミナル（C）＞表示（D）をクリックし，ターミナル画面を表示します。TK400SH の電源スイッチを投入します。しばらく経つと GPS モジュールの LED が常時点灯から点滅を開始し，衛星を捕捉した合図を出します。ターミナル画面には図3.14 に示すようなデータが1秒ごとに出力される様子が確認できます。

ターミナル画面に表示される1行をセンテンスといいます。1つのセンテンスは ＄記号で始まり，改行（LF）で終了します[※]。

※ センテンスの終端は，CR（キャリッジリターン（復帰））とLF（ラインフィード（改行））の2つの文字コードが配置され，どちらもターミナル画面に表示されない文字コードです。CRは0Dh，LFは0Ahになります。

GT-720Fから出力されるデータには表3.4のようなセンテンスがあります。

図3.14　ターミナル画面による受信データの表示

表3.4　GT-720Fから出力されるセンテンス

メッセージの種類	情報の種類	センテンスの内容
$GPRMC	最小構成の航法情報	時刻，位置，速度，日付など
$GPGGA	GPS位置情報	時刻，位置，測位状態など
$GPGSA	使用している衛星とDOP値	測位状態，使用している衛星番号など
$GPGSV	利用可能な衛星情報（1）	
$SPGSV	利用可能な衛星情報（2）	捕捉中の衛星情報など
$GPGSV	利用可能な衛星情報（3）	
$GPVTG	方位，速度情報	真方位，磁北方位，速度など

実験3.4　位置情報の抽出

　実験3.3の環境において，時刻，位置，日付情報を含む$GPRMCセンテンスだけを抽出し，ターミナル画面に表示するようにします。

　$GPRMCセンテンスの抽出方法は，表3.4に示す$GPから始まるメッセージの種類に注目します。$記号から3番目以降の'R', 'M', 'C'が他のセンテンスと異なることがわかります。ここでは4番目の文字である'M'に注目します。抽出方法のフローチャートを図3.15に示します。1センテンスを配列に格納したうえで，配列の4番目の文字が'M'であるかを判定することにより，$GPRMCセンテンスだけを取り出しています。プログラムはリスト3.4（GPS_RMC.c）になります。

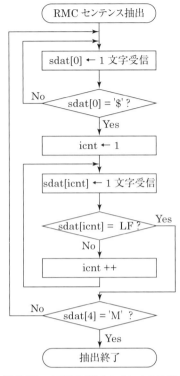

図 3.15 $GPRMC センテンスの抽出方法

リスト 3.4 GPS_RMC.c

```
001  //--------------------------------------------------------
002  // 【実験 3.4】 GPS RMC センテンスの抽出と表示
003  //                                              GPS_RMC.c
004  //--------------------------------------------------------
005  #include <tk400sh.h>
006
007  #define    LF      0x0a           // Line Feed (改行), ¥n
008  //--------------------------------------------------------
009  // メイン関数の定義
010  //--------------------------------------------------------
011  void main(void){
012      char sdat[80];               // 文字型の配列
013      int icnt;
014      port_init();                 // I/O ポートの初期設定
015
016      set_pe_sci();                // 汎用 I/O ポートの Bit2, Bit1 をシリアル端子に変更
017      set_peio(0x02);              // Bit1 (Rx) は入力, 他はすべて出力端子
018      set_sci(DSUB,38400);         // シリアルポート 1 の通信速度は 38 400 bps
019      set_sci(SPIN,9600);          // シリアルポート 2 の通信速度は  9 600 bps
020      rx_start(SPIN);              // シリアルポート 2 の受信開始
021
022      while(1) {
023      do {
024        while(1){
025          getbyte(SPIN, &sdat[0]); // シリアルポート 2 から 1 文字(1バイト)を取得
```

```
026            if(sdat[0] == '$') break;
                                        // 受信文字列の先頭が$で始まっているか？
027      }
028    icnt=1;
029    while(1){
030      getbyte(SPIN,&sdat[icnt]);     // $から始まるセンテンスを配列に格納
031      if(sdat[icnt] == LF) break;    // LFならセンテンスの解析へ
032      else icnt++;
033         }
034    } while(sdat[4] != 'M');         // $GPRMCコマンドでなければ再受信
035    LED1= 1;
036    sendtx(DSUB, icnt, sdat);        // 配列sdatから(icnt)個のデータを
037    LED1= 0;                         // シリアルポート1から連続送信
038   }                                 // end of while(1)
039 }                                   // end of main( )
```

▼プログラムリストの解説

24〜27行目 シリアルポート2からGPSのデータを1文字ずつ受信し，センテンスの始まりを示す$記号を探します。$記号を発見するとこのループから脱出し，次の処理に進みます。

29〜33行目 センテンスの終了を示す文字コード0x0a（C言語では¥nに相当）に遭遇するまで文字型の配列**sdat**に格納を続けます。

34行目 配列の4番目の文字が'M'であれば，そのデータは$GPRMCセンテンスです。そうでなければ再度，24行目からの受信を再開します。

36行目 配列の内容を**icnt**で指定された個数だけシリアルポート1から送信することにより，ターミナル画面で確認することができます。

▶プログラムの実行

$GPRMCセンテンスは，表3.5に示すフォーマットによって時刻や位置情報が構成されています。実行結果の様子を図3.16に示します。$GPRMCセンテンスは，配列**sdat**に図3.17のように格納されています。ここからさらに，時刻や位置の情報を抽出する実験をしてみましょう。

表 3.5 $GPRMC センテンスのフォーマット

$GPRMC,⟨1⟩,⟨2⟩,⟨3⟩,⟨4⟩,⟨5⟩,⟨6⟩,⟨7⟩,⟨8⟩,⟨9⟩,⟨10⟩,⟨11⟩,⟨12⟩,*⟨13⟩,⟨CR⟩,⟨LF⟩

フィールド番号	例	数値の意味
⟨1⟩	35558.998	協定世界の時刻，hhmmss.sss 形式 [hh：時，mm：分，ss.sss：秒]
⟨2⟩	A	受信状態，V/A　[A：測位中，V：ワーニング]
⟨3⟩	3530.0615	緯度，ddmm.mmmm 形式 [dd：度，mm.mmmm：分]
⟨4⟩	N	北緯／南緯　[N：北緯，S：南緯]
⟨5⟩	13749.909	経度，dddmm.mmmm 形式 [dd：度，mm.mmmm：分]
⟨6⟩	E	東経／西経　[E：東経，W：西経]
⟨7⟩	000.0	対地速度，000.0 ～ 999.9 k ノット
⟨8⟩	000.0	対地コース（進路），000.0 ～ 359.9°
⟨9⟩	270514	協定世界の日付，mmddyy 形式 [mm：月，dd：日，yy：西暦下 2 桁]
⟨10⟩	-（注）	磁気偏差，000.0 ～ 180.0°
⟨11⟩	-（注）	磁気偏差の方向，E/W　[E：East，W：West]
⟨12⟩	D	測位モード，N/A/D/E [N：データなし，A：自律，D：差動，E：推定]
⟨13⟩	67	チェックサム
⟨CR⟩	⟨CR⟩	キャリッジリターン
⟨LF⟩	⟨LF⟩	ラインフィード　⟨CR⟩⟨LF⟩ でセンテンスの終了

（注）データが空（null）のことがある。

図 3.16　$GPRMC センテンスの抽出と表示

配列要素	0	1	2	3	4	5	6	7	8	9	10	11	12	13	14	15	16	17	18	19
sdat	$	G	P	R	M	C	,	0	7	2	9	2	2	.	5	0	8	,	A	,

配列要素	20	21	22	23	24	25	26	27	28	29	30	31	32	33	34	35	36	37	38	39
sdat	3	5	3	0	.	0	3	9	3	,	N	,	1	3	7	4	9	.	8	8

配列要素	40	41	42	43	44	45	46	47	48	49	50	51	52	53	54	55	56	57	58	59
sdat	5	1	,	E	,	0	0	0	.	0	,	0	0	3	.	1	,	2	9	0

配列要素	60	61	62	63	64	65	66	67	68	69	70	71
sdat	5	1	4	,	,	,	D	*	6	3	CR	LF

CR：キャリッジリターン（0Dh）
LF：ラインフィード（0Ah）

図 3.17　配列 sdat に格納されている $GPRMC センテンスの配置

実験 3.5　日本標準時間と位置座標表示

実験 3.4 のプログラムを元にして，$GPRMC センテンスから時刻と

位置座標の値を抽出し，LCDの1行目に時刻を表示します．また，押しボタンスイッチSW2を押すと位置座標（北緯と東経）を表示，SW1を押すと時刻表示に戻るようにするプログラムを作成してみます．

なお，時刻情報は協定世界時（UTC）なので，日本標準時間（JST）にするためには9時間進める必要があります．プログラムをリスト3.5（GPS_pos.c）に示します．

リスト3.5 GPS_pos.c

```c
//------------------------------------------------------------
// 【実験3.5】GPS RMC センテンスから位置と時刻の表示
//                                                    GPS_pos.c
//------------------------------------------------------------
#include <tk400sh.h>

#define LF   0x0a                         // 改行（¥n）のASCIIコード
  char sdat[80];                          // 受信データ格納用配列
//------------------------------------------------------------
// 各種関数の定義
//------------------------------------------------------------
void time_disp(void) {                    // 時刻表示関数
  int hh;
  char dt[10];
  dt[0]=sdat[7];   dt[1]=sdat[8];   dt[2]=':';    // hour
  dt[3]=sdat[9];   dt[4]=sdat[10];  dt[5]=':';    // min
  dt[6]=sdat[11];  dt[7]=sdat[12];  dt[8]= 0;     // sec
  hh = (dt[0]-48)*10 + (dt[1]-48) + 9;   // ASCIIから整数にしてJSTへ
  if(hh>=24) hh-=24;                     // 24時を超えていたら修正
  dt[0]= (hh/10)+ 48;                    // 10桁の数値をASCIIコードに変換
  dt[1]= (hh%10)+ 48;                    // 1桁の数値をASCIIコードに変換
  locate(0,0); outst("JST: ");
               outst(dt);                // 時刻表示
}

void pos_disp(void) {                    // 位置座標表示関数
  char pn[20], pe[20];
  if(sdat[18]=='A') pn[0]= 'O';          // 測位中なら○表示
    else            pn[0]= 'X';          // 測位してなければ×表示
  pn[1]= ' ';
  pn[2]= sdat[20]; pn[3]= sdat[21]; pn[4]='.';    // 北緯（度）
  pn[5]= sdat[22]; pn[6]= sdat[23]; pn[7]='.';    // （分）
  pn[8]= sdat[25]; pn[9]= sdat[26];
  pn[10]=sdat[27]; pn[11]=sdat[28]; pn[12]=' ';
  pn[13]='N';      pn[14]=0;

  pe[0]=sdat[32];  pe[1]= sdat[33]; pe[2]=sdat[34];   // 東経（度）
  pe[3]='.';       pe[4]= sdat[35]; pe[5]=sdat[36];   // （分）
  pe[6]='.';       pe[7]= sdat[38]; pe[8]=sdat[39];
  pe[9]=sdat[40];  pe[10]=sdat[41]; pe[11]=' ';
  pe[12]='E';      pe[13]=0;

  locate(0,0); outst(pn);                // 北緯の表示
  locate(1,1); outst(pe);                // 東経の表示
}
```

```
046
047   //---------------------------------------------------------
048   // メイン関数の定義
049   //---------------------------------------------------------
050   void main(void){
051     int flag, icnt;
052     port_init();                  // I/O ポートの初期設定
053     lcd_init();                   // LCD 初期設定
054
055     set_pe_sci();                 // 汎用 I/O ポートの Bit2, Bit1 をシリアル端子に変更
056     set_peio(0x02);               // Bit1 (Rx) は入力, 他はすべて出力端子
057     set_sci(SPIN,9600);           // シリアルポート2の通信速度は 9 600 bps
058     rx_start(SPIN);               // シリアルポート2の受信開始
059
060       icnt = 0; flag = 10;        // 初期値の設定, LCD 表示は日付と時刻
061     while(1){                     // スイッチにより表示モードの切り替え
062       if(SW1==0) {                // SW1 が ON ならフラグを 10 に設定
063         flag = 10; clr_lcd();
064       }
065       else if(SW2 ==0) {          // SW2 が ON ならフラグを 20 に設定
066         flag =20; clr_lcd();
067       }
068     switch(flag){                 // フラグによって表示モードを切り替える
069      case 10: time_disp();        // 時刻表示関数を実行
070        break;
071      case 20: pos_disp();         // 位置情報表示
072        break;
073      default: time_disp();        // 例外処理
074     }
075
076     do {
077       while(1){
078         getbyte(SPIN,&sdat[0]);   // シリアルポート2から1文字(1バイト)を取得
079         if(sdat[0] == '$') break; // 受信文字列の先頭が $ で始まっているか？
080       }
081       icnt=1;
082       while(1){
083         getbyte(SPIN,&sdat[icnt]); // $ から始まるセンテンスを配列に格納
084         if(sdat[icnt] == LF) break; // LF ならセンテンスの解析へ
085         else icnt++;
086       }
087     } while(sdat[4] != 'M');// end of do-while, RMC センテンスでなければ再受信
088    }                              // end of while(1)
089   }                               // end of main( )
```

▼プログラムリストの解説

18 行目 協定世界時から日本標準時に変換するために，9 時間進める計算をしています．配列 **sdat** に格納されている値は，数値も含めてすべて文字コードなので，単純に 9 を加算できません．文字コードを「整数」に変換するために 48 を引き算します[※]．

20〜21 行目 整数から文字コードに戻す処理をしています．10 で割り算した商と余りによって 10 桁と 1 桁をそれぞれ取り出し，さらに 48 を加えることにより文字コードに戻しています．

※ 整数の 0〜9 は，文字コードでは 30h (10 進数で 48)〜39h (10 進数で 57) に対応しています．文字コードから整数の値に変換するために，48 を引き算しています．

61〜67 行目 画面表示の切り替えをする必要があるのか否かを判定するために，フラグ方式[※]を使っています。押しボタンスイッチの SW1 が押されていれば **flag** に 10 を設定します。一方，SW2 が押されていれば **flag** に 20 を設定します。フラグの値が変更されるごとに LCD 画面を消去しています。

68〜74 行目 switch 文を使うことにより，**flag** の値に応じて LCD の画面表示を切り替えています。

課題 3.3　日付情報の表示

プログラムリスト 3.5 において，時刻を表示している LCD の 2 行目に，△△△△／○○／□□の順に，西暦／月／日を表示するようにしなさい。

3.3　シリアル通信の応用例〜 I²C 通信と SPI 通信〜

本節ではシリアル通信の応用として，I²C 通信と SPI 通信について学びます。応用例なので，読み飛ばして第 4 章に進まれてもかまいません。

3.3.1　I²C 通信とは

I²C（Inter-Integrated Circuit）通信^{※※}とは，シリアル通信方式の 1 つで，1980 年代にオランダのフィリップス社（現 NXP 社）で開発され，組み込みシステムの業界標準の 1 つとなっている規格です。TK400SH で使用しているマイコン SH7125 は，周辺機能モジュールとして I²C バスインターフェースをもっていません。しかし I/O ポートを利用すればソフトウェアによって I²C バスインタフェースを作ることができます。ここでは I²C 通信方式の概要を説明した後，I²C デバイスの活用事例を紹介します。

I²C 通信はわずか 2 本の信号線により，複数の IC（集積回路）間で双方向性通信を可能としているインターフェース方式です。I²C バスは図 3.18 のように，2 本の信号線 SCL^{※※※}と SDA^{※※※}が共通線（バス）として引かれ，各デバイスがバスに対して並列に接続されます。I²C バスには必ず**マスタデバイス**が 1 つ存在し，その他はすべて従属デバイスになります。これを**スレーブデバイス**といいます。スレーブデバイスは，マスタデバイスが提供する SCL（シリアルクロック）信号に同期して動作します。スレーブデバイスは，バスに接続するだけで直ちに双方向通信が可能となり，デバイスの追加や削除が簡単であることから，組

※　ある特定の条件が成立していれば「フラグ（旗）が立つ」ということに由来します。ここでは，SW1 または SW2 が押されたという条件が成立すると，**flag** という変数に 10 または 20 の整数を格納することにより，どちらのスイッチが押されたのかがわかるようにしています。

※※　I-squared-C（アイ・スクエアド・シー）と読みます。

※※※
・SCL：Serial CLock（同期用クロック信号）
・SDA：Serial DAta（シリアルデータ）

み込みシステムやオーディオ機器，携帯電話，デジタルカメラなど幅広い分野で使われています。

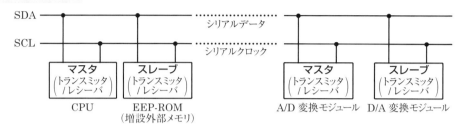

図 3.18 I²C バスへのデバイスの接続

I²C バスは次のような特徴をもちます。
① わずか 2 本の信号線で双方向の通信が可能。
② I²C バスに接続するデバイスは，バスをコントロールする**マスタ**とそれに従う**スレーブ**に分かれ，スレーブは固有のアドレスをもつ。これを**デバイスアドレス**または**スレーブアドレス**という。マスタからスレーブアドレスを指定することで，そのデバイスと 1 対 1 の通信を行うことができる。
③ 高速データ転送速度をもち，標準モードでは 100 kbps，ファーストモードでは 400 kbps，ハイスピードモードでは 3.4 Mbps まで対応可能である。
④ I²C バスへのインターフェース回路は各デバイスが内蔵しており，外付け部品が不要である。
⑤ 数多くのデバイスをバスに接続可能（仕様として，バス全体の静電容量が 400 pF 以内であればいくつでも接続できる）。

3.3.2　I²C バスの通信手順

I²C バスにおける通信は，バス制御の主導権を握るマスタデバイスと，それに従うスレーブデバイスとに分けられます。I²C 機能をもつマイコンの多くは，マスタにもスレーブにも設定することができます。デバイス間との通信は，マスタデバイスが生成するクロック信号で同期を取りながら，次のような波形のタイミングで通信を行います。

(1) スタート(S)/ストップ(P)コンディション

図 3.19 のように SCL のクロックが High レベル時に，SDA が High から Low レベルに移行すると通信の始まりを意味するスタートコンディションになります。通信の終了を意味するストップコンディシ

ョンは，SCLのクロックがHighレベル時にSDAがLowからHighレベルに移行するタイミングになります。

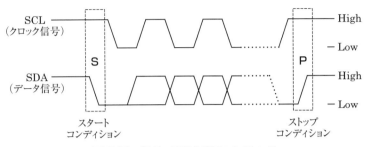

図3.19 通信の開始と終了のタイミング

(2) マスタからスレーブ側への送信（Writeコマンド）

図3.20はマスタ（マイコン）側からスレーブ（周辺デバイス）側にデータ転送する際のフォーマットです。データ送信は次のような順序で行われます。（丸数字番号は図中番号と対応しています）

図3.20 マスタ（マイコン）から周辺デバイスへのデータ送信（Write）フォーマット

① マスタからスタートコンディションを発行する。
② I^2C バスに接続しているデバイスの中から，対象となるデバイス固有のスレーブアドレス（1バイトで構成され，この内7bitがスレーブアドレス）をマスタが送信する。最下位ビット（LSB）はリード（R）/ライト（W）命令を意味し，この場合はライト（W = 0）となる。
③ スレーブアドレスが送信されると該当するスレーブデバイスから，データを受け取ったことを知らせるACK（アクノリッジ）信号が返信される。
④ 続いてマスタは，データを書き込むデバイス内部のアドレス（コマンドアドレス）を送信する。（8bitで構成）
⑤ 該当するスレーブデバイスから，データを受け取ったことを知らせるACK信号が返信される。
⑥ 1バイトのデータを送信する。
⑦ 該当するスレーブデバイスから，データを受け取ったことを知らせるACK信号が返信される。

⑧ マスタから，通信の終了を知らせるストップコンディションを発行する。

(3) マスタによるスレーブ側からの受信（Read コマンド）

図 3.21 はマスタがスレーブ側からデータを受け取る際のフォーマットです。データの送受信は次のような順序で行われます。

①	②	③	④	⑤	⑥	⑦	⑧	⑨	⑩	⑪
S	スレーブアドレス(7bit)	W ACK	コマンドアドレス(8bit)	ACK	S	スレーブアドレス(7bit)	R ACK	データ読み込み(8bit)	NA	P

図 3.21 マスタによる周辺デバイスからのデータ受信(Read)フォーマット

① マスタからスタートコンディションを発行する。
② I²C バスに接続しているデバイスの中から，対象となるデバイス固有のスレーブアドレスをマスタが送信する。最下位ビットはリード（R）/ ライト（W）命令を意味し，この場合はライト（W = 0）となる。
③ 該当するスレーブデバイスから，データを受け取ったことを知らせる ACK（アクノリッジ）信号が返信される。
④ マスタは，データを読み出すスレーブデバイス内部のアドレス（コマンドアドレス）を送信する（図 3.21 の例では 1 バイト）。
⑤ 該当するスレーブデバイスから，データを受け取ったことを知らせる ACK 信号が返信される。
⑥ マスタからスタートコンディションを再度発行する。
⑦ ④で指定したアドレスからデータを読み出すために，デバイス固有のスレーブアドレスの最下位ビットを 1 にした値（リード命令を意味する R = 1）をマスタが送信する。
⑧ 該当するスレーブデバイスから，データを受け取ったことを知らせる ACK 信号が返信される。
⑨ マスタは，クロック信号（SCL）に同期して送られてくる 1 バイトのシリアルデータを受信する。
⑩⑪ 1 バイトの受信が完了し，続けて次の 1 バイトを受信する場合は，ACK 信号をスレーブデバイスに返し，通信を終了する場合 ACK 信号を返さない（No ACK）。最後に通信の終了を知らせるストップコンディションを発行し，すべての通信が完了する。

3.3.3 I²C バスインタフェース回路と通信関数ライブラリ SH_i2c_lib.h

TK400SH で使用しているマイコン SH7125 は，I²C バスインタフ

ェースを周辺機能としてもっていません。そこで TK400SH の汎用 I/O ポート（CN4）を使用した I^2C バスインタフェース回路を図 3.22 に示します。

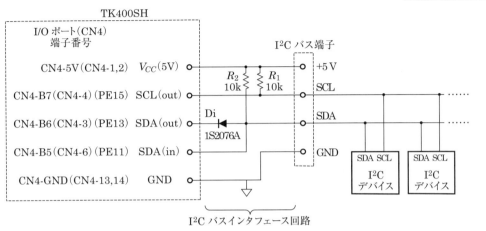

図 3.22 I^2C バスインタフェース回路

　TK400SH の汎用 I/O ポート（CN4）は 8 ビットで構成され，SH マイコンのポート E が割り振られています。この内，3 つのポートピン端子を使用します。I^2C 通信では，TK400SH がマスタデバイスとなり SCL 端子よりクロックパルスを出力します。また，SDA 端子は双方向（入出力）になりますが，入出力方向の切り替えの煩わしさを避けるために 2 つのポートを使い，それぞれ出力専用端子（SDA(out)）と入力専用端子（SDA(in)）とします。SDA(out) 端子に接続しているダイオードは，小信号用シリコンダイオードであれば，どのメーカの製品でも使用することができます。また，I^2C 通信のために必要な，次のような 5 つの関数を作成しました。

(1) `void  i2c_bus_init( void );`
　　I^2C 端子として使用するポートピン端子の初期設定を行います。
(2) `void  i2c_start( void );`
　　スタートコンディションを発行します。
(3) `void  i2c_stop( void );`
　　ストップコンディションを発行します。
(4) `unsigned char  i2c_write ( unsigned char dat );`
　　1 バイトのデータ dat を書き込みます。
(5) `unsigned char  i2c_read ( unsigned char ack );`
　　1 バイトのデータを読み込みます。引数として 1 を与えると

ACK応答を返し，0を与えるとACK応答を返しません。

この関数は，SH_i2c_lib.h ファイルとしてまとめ，プログラムの中でインクルードすることにより，上記の関数を利用することができます。詳細は付録 F.6 を参照してください。

I^{2}C 通信の実験に使用する部品を表 3.6 に示します。

表 3.6　I^{2}C 通信の実験で使用する部品

名称	規格など	型番	メーカなど	数量	購入先	単価
炭素皮膜抵抗	10 kΩ，1/4 W	RD25S 10 K		2	秋月電子通商	1
小信号用スイッチングダイオード	汎用小信号用シリコンダイオード	1S2076A	ルネサスエレクトロニクス	1	秋月電子通商	5
積層セラミックコンデンサ	0.1 μF，50 V	RPEF11H104Z 2K1A01B	村田製作所	1	秋月電子通商	10
I^{2}C EEPROM	256 Kbit シリアルメモリ	24LC256	Microchip Technology	1	秋月電子通商	100
I^{2}C 温度センサモジュール	ADT7410 搭載		秋月電子通商	1	秋月電子通商	500
ブレッドボード	83 × 52 mm	SAD-101	サンハヤト	1	サンハヤト	518
ジャンプワイヤキット		SKS-390	サンハヤト	必要量	サンハヤト	4 860
ジャンパワイヤ（オス-メス）	赤，黒，青		E-CALL ENTERPRISE	必要量	秋月電子通商	30

（注）単価は参考価格〔円〕

3.3.4　I^{2}C デバイスの活用事例 1 〜シリアル EEPROM の活用〜

(1) I^{2}C シリアル EEPROM の概要

図 3.23 に示した 24LC256（マイクロチップテクノロジ）は 256 KBit（32 KByte）の容量をもつシリアル EEPROM で，安価に入手できます。書き込みに最大 5 ms の時間を要しますが，読み出し時間は速く，400 kHz のシリアルクロックに対応します。また，デバイス固有のアドレスは A0, A1, A2 の端子により A0h 〜 AEh の範囲で設定できます。メモリ素子は 100 万回の書込/消去サイクルに耐え，200 年以上のデータ保存が可能であるとされています。さらに WP（Write Protect）端子を High レベルにすることにより，書き込み禁止にする機能もあります。

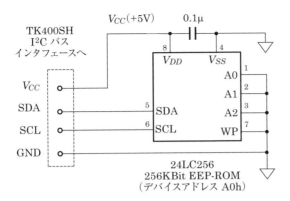

図 3.23 シリアル EEPROM の接続回路

(2) アドレス端子によるデバイスアドレスの設定

24LC256 はアドレス選択端子（A2, A1, A0）をもちます。この端子によるデバイスアドレスは表 3.7 のようになります。1 バイトで構成されるコントロールバイトの上位 4 ビットは「1010」に固定されています。続く 3 ビットがアドレス選択端子（A2, A1, A0），最下位ビットが Read/$\overline{\text{Write}}$ ビットになります。A2, A1, A0 端子を電源電圧（V_{CC}）に接続「1」するか，GND に接続「0」するかにより，デバイスアドレスを 8 通りの中から 1 つ選択することができます。

表 3.7 24LC256 のアドレス選択端子によるデバイスアドレス設定

コントロールバイト								デバイスアドレス
MSB				A2	A1	A0	LSB	
1	0	1	0	0	0	0	R/$\overline{\text{W}}$	A0h
1	0	1	0	0	0	1	R/$\overline{\text{W}}$	A2h
1	0	1	0	0	1	0	R/$\overline{\text{W}}$	A4h
1	0	1	0	0	1	1	R/$\overline{\text{W}}$	A6h
1	0	1	0	1	0	0	R/$\overline{\text{W}}$	A8h
1	0	1	0	1	0	1	R/$\overline{\text{W}}$	AAh
1	0	1	0	1	1	0	R/$\overline{\text{W}}$	ACh
1	0	1	0	1	1	1	R/$\overline{\text{W}}$	AEh

(3) EEPROM への書き込み

256 KBit のメモリ容量をもつ 24LC256 は，0x0000 ～ 0x7FFF の範囲でメモリアドレスを指定できます。メモリへの書き込みには 1 バイトのデータを単独で書き込む**バイト書き込み**と，先頭アドレスを指定し，連続的にデータを書き込む**ページ書き込み**があります。ページ書き込みは 24LC256 の場合，64 バイトまでの書き込みが可能です。図 3.24 にデバイスアドレスを A0h とした場合の書き込み手順を示します。

また，手順に対応したI^2C通信関数の使用例もご覧ください。

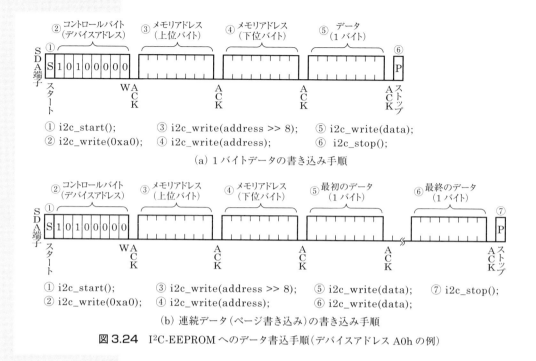

図 3.24　I^2C-EEPROMへのデータ書込手順（デバイスアドレス A0h の例）

(4) EEPROMからのデータ読み出し

データの読み出しは，書き込みの操作と似ていますがデバイスアドレスの最下位ビット（Read/$\overline{\text{Write}}$）を「1」に設定することに注意します。読み出し方法には，任意のメモリアドレスから1バイトのデータを読み出す**ランダムリード**と，先頭アドレスを指定するだけでデータを連続的に読み出せる**シーケンシャルリード**があります。シーケンシャルリードは，先頭アドレスを最初に設定すればデータを読み出すごとにアドレスがカウントアップされ，連続的にデータを読み出すことができます。図 3.25 にデバイスアドレスを A0h とした場合のデータ読み出し手順を，I^2C通信関数の使用例と共に示します。

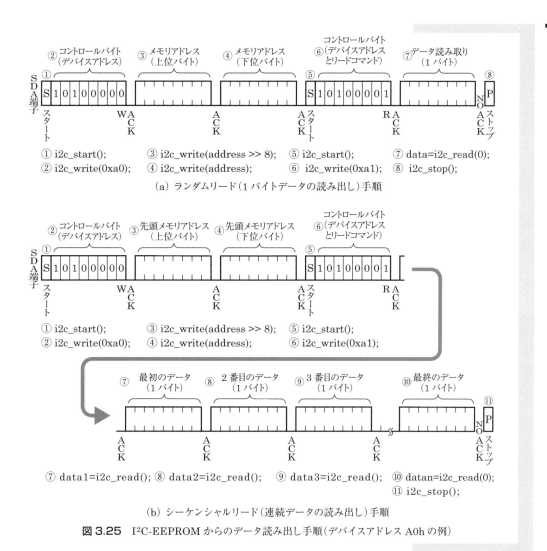

図 3.25 I²C-EEPROM からのデータ読み出し手順（デバイスアドレス A0h の例）

実験 3.6　I²C-ROM アクセス

24LC256 のデバイスアドレスを A0h に設定し，メモリアドレス 0 番地から順に，10 進数の整数 20，30，40，50 を書き込みます．続いて書き込んだ値を ROM から読み出し，1 を加えた上で LCD に表示するプログラムを作成してみましょう．

● **実験回路**

図 3.22 の I²C バスインタフェースと図 3.23 の回路をブレッドボード上に製作し，TK400SH の汎用 I/O ポート（CN4）に接続します．製作した実験回路の様子を写真 3.5 に示します．プログラムは図 3.24 と図 3.25 を参考に，1 バイトのデータを書き込む **write_i2crom()** 関数と，1 バイトのデータを読み出す **read_i2crom()** 関数を作成して

おくと汎用性が高くなります．プログラム例をリスト 3.6（i2c_rom.c）に示します．

写真 3.5 I²C バスインタフェースと EEPROM の実験回路

リスト 3.6 i2c_rom.c

```
//--------------------------------------------------------------
// 【実験 3.6】I2C によるシリアルメモリ（EEPROM）への読み書き
//                                                    i2c_rom.c
//--------------------------------------------------------------
#include <tk400sh.h>
#include <SH_i2c_lib.h>             // I2C ライブラリ関数

#define    I2CROM    0xa0           // I2C-ROM デバイスアドレス
//--------------------------------------------------------------
// 各種関数の定義
//--------------------------------------------------------------
//---I2C シリアルメモリへの書き込み
void write_i2crom(unsigned short adres, unsigned char data)
  {                // 第1引数:adre(メモリアドレス), 第2引数:data(書き込みデータ)
    int status;
    i2c_start();                    // スタートコンディション
    i2c_write(I2CROM);              // デバイスアドレスの書き込み
    i2c_write(adres >> 8);          // メモリアドレス(上位バイト)の書き込み
    i2c_write(adres & 0x00ff);      // メモリアドレス(下位バイト)の書き込み
    i2c_write(data);                // 1バイトデータの書き込み
    i2c_stop();                     // ストップコンディション
    status = 1;
    while(status ==1) {             // ACK 応答がくるまで待機
      i2c_start();                  // スタートコンディションの発行
      status = i2c_write(I2CROM);   // デバイスアドレスを書き込んで ACK 応答を得る
  }
 i2c_stop();                        // ストップコンディション
}

//---I2C シリアルメモリからの読み出し
unsigned char read_i2crom(unsigned short adres)
  {                                 // 第1引数:adres(メモリアドレス)
    unsigned char dat;
    i2c_start();                    // スタートコンディション
    i2c_write(I2CROM);              // デバイスアドレスの書き込み
    i2c_write(adres >> 8);          // メモリアドレス(上位バイト)の書き込み
```

```
037        i2c_write(adres & 0xff);        // メモリアドレス（下位バイト）の書き込み
038        i2c_start();                    // スタートコンディションの再発行
039        i2c_write(I2CROM +1);           // 読み出しのコントロールコマンド
040        dat = i2c_read(0);              // 1バイトデータの読み出し（No ACK）
041        i2c_stop();                     // ストップコンディション
042        return(dat);
043    }
044
045 //-----------------------------------------------------
046 // メイン関数の定義
047 //-----------------------------------------------------
048 void main(void) {
049        unsigned short ip;
050        unsigned char buf[4], dat[4];
051        port_init();
052        cmt1_init();                    // 時間待ち用
053        lcd_init();                     // LCDモジュールの初期設定
054        i2c_bus_init();                 // I2Cバス端子の初期設定
055
056        locate(0,0); outst("I2C-ROM R/W test");
057        delay_ms(1000);
058        clr_lcd();
059
060        buf[0]=20; buf[1]=30; buf[2]=40; buf[3]=50;
061
062        for(ip= 0; ip < 4; ip++) {
063          write_i2crom(ip, buf[ip]);    // I2C-ROMへの書き込み
064        }
065
066        for(ip= 0; ip < 4; ip++) {
067          dat[ip] = read_i2crom(ip) + 1;  // I2C-ROMからの読み出し
068        }
069
070        locate(0,0);
071          for(ip=0; ip < 4; ip++) {
072            outi(dat[ip]); outst(" ");  // LCDに出力して確認
073          }
074    }                                   // end of main( )
```

▼**プログラムリストの解説**

13～28行目 1バイトのデータをメモリに書き込む関数です。引数は，第1引数としてメモリアドレスを16ビット幅で与えます。第2引数は書き込む1バイトのデータです。16行目以降は図3-24(a)の手順に従っています。

● **書き込み時間への対応**

プログラムの実行は1命令あたり数十nsオーダで進むのに対し，EEPROMへの書き込みには最大5 msを要します。書き込みが完了する前に次の命令が実行されると，正しくメモリに保存できません。そこでこのプログラムでは，24行目でスタートコンディションを発行し，続

いて 25 行目でデバイスアドレスを書き込んで応答を待ちます。書き込みが完了していれば ACK 応答が返り **status** には 0 が入ります。書き込み中は，応答がない（応答できない）ため **status** は 1 のままです。書き込みが完了し，応答があるまで待機させる処理が 23 ～ 26 行目です[※]。

※ 処理が完了したかどうかを打診し，確認しながら進める処理方法をポーリングといいます。

31 ～ 43 行目 メモリから 1 バイトのデータを読み出す関数です。引数としてメモリアドレスを 16 ビット幅で与えます。34 行目以降は図 3.25(a) の手順に従っています。ROM からのデータ読み出し速度は速く，最大 400 kHz のクロックで動作できます。このため，TK400SH では読み出し待機時間の配慮は必要ありません。

63 行目 変数 **ip** で指定した ROM アドレスに，60 行目で配列に格納した値を書き込みます。

67 行目 変数 **ip** で指定した ROM アドレスから 1 バイトのデータを読み出し，1 を加えた上で配列 **dat** に格納します。

課題 3.4 連続データ書き込み

4 バイトのデータを引数で指定したメモリ番地から連続して書き込む関数 **i2c_wr4w()** と，読み出す関数 **i2c_rd4w()** を作成しなさい。ただし，**i2c_rd4w()** の戻り値は unsigned char（符号なし 8 ビット整数）とする。

3.3.5 I²C デバイスの活用事例 2 ～ I²C 温度センサの活用～

(1) I²C 温度センサ ADT7410 の概要

アナログデバイセズ社の I²C 温度センサ ADT7410 は，半導体温度センサと 16 ビット分解能をもつ A/D コンバータを内蔵した高分解能温度センサです。面実装用のフラットパッケージのため，容易に扱うことはできませんが，秋月電子通商より DIP 変換基板に実装されたモジュールとして市販されています。このためブレッドボードやユニバーサル基板で容易に使うことができます。ここでは，このモジュールを使った温度計測の実験を行います。表 3.8 に温度センサ ADT7410 の主な仕様を示します。

表 3.8 I²C 温度センサ ADT7410 の主な仕様

名　称	仕　様
動作電源電圧	2.7 ～ 5.5 V
動作（測定）温度	－55 ～ ＋150℃
測定精度	±0.4℃ （－40℃ ～ ＋105℃, V_{DD} = 3.0 V）
	±0.8℃ （－40℃ ～ ＋105℃, V_{DD} = 4.5 ～ 5.5 V）
測定分解能	0.0625℃ （13Bit 分解能, 符号ビット含む）
	0.0078℃ （16Bit 分解能, 符号ビット含む）
消費電流	250 μA(typ), (V_{DD} = 5.5 V)

（2）アドレス端子によるデバイスアドレスの設定と接続回路

ADT7410 のデバイスアドレスは, 上位の 5 ビットが固定されており, A1 と A0 端子によって 4 通りの中から 1 つを選択します。最下位ビットはリードとライトの切り替えビットになります。表 3.9 に選択可能なデバイスアドレスを示します。

表 3.9　ADT7410 のデバイスアドレス設定

Bit7 (MSB)	Bit6	Bit5	Bit4	Bit3	Bit2	Bit1	Bit0 (LSB)	デバイスアドレス
A6	A5	A4	A3	A2	A1	A0	―	
1	0	0	1	0	0	0	R/$\overline{W}$	90 h
1	0	0	1	0	0	1	R/$\overline{W}$	92 h
1	0	0	1	0	1	0	R/$\overline{W}$	94 h
1	0	0	1	0	1	1	R/$\overline{W}$	96 h

実験 3.7　温度センサモジュールによる温度測定

I²C による温度センサ（ADT7410）モジュールを TK400SH の I²C バスインタフェース回路に接続し, 周囲温度を LCD の 2 行目に表示してみましょう。ただし, 温度センサの A/D 分解能は 16 ビットモードにします。

ADT7410 を搭載した温度センサモジュールの接続回路を図 3.26 に示します。図 3.22 のように SDA と SCL のバスラインに接続するだけです。秋月電子通商のモジュール基板では, デバイスアドレスを設定する A1, A0 端子はプルダウン（A1 = 0, A0 = 0）されており, 初期値は 90 h になっているので, ここではそのままの状態で使用します。

実験 3.6 で製作した I²C-ROM 回路に温度センサを増設してみました。ブレッドボードに製作した様子を写真 3.6 に示します。

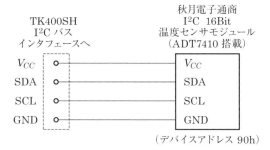

図3.26　I²C温度センサモジュールの接続回路

写真3.6　I²C温度センサ回路の製作

(3) 測定温度のデータフォーマット

ADT7410で測定された温度は，A/D変換され2の補数表現による13ビットまたは16ビットのディジタルデータになります。ここでは16ビットのデータ形式とするので，温度の分解能はA/Dの1カウント当たり0.0078℃になります。16ビット形式による温度データのフォーマットを表3.10に示します。

表3.10　16ビット分解能における温度データフォーマット（2の補数表示）

温度〔℃〕	ディジタルデータ（2進数）																ディジタルデータ（16進数）
	b15	b14	b13	b12	b11	b10	b9	b8	b7	b6	b5	b4	b3	b2	b1	b0	
−55	1	1	1	0	0	1	0	0	1	0	0	0	0	0	0	0	E480h
−50	1	1	1	0	0	1	1	1	0	0	0	0	0	0	0	0	E700h
−25	1	1	1	1	0	0	1	1	1	0	0	0	0	0	0	0	F380h
−0.0078	1	1	1	1	1	1	1	1	1	1	1	1	1	1	1	1	FFFFh
0	0	0	0	0	0	0	0	0	0	0	0	0	0	0	0	0	0000h
+0.0078	0	0	0	0	0	0	0	0	0	0	0	0	0	0	0	1	0001h
+25	0	0	0	0	1	1	0	0	1	0	0	0	0	0	0	0	0C80h
+50	0	0	0	1	1	0	0	1	0	0	0	0	0	0	0	0	1900h
+125	0	0	1	1	1	1	1	0	1	0	0	0	0	0	0	0	3E80h
+150	0	1	0	0	1	0	1	1	0	0	0	0	0	0	0	0	4B00h

(4) ADT7410の内部レジスタアドレス

内部レジスタアドレスとその内容を表3.11に示します．測定した温度データは2バイトに分割され，00h番地に上位バイトが，01h番地に下位バイトがそれぞれ格納されます．この2つのデータを読み出せば温度データを取得することができます．また，このデバイスは，コンフィグレーションレジスタ（03h）に動作モードとA/D変換分解能の設定だけ行えば使うことができます．動作モードとは，連続変換モード[※]，ワンショットモード[※]，1SPSモード[※]の中から1つを選択します．ここでは「連続変換モード」，「16ビット分解能」という設定にします．

このデバイスは他にも，上限・下限温度設定値に対する割り込み信号出力などをもちます．詳しくはADT7410のデータシートをご覧ください．

TK400SHのLCDの2行目に，I²C温度センサから読み出した温度データを表示するプログラムをリスト3.7（i2c_tmp.c）に示します．

[※]
・連続変換モード：常にA/D変換動作を繰り返すモードで，デフォルト（初期状態）の状態です．変換時間は240msになります．
・ワンショットモード：低消費電力化を目的に，一度A/D変換が完了すると直ちにシャットダウンモードに移行します．
・1SPSモード：1秒間に1回，A/D変換動作を行います．変換時間は60msで，残りの940msはアイドル（待機）状態になります．

表3.11　ADT7410の内部レジスタアドレス

レジスタアドレス	内容	初期値（リセット時）
00h	温度データ（上位バイト）	00h
01h	温度データ（下位バイト）	00h
02h	ステータス	00h
03h	コンフィグレーション	00h
04h	上限温度設定値（上位バイト）	20h（64℃）
05h	上限温度設定値（下位バイト）	00h
06h	下限温度設定値（上位バイト）	05h（10℃）
07h	下限温度設定値（下位バイト）	00h
08h	境界温度設定値（上位バイト）	49h（147℃）
09h	境界温度設定値（下位バイト）	80h
0Ah	ヒステリシス	05h（5℃）
0Bh	ID	0xCX
2Fh	ソフトウェアリセット	0xXX

リスト3.7　i2c_tmp.c

```
001 //----------------------------------------------------------
002 // 【実験3-7】I2Cによる16Bitデジタル温度センサADT7410の活用
003 //                                                i2c_tmp.c
004 //----------------------------------------------------------
005 #include <tk400sh.h>
006 #include <SH_i2c_lib.h>        // I2Cライブラリ関数
007
008 #define    I2CTMP    0x90      // 温度センサのI2Cデバイスアドレス
009
010 //----------------------------------------------------------
011 // 各種関数の定義
012 //----------------------------------------------------------
```

```c
013  //--- デジタル温度センサの初期化
014  void tmp_sensor_init(void) {          // コンフィグレーションの設定
015      i2c_start();                       // スタートコンディション
016      i2c_write(I2CTMP);                 // デジタル温度センサのデバイスアドレス
017      i2c_write(0x03);                   // コンフィグレーションレジスタのアドレス
018      i2c_write(0x80);                   // 連続変換モード，16ビット分解能
019      i2c_stop();                        // ストップコンディション
020  }
021  //--- デジタル温度センサからのデータ取得関数
022  short i2c_tmp_read(void) {            // 戻り値：2バイト（符号付き整数データ）
023      short b1,b2, tp;
024      i2c_start();                       // スタートコンディション
025      i2c_write(I2CTMP);                 // デジタル温度センサのデバイスアドレス
026      i2c_write(0x00);                   // 読み出しレジスタアドレス（上位バイト）
027      i2c_start();                       // スタートコンディションの再発行
028      i2c_write(I2CTMP +1);              // リードコマンド
029      b1 = i2c_read(1);                  // 上位バイトの読み出し(ACK応答 ON)
030      b2 = i2c_read(0);                  // 下位バイトの読み出し(ACK応答 OFF)
031      i2c_stop();                        // ストップコンディション
032
033      tp = (b1 << 8) + b2;               // 上位バイト＋下位バイト＝16ビットデータ
034      return(tp);
035  }
036
037  //-----------------------------------------------------------
038  // メイン関数の定義
039  //-----------------------------------------------------------
040  void main(void) {
041      short ondo, dat;
042      float fond;
043      port_init();
044      cmt1_init();                       // 時間待ち用
045      lcd_init();
046      i2c_bus_init();
047
048      tmp_sensor_init();                 // I2C温度センサの初期設定
049      locate(0,0); outst("Temp Sensor");
050
051      while(1) {
052          dat = i2c_tmp_read();          // 温度センサからのデータ取得
053          if((dat & 0x8000) == 0x8000) { // 負温度のデータ処理
054    dat &= 0x7fff;                       // 符号ビットの除去
055    fond = (float)(dat -32768)/ 128.0f;  // 温度への換算
056  }
057  else {
058    fond = (float)dat / 128.0f;          // 温度への換算
059    }
060    locate(0,1); outf(fond); outst(" [deg] ");
061    delay_ms(1000);                      // 1秒ごとに値の更新
062   }
063  }                                      // end of main( )
```

▼プログラムリストの解説

プログラムの見通しをよくするために，温度センサのコンフィグレーションレジスタに動作モードを設定し，測定準備を整える

初期化関数 **tmp_sensor_init()** と，I²C バスから 2 バイトの温度データを読み出し，符号つき 16 ビット整数で値を返す関数 **i2c_tmp_read()** を作成した上で，これらをメイン関数でコールするようにしました。

14〜20 行目　ADT7410 のコンフィグレーションレジスタに値を設定する関数です。このレジスタの書き込みアドレスは 03h なので，17 行目で書き込みアドレスを指定した上で，レジスタの内容を 18 行目で書き込んでいます。ここでの設定は，連続変換モード，16 ビット分解能という値です。

22〜35 行目　ADT7410 の 00h 番地と 01h 番地から温度の測定値を読み出す関数です。温度データは負の値を伴うため 2 の補数表現です。このため関数の戻り値は short 型（符号つき 16 ビット）としています。

53〜59 行目　温度センサの値から，正負を判定し，負の値であれば 54 行目で最上位ビットの負符号を除去します。そして 55 行目の計算により，A/D 変換した値から負の温度を実数として求めます。一方，正の値であれば 58 行目の計算により，直ちに温度を実数で求めます。

　連続変換モードでは A/D 変換に 240 ms かかるため，これよりも短い間隔でデータを更新することはできません。ここでは 1 秒ごとにデータを更新しています。動作中の様子を写真 3.7 に示します。

写真 3.7　温度センサによる温度表示

3.3.6　SPI 通信による D/A，A/D コンバータの接続

　SPI とは Serial Peripheral Interface の略で，CPU と周辺機能デバイスとをシリアル同期通信で接続するインターフェース方式の総称です。接続の基本は図 3.27 のように，すべての SPI デバイスに接続される同期信号の**クロック**（CLK）※，**シリアルデータ入力**（SDI）※，**シリアルデータ出力**（SDO）※の 3 本と，SPI デバイスの中から通信対象を選択するための**チップセレクト**（CS）信号からなっています。I²C 通

※　シリアルクロックは SCK，シリアルデータ入力は DI，シリアルデータ出力は DO と表記されることもあります。

信に比べると信号線が多くなりますが，データのフォーマットや通信方法が単純で高速通信が可能であることから，マイコンと周辺機能デバイスのインタフェースとして広く使われています．TK400SH は SPI の専用回路をもちませんが，I/O 端子を活用して，ソフトウェアでクロックやシリアルデータを作り出すことができます．SPI 通信による周辺機能デバイスの接続は，TK400SH がもっていない機能を増やし，性能を高めることができます．本項以降では，安価で入手が容易な SPI 通信による D/A コンバータと A/D コンバータの活用事例を紹介します．表 3.12 に SPI 通信の実験で使用する部品を示します．

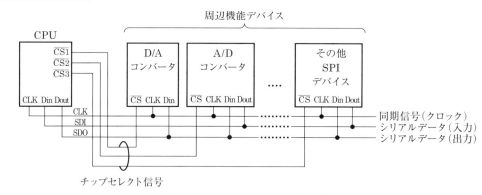

図 3.27　SPI デバイスの接続形態

表 3.12　SPI 通信の実験で使用する部品

名称	規格など	型番	メーカなど	数量	購入先	単価
炭素皮膜抵抗	10 kΩ，1/4 W	RD25S 10K		2	秋月電子通商	1
炭素皮膜抵抗	100 kΩ，1/4 W	RD25S 100K		2	秋月電子通商	1
半固定抵抗器	10 kΩ	3362P-1-103LF	Bourns, Inc.	1	秋月電子通商	50
積層セラミックコンデンサ	0.1 μF，50 V		村田製作所	3	秋月電子通商	10
12 ビット 2 チャネル D/A コンバータ	MCP4922-E/P		Microchip Technology	1	秋月電子通商	200
12 ビット 4 チャネル A/D コンバータ	MCP3204B-I/P		Microchip Technology	1	秋月電子通商	300
ブレッドボード	83 × 52 mm	SAD-101	サンハヤト	1	サンハヤト	518
ジャンプワイヤキット		SKS-390	サンハヤト	必要量	サンハヤト	4 860
ジャンパワイヤ（オス−メス）	赤，黒，青		E-CALL ENTERPRISE	必要量	秋月電子通商	30

（注）単価は参考価格〔円〕

3.3.7 12ビットD/Aコンバータ（MCP4922-E/P）の活用

(1) 内部構造

MCP4922-E/P（マイクロチップテクノロジー）は，プラスチック製のDIP型デバイスで，14ピンの端子をもったICです。12ビットの分解能をもち，2チャネルの出力が可能です。内部ブロックを図3.28に示します。2チャネルの出力はA系統とB系統があり，基準電圧のV_{REF}はそれぞれに設定することができます。また，出力にOPアンプを内蔵しており，アンプのゲインを1倍か2倍のどちらかを選択することにより，出力電圧を増倍することができます。D/Aコンバータの基準電圧をV_{REF}，出力アンプのゲインをG，ディジタル入力をD_Nとすると，D/A出力電圧をV_{OUT}は次式で与えられます。ただし出力電圧の上限は電源電圧以内になります。

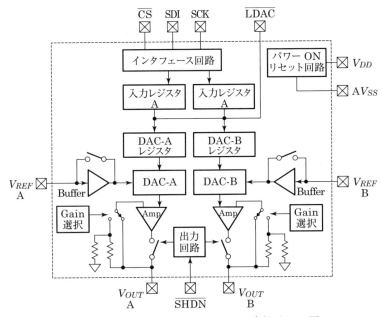

図3.28 D/AコンバータMCP4922の内部ブロック図

$$V_{OUT} = \frac{V_{REF} \cdot G \cdot D_N}{2^{12}} \tag{3.1}$$

ディジタル入力D_Nは12ビットの分解能をもつため，0～4 095の範囲で与えます。

(2) SPI通信のタイミング

SPI信号のタイミングを図3.29に示します。CPUとSPIデバイス

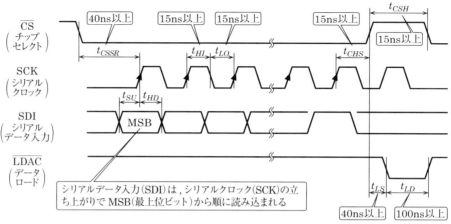

図 3.29 D/A コンバータの SPI 信号入力タイミング

との通信は，対象となるデバイスのチップセレクト（$\overline{\text{CS}}$）端子を 40 ns 以上 Low レベルにした後，シリアルデータ（SDI）とクロック（SCK）信号を与えます。クロックパルスの High レベルと Low レベルの保持期間（t_{HI} と t_{LO}）は 15 ns 以上必要です[※]。

SPI デバイスがデータを読み込むタイミングは，シリアルデータをマイコンのポートピンに出力してから，クロックパルスの立ち上がりで行われます。この動作を所定のビット数分行い，最後に $\overline{\text{CS}}$ 信号を Low から High にすることで，入力レジスタにデータがロードされます。さらに，この D/A コンバータの特徴は，入力レジスタと DAC レジスタの**ダブルバッファ構造**になっていることです。入力バッファにデータが整ったあと，$\overline{\text{LDAC}}$ 端子[※※]を Low レベルにすることにより，DAC レジスタにデータが転送され，出力端子から電圧が現れます。ダブルバッファ構造と LDAC 端子によって，2 チャネルの同期出力を可能にしています。

(3) Write コマンド（D/A 出力命令）

D/A コンバータは CPU からの Write コマンド（SDI 信号）のみです。動作モードを設定する 4 ビットのコンフィグレーションと，12 ビットの出力データの合計 16 ビットを，クロック信号に同期させて SDI[※※※] 端子から入力します。信号のデータフォーマットを図 3.30 に示します。

[※] TK400SHで使用しているマイコンSH7125の周辺クロックPφは25MHzで動作しており，クロックパルスの周期は40nsになります。マイコンのI/O端子の操作によってクロックパルスを生成する場合，プログラムを介するために処理時間を要します。このためHighレベルやLowレベルを保持するための時間待ちは不要になります。

[※※] $\overline{\text{LDAC}}$：Latch D/A Converterの略

[※※※] Serial Data Input

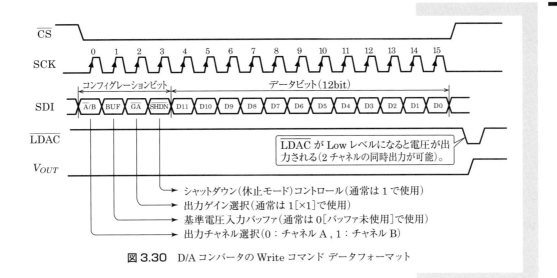

図 3.30 D/A コンバータの Write コマンド データフォーマット

実験 3.8　のこぎり波の 2 チャネル生成

D/A コンバータのチャネル A とチャネル B に 0 〜 4 095 の整数を与え，のこぎり波を生成する実験をしてみましょう．また，$\overline{\text{LDAC}}$ 入力端子を使うことで 2 チャネルの同期出力が可能になります．この点も確認します．

● **実験回路**

実験回路を図 3.31 に示します．汎用 I/O ポート（CN4）から，SPI 通信を実現するために 6 本の信号線を割り当てます．ブレッドボードに製作した様子を写真 3.8 に示します．のこぎり波を生成するプログラムの作成にあたり，コンフィグレーションビットによる D/A コンバータの動作モードの設定は，基準電圧入力バッファは BUF = 0（バッファ未使用），出力ゲイン GA = 1（ゲイン 1 倍），シャットダウンモード SHDN = 1（動作状態）とします．プログラムをリスト 3.8（spi_dac.c）に示します．

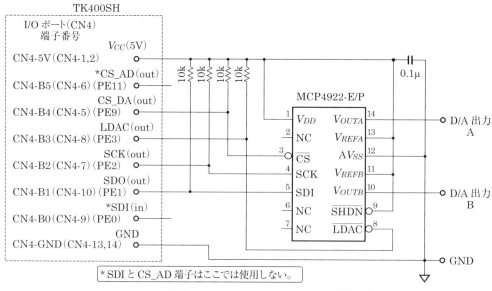

図3.31 D/AコンバータMCP4922の実験回路

写真3.8 ブレッドボードに製作したD/Aコンバータの実験回路

リスト3.8 spi_dac.c

```
001 //-----------------------------------------------------------
002 //【実験3.8】D/Aコンバータ（MCP4922-E/P）によるのこぎり波生成
003 //                                                  (spi_dac.c)
004 //-----------------------------------------------------------
005 #include <tk400sh.h>
006
007 //-----------------------------------------------------------
008 //CN4（Port E）のポートピン端子の定義
009 //-----------------------------------------------------------
010 #define   SDI    PE.DRL.BIT.B0     // CN4-B0 (CN4- 9)(PE0) : Serial Data In
011 #define   SDO    PE.DRL.BIT.B1     // CN4-B1 (CN4-10)(PE1) : Serial Data Out
012 #define   SCK    PE.DRL.BIT.B2     // CN4-B2 (CN4- 7)(PE2) : Serial Clock
013 #define   LDAC   PE.DRL.BIT.B3     // CN4-B3 (CN4- 8)(PE3) : Latch D/A Converte
014 #define   CSDA   PE.DRL.BIT.B9     // CN4-B4 (CN4- 5)(PE9) : D/A Chip Select
015 #define   CSAD   PE.DRL.BIT.B11    // CN4-B5 (CN4- 6)(PE11): A/D Chip Select
```

```c
//---------------------------------------------------------
// 各種関数の定義
//---------------------------------------------------------
//--- SPI 通信端子の初期化
void spi_init(void) {
    set_peio(0x01);             // CN4 の I/O 端子，Bit0：入力，他はすべて出力
    LDAC = 1;                   // Latch DAC（Low active）
    CSDA = 1;                   // D/A Chip Select（Low active）
    CSAD = 1;                   // A/D Chip Select（Low active）
    SDO  = 0;                   // Serial Data Out
    SCK  = 1;                   // Serial Clock（初期状態は High）
}

//---D/A コンバータ データ出力
void set_da(unsigned short da0, unsigned short da1)
                                // 第1引数（da0）：chA データ（0 ～ 4095）
                                // 第2引数（da1）：chB データ（0 ～ 4095）
{
  unsigned short i, dacmd0, dacmd1;
  dacmd0 = 0x3000 | (da0 & 0x0fff);
                                // chA: コマンド（バッファ OFF, 出力アンプ x1, データ）
  dacmd1 = 0xb000 | (da1 & 0x0fff);
                                // chB: コマンド（バッファ OFF, 出力アンプ x1, データ）

  SCK = 0;                      // クロック Low
  CSDA= 0;                      // D/A チップセレクト Low（アクティブ）
  for(i=0; i<16; i++) {         // チャネル A レジスタへのデータ書き込み
    if((dacmd0 & 0x8000)==0x8000) SDO = 1;    // データ High
      else                        SDO = 0;    // データ Low
        SCK = 1; SCK = 0;                     // クロック High / Low
    dacmd0 = dacmd0 << 1;                     // 1 ビット左シフト
  }
  CSDA = 1;                     // D/A チップセレクト High（OFF）
  SDO = 0;                      // データ Low

  CSDA= 0;                      // D/A チップセレクト Low（アクティブ）
  for(i=0; i<16; i++) {         // チャネル B レジスタへのデータ書き込み
    if((dacmd1 & 0x8000)==0x8000) SDO = 1;    // データ High
      else                        SDO = 0;    // データ Low
        SCK = 1; SCK = 0;                     // クロック High / Low
    dacmd1 = dacmd1 << 1;                     // 1 ビット左シフト
  }
  CSDA = 1;                     // D/A チップセレクト解除
  SDO = 0;                      // データ Low

  LDAC = 0; LDAC = 1;           // データラッチ，2 チャネル同時更新
}

//---------------------------------------------------------
// メイン関数
//---------------------------------------------------------
void main(void){
  int i = 0;
  port_init();
  lcd_init();
  spi_init();                   // SPI 通信端子の初期設定

  locate(0,0); outst("D/A converter");
```

```
072   while(1){
073     for(i=0; i<4096; i++) {
074       set_da(i,i);                        // D/Aの両チャネルに0～4 095を出力
075     }
076   }                                       // end of while(1)
077 }
```

▼**プログラムリストの解説**

10～15行目 汎用I/Oポート（CN4）をSPI通信端子として使うために，構造体宣言をしたポートピン端子に制御信号名を定義します。このように定義することにより，ビット単位でデータを扱うことができます。汎用I/Oポート（CN4）はマイコンSH7125のポートE（Bit0～3，Bit9，11，13，15）を使用しており，I/O端子や内部レジスタをアクセスするアドレスは，ヘッダファイルtk400sh.h内の7125s.hで定義されています。

21～28行目 汎用I/Oポート（CN4）に割り付けたSPI制御端子を初期状態に設定する関数です。この関数を実行することにより，SPIの制御端子はHighレベルとLowレベルに設定され，待機状態になります。

31～60行目 D/Aコンバータに対して，各チャネルごとに出力するデータを書き込む関数です。第1引数はチャネルAに対して，第2引数はチャネルBに対してD/A出力値を与えます。12ビットの分解能をもつので，指定できる値は0～4 095までの整数です。片チャネルのみしか使用しない場合は，未使用チャネルに0を与えます。

35～36行目 4ビットのコンフィグレーションデータと，12ビットのD/A出力データの論理和を取ることにより，チャネルAとBに対する16ビットのWriteコマンドを作成します。

40～45行目 TK400SHに設けたSCK端子とSDO端子から，SPI通信に必要なクロックパルスとシリアルデータを送出します。41行目では，16ビットで構成されるWriteコマンドの最上位ビット（MSB）において，1であるか0であるかを判断し，SDO端子にHigh/Lowを設定した上でSCK端子からクロックパルスを出力します。その後，44行目で1ビット左シフト※し，次のビットの1/0を調べます。

46行目 チップセレクト信号をLowからHighレベルにすることで，入力レジスタA(B)にデータがロードされます。$\overline{\text{LDAC}}$端子を常にLowレベルにしておくと，この段階でV_{OUTA}（V_{OUTB}）端

※ ビットシフトによって，押し出されたビットは消滅し，シフトした後には0が入ります。

子から D/A 出力電圧を出すことができます。

59 行目　$\overline{\text{LDAC}}$ 端子を High → Low → High とすることにより，データをラッチ※して 2 チャネルの出力を同時に更新します。両チャネルの同期が必要なく，直ちに出力したい場合は，この端子を常に Low レベルにしておきます。

※ ラッチ
　レジスタにデータを格納して，保持すること。

▶プログラムの実行

D/A コンバータの出力端子 V_{OUTA} と V_{OUTB} をオシロスコープで観測した様子を図 3.32 に示します。4 096 個のデータをすべて出し終える周期は 325 ms であることがわかります。これは 1 データあたり約 79μs を要していることになります。また，図 3.32 の点線部分を拡大したものが図 3.33 です。2 チャネルの出力電圧の更新が，同時に行われていることが確認できます。

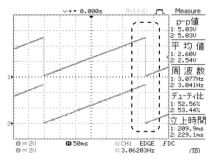

図 3.32　D/A コンバータによるのこぎり波の生成

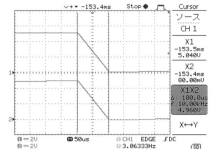

図 3.33　2 チャネルの同期出力確認（図 3.32 の点線部内を拡大）

●回路の応用

実験 3-8 で行ったように，D/A コンバータの基準電圧に TK400SH の電源電圧（5V）を使用した場合，5V を供給している三端子レギュレータの精度になります。このため負荷変動の影響を受けやすく，基準電

圧としての精度は期待できません。精度を求める場合は，基準電圧専用ICなどによる専用電源を用意して，V_{REFA} と V_{REFB} 端子に入力します。図 3.34 にその一例を示します。基準電圧を 4.096V にしているので，式 (3.1) より，ディジタル入力 D_N の 1 カウントあたり 1mV に対応し，最大出力は 4.095V になります。

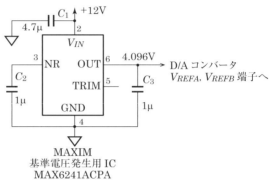

図 3.34 基準電圧回路

課題 3.5 正弦波出力

出力端子 V_{OUTA} から 2.5 V を中心に，振幅 2 V の正弦波を出力するようにしなさい。ただし，1 周期を 360 分割し，周期を 360 ms とする。

3.3.8 12 ビット A/D コンバータ（MCP3204-B I/P）の活用

(a) 内部構造

MCP3204-B は 12 ビットの分解能で，4 チャネルの入力をもつ A/D コンバータです。内部構造を図 3.35 に示します。サンプル＆ホールド回路（コラム参照）を搭載し，12 ビットの逐次比較型の A/D 変換器を構成しています。変換速度は 100 ksps（100 k Sampling/sec）で比較的高速です。基準電圧入力端子を備えており，A/D 変換したディジタルコード出力（A/D 変換値）は次式で求めることができます。

$$D_N = \frac{4\,096 \times V_{IN}}{V_{REF}} \tag{3.2}$$

ここで，D_N：ディジタルコード出力（A/D 変換値），V_{IN}：アナログ入力電圧，V_{REF}：基準電圧

本書では，基準電圧 $V_{REF} = V_{DD}$（電源電圧）として実験を行います。この場合，A/D 変換の分解能は 5V/4 096 = 1.221mV/Lsb となります。一方，3.3.7 項の図 3.34 に示す基準電圧発生用 IC を使用すれば，

4.096 V/4 096 = 1 mV/Lsb という区切りのよい値が分解能になります。

SPI 通信端子には，CPU からのコマンドを受け取るシリアルデータ入力端子 D_{IN} と A/D 変換結果を CPU 側に伝えるシリアルデータ出力端子 D_{OUT} があります。D_{IN} と D_{OUT} のシリアル信号はどちらもクロック信号 CLK に同期して動作します。また，デバイスを動作状態にするか休止状態にするかを選択するチップセレクト/シャットダウン入力端子 $\overline{CS}$/SHDN をもちます。

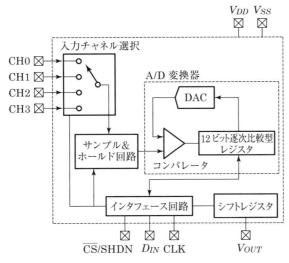

図 3.35 A/D コンバータ MCP3204 の内部ブロック図

Column　サンプル&ホールド回路

サンプル&ホールド回路とは，アナログ入力電圧をサンプル（標本化）し，A/D 変換が完了するまで保持（ホールド）する回路です。MCP3204 における回路を図 A に示します。このような回路が必要な理由は，交流信号など時間の経過とともに値が変わる電圧を A/D 変換しようとした場合，変換動作中にアナログ電圧が変化すると正しい値が得られないからです。そこで，アナログ入力電圧をホールド用コンデンサに充電し，A/D 変換を開始する直前にサンプリングスイッチを OFF にしてアナログ入力端子を切り離します。A/D 変換はコンデンサに充電された電圧を使うことにより，ディジタル量に変換します。

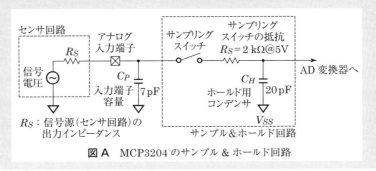

図 A MCP3204 のサンプル & ホールド回路

(b) SPI信号のタイミング

MCP3204のSPI通信端子におけるタイミングを図3.36に示します。MCP3204を通信の対象として選択するためのチップセレクト（$\overline{CS}$）端子を100 ns以上Lowレベルにした後，シリアルデータ（SDI）とクロック（SCK）信号を与えます。クロックパルスは，HighレベルとLowレベルの保持期間（t_{HI}とt_{LO}）はそれぞれ250 ns以上必要で，レベルの変化（エッジトリガ）により，データが読み込まれたり出力データの更新が行われます。また，シリアルデータ入力（D_{IN}）はクロック（CLK）の立ち上がりで読み込まれ，セットアップタイム（t_{SU}）とホールドタイム（t_{HD}）※はそれぞれ50 ns以上必要です。また，CPUとの通信を完了するためには，チップセレクト信号をLow～Highレベルにしてから500 ns以上の保持時間が必要になります。

※
・セットアップタイム：クロック信号の立ち上がり（立ち下がり）エッジが入る前に，データのHigh（Low）レベルが確定し，保持されている最小時間をいいます。
・ホールドタイム：データの取り込みを確実にするために，クロック信号が入った後も一定期間，データのレベルを維持し続ける最少の時間をいいます。

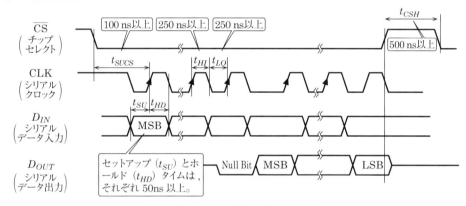

図 3.36　SPI通信端子のタイミング

(c) SPI通信のデータフォーマット

MCP3204のデータフォーマットを図3.37に示します。A/D変換動作を行うためには，チップセレクト（$\overline{CS}$）端子をLowレベルにした後，5ビットで構成されるコンフィグレーションビットをシリアル入力端子（D_{IN}）に与えます。コンフィグレーションビットの設定内容を表3.13に示します。スタートビットの後に続くSGL/$\overline{DIFF}$ビットは，アナログ入力端子を片側接地方式のシングルエンドで使用するのか，指定されたアナログ入力端子間の差動入力とするのかを設定します。次の3ビットはA/D変換器に接続する入力端子の選択になります。続いて行われるのがサンプリングです。スタートビットから4番目の立ち上がりクロックでスタートし，5番目のクロックの立ち下がりで終了します。シリアルデータ出力D_{OUT}端子からは，5番目のクロックパルスの立ち下がりで，ハイインピーダンス状態からヌルビット（0）に変化した後，

クロックパルスの立ち下がりごとに，最上位ビットから順番にデータが更新されます。

表3.13 コンフィグレーションビットの設定内容

コンフィグレーションビット				入力機能	チャネル機能
Single/Diff(注1)	D2(注2)	D1	D0		
1	×	0	0	片側接地入力	CH0
1	×	0	1	片側接地入力	CH1
1	×	1	0	片側接地入力	CH2
1	×	1	1	片側接地入力	CH3
0	×	0	0	差動入力	CH0=IN+ CH1=IN−
0	×	0	1	差動入力	CH0=IN− CH1=IN+
0	×	1	0	差動入力	CH2=IN+ CH3=IN−
0	×	1	1	差動入力	CH2=IN− CH3=IN+

（注1）Single：片側接地入力，Diff：差動入力
（注2）×：Don't Care（1でも0でもよい）

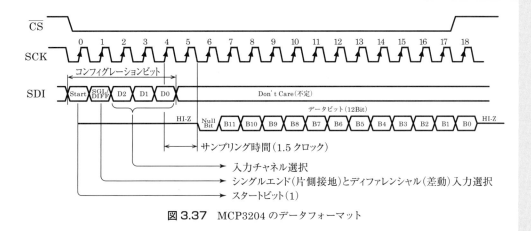

図3.37 MCP3204のデータフォーマット

実験3.9 A/Dコンバータによるディジタル電圧計

図3.31に示したD/Aコンバータの回路にA/Dコンバータ回路を追加します。A/Dコンバータのチャネル0には電源電圧（5V）を10kΩの半固定抵抗器で分圧した電圧を入力し，この電圧をさらに1/2に分圧したものをチャネル1に入力します。測定した電圧はTK400SHのLCDに表示するプログラムを作成します。

● 実験回路

実験回路を図3.38に示します。このA/Dコンバータを使用する上での注意点は，アナログ入力端子の入力インピーダンスが低く，2kΩ（129ページコラム図A参照）しかないことです。このため，センサ回

路の電流供給能力が低かったり出力インピーダンスが大きいと，サンプリング期間内でホールド用コンデンサへの充電不足が生じてA/D変換精度が悪くなります．対策として，センサ回路にオペアンプなどによるバッファ回路を入れるか，アナログ入力端子とGND間にホールド用コンデンサよりも十分大きな容量（0.01～0.1μF）のコンデンサを接続します．ここでは後者の方法を取り，チャネル0とチャネル1の入力端子にそれぞれ0.1μFのコンデンサを入れました．この容量を大きくし過ぎると，入力信号に対する応答性が悪くなるので注意して下さい．

製作した実験回路を写真3.9に示します．実験3-8で製作したD/Aコンバータ回路の下側に製作しました．プログラムをリスト3.9（spi_adc.c）に示します．

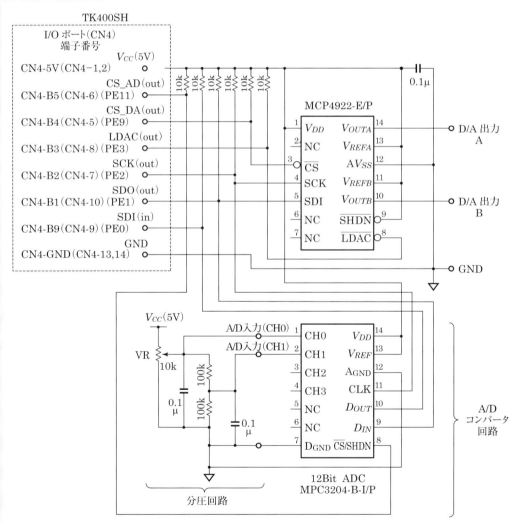

図3.38 SPI通信によるA/Dコンバータ回路

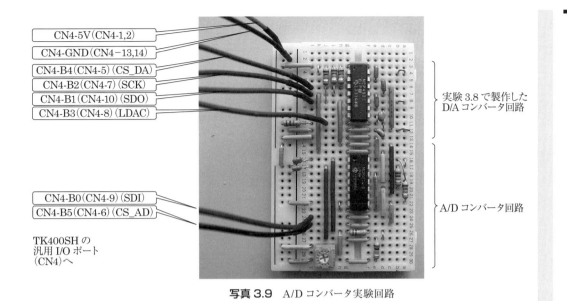

写真 3.9 A/D コンバータ実験回路

リスト 3.9 spi_adc.c

```c
//--------------------------------------------------------
//【実験 3.9】A/D コンバータ（MCP3204-E/P）によるディジタル電圧計
//                                                (spi_adc.c)
//--------------------------------------------------------
#include <tk400sh.h>

//--------------------------------------------------------
//CN4 (Port E) のポートピン端子の定義
//--------------------------------------------------------
#define  SDI   PE.DRL.BIT.B0    // CN4-B0(CN4- 9)(PE0): Serial Data In
#define  SDO   PE.DRL.BIT.B1    // CN4-B1(CN4-10)(PE1): Serial Data Out
#define  SCK   PE.DRL.BIT.B2    // CN4-B2(CN4- 7)(PE2): Serial Clock
#define  LDAC  PE.DRL.BIT.B3    // CN4-B3(CN4- 8)(PE3): Latch D/A Converter
#define  CSDA  PE.DRL.BIT.B9    // CN4-B4(CN4- 5)(PE9): D/A Chip Select
#define  CSAD  PE.DRL.BIT.B11   // CN4-B5(CN4- 6)(PE11): A/D Chip Select

//--------------------------------------------------------
// 各種関数の定義
//--------------------------------------------------------
//--- SPI 通信端子の初期化
void spi_init(void) {
    set_peio(0x01);         // CN4 の I/O 設定，SDI(Bit0):入力，他はすべて出力
    LDAC = 1;               // Latch DAC (Low active)
    CSDA = 1;               // D/A Chip Select (Low active)
    CSAD = 1;               // A/D Chip Select (Low active)
    SDO  = 0;               // Serial Data Out
    SCK  = 1;               // Serial Clock (初期状態は High)
}

unsigned short get_adc(unsigned char  ad_ch)
                        //A/D コンバータから 12 ビットデータの取得
```

```c
{
  unsigned char j, adcmd;              // 第1引数(ad_ch)：入力チャネル(0,1,2,3)
  unsigned short ad_dat;

    ad_ch = ad_ch & 0x03;              // 入力チャネル(0,1,2,3) 番号の制限
    adcmd = (ad_ch | 0x18) << 3;
        // コンフィグレーションビット作成(Start, SGL=1(シングルエンド), 入力チャネル)
    SCK = 1; SDO = 0;                  // クロックの初期状態は High, SDO Low
    CSAD = 0;                          // A/D チップセレクト(Low アクティブ)

    for (j=0; j<5; j++) {              // コンフィグレーションビットの送出(5bit)
      if((adcmd & 0x80)==0x80) SDO = 1;        // データ High
        else                   SDO = 0;        // データ Low
          SCK = 0; SCK = 1;            // クロック High / Low
      adcmd <<= 1;                     // 1ビット左シフト
    }

    SCK = 0; SCK = 1;                  // サンプリング期間のクロック
    SCK = 0; SCK = 1;                  // Null Bit 用クロック
     SCK = 0;
    ad_dat = 0;                        // データ取得変数のゼロクリア

    for (j=0; j<12; j++) {
       SCK =1;                         // クロック High
       if(SDI == 1) ad_dat |= 0x0001;
                        // SDI が High レベルなら最下位ビットにデータセット
       SCK = 0;                        // クロック Low (Low エッジでデータ更新)
       ad_dat <<= 1;                   // 1ビット左シフト
     }
    ad_dat >>= 1;                      // 最下位ビット取得後の左ビットシフトを元に戻す
       CSAD = 1;                       // A/D チップセレクト解除
       SCK =1;
     return(ad_dat);                   // 戻り値は12ビットデータ
}

//-----------------------------------------------------------
// メイン関数
//-----------------------------------------------------------
void main(void){
  unsigned short ch0, ch1;
  port_init();
  cmt1_init();                         // 時間待ち用
  lcd_init();
  spi_init();                          // SPI 通信端子の初期設定

  while(1){
    LED1=1;
     ch0 = get_adc(0);                 // A/D チャネル0の値取得
    LED1=0;
     ch1 = get_adc(1);                 // A/D チャネル1の値取得
     locate(0,0); outst("ch0:"); outi(ch0); outst("   ");
     locate(10,0); outf((float)ch0 * 5.0f / 4096.0f);
     locate(0,1); outst("ch1:"); outi(ch1); outst("   ");
     locate(10,1); outf((float)ch1 * 5.0f / 4096.0f);
     delay_ms(500);
   }                                   // end of while(1)
}
```

▼プログラムリストの解説

30〜62 行目　引数で与えた入力チャネル（0〜3）を選択し，A/D 変換結果を取得する関数です．図 3.37 に示したフォーマットに従って，シリアルデータ入力端子にシングルエンド入力方式と入力チャネルを設定し，シリアルデータ出力端子から 12 ビットの A/D 変換結果を取得します．

75〜77 行目　76 行目は A/D 変換の入力をチャネル 0 に設定し，結果を ch0 に格納します．この文の前後に TK400SH の LED1 の点滅命令が入っているのは，A/D 変換の所要時間を計測するためです．第 1 章の 1.2.3 項で行ったように，LED1 のチェック端子 TP1 と GND 間にオシロスコープを接続します．実測では 42.8μs の変換時間でした．

79 行目　チャネル 0 の A/D 変換結果を LCD に整数で表示します．この文の最後に空白文字を出力しているのは，表示桁が変わったときに前の値がそのまま残り，正しい表示でなくなるため，このような措置をとっています．

80 行目　A/D 変換結果を電圧に換算するための処理と，LCD に実数で表示します．A/D 変換の基準電圧は電源電圧の 5.0 V としていますが，実際には TK400SH に搭載されている三端子レギュレータの精度に左右され，最大 ±1.5 V の誤差があります．より精度を求める場合は，ディジタルテスタなどによる実測値を使ってください．

▶プログラムの実行

　TK400SH の電源スイッチを投入すると直ちに動作します．分圧器の半固定抵抗器を調整すると A/D 変換結果が変わります．チャネル 1 はチャネル 0 の 1/2 に分圧されていることを確認して下さい．実験中の様子を写真 3.10，3.11 に示します．

写真 3.10 ディジタル電圧計の実験

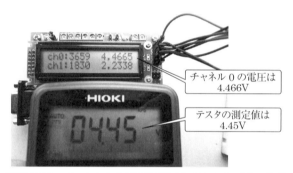

写真 3.11 チャネル 0 の測定結果とディジタルテスタとの比較

課題 3.6 A/D → D/A 出力

A/D コンバータのチャネル 0 で計測した電圧を LCD に表示するとともに，1/3 に分圧して D/A コンバータの V_{OUTA} から出力するようにしなさい。

第4章 センサとアクチュエータの活用

センサは，物体の有無，物体までの距離，物体の回転角度や角速度など，さまざまな物理量を電気信号に変換します。必要に応じて適切な電子回路を経由して TK400SH に接続することにより，物理量をアナログ電圧かディジタルデータとして取得することができます。一方，アクチュエータは，TK400SH との間に駆動回路を経由することにより，電気信号から機械的な動きに変換することができます。本章では，移動ロボットを対象にして，センサ情報に基づいた動作の制御を行います。また，代表的なセンサとアクチュエータについて，接続方法や活用方法について紹介します。

4.1 センサの活用

4.1.1 リミットスイッチ

リミットスイッチは，対象の状態や変化を検出するために使われる最も基本的なスイッチです。ここでは写真 4.1 のような外観をもったリミットスイッチ（形 SS-01GL2-F（オムロン））を使います。このスイッチは図 4.1 のような内部構造になっており，接点は表 4.1 のような仕様になっています。ここでは表 4.2 に示す部品を使用して実験を行います。

写真 4.1 ヒンジ・ローラ・レバー型リミットスイッチ

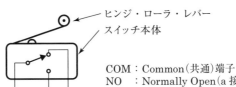

図 4.1 リミットスイッチの内部構造

表 4.1 ヒンジ・ローラ・レバー形リミットスイッチ 形 SS-01GL2-F の接点仕様

項目	形式	形 SS-01GL2-F
接点	仕様	クロスバー
	材質	金合金
突入電流	常時閉回路	最大 1A
	常時開回路	最大 1A
最小適用負荷		DC5V, 1 mA

表4.2 リミットスイッチを使った実験に使用する部品

名称	規格など	型番	メーカなど	数量	購入先	単価
リミットスイッチ	ヒンジ・ローラ・レバー形超小型基本スイッチ	形SS-01GL2-F	オムロン	2	オムロンFAストア	310
炭素皮膜抵抗	4.7 kΩ，1/6 W	RD16S 4K7		2	秋月電子通商	1
L型ピンヘッダ	2.54 mmピッチ，5ピン	3362P-1-103LF	Useconn Electronics Ltd.（6ピンを5ピンにカットして使用）	2	秋月電子通商	10
なべ小ねじ	M2 × 12 mm	B-0212	廣杉計器	4	廣杉計器	4
平ワッシャ	M2用，外径4.3 mm	BW-0243-03	廣杉計器	4	廣杉計器	4
ナット	M2用ナット	BNT-02	廣杉計器	4	廣杉計器	4
ジャンパ延長ワイヤ（メス-メス）	赤，黒，青		E-CAL L ENTERPRISE	各色1	サンハヤト	30
ジャンパワイヤ（オス-メス）	赤，黒，青		E-CALL ENTERPRISE	各色1	秋月電子通商	30

（注）単価は参考価格〔円〕

リミットスイッチは，図4.2のような回路でTK400SHと接続することができます。スイッチ入力は2.1.4項で学んだとおりですが，プルアップ抵抗として4.7 kΩを使っています。この根拠は，表4.1の接点仕様の最小適用負荷の数値に基づいています。微少な負荷電流による接点の開閉は接触不良を起こすことがあります。接点の自浄作用のために，仕様に従い約1mAが流れるように抵抗値を定めています。

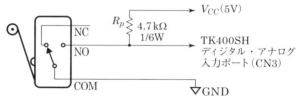

図4.2 リミットスイッチとTK400SHの接続方法

実験4.1　障害物回避ロボット1

2.3.3項で登場した移動ロボットの左右にリミットスイッチを取り付け，壁（障害物）にぶつかったら方向転換する「障害物回避ロボット」を製作します。

実験回路を図4.3に示します。リミットスイッチには，ジャンパ延長ワイヤ（メス-メス）を差し込めるように写真4.2のように2.54 mmピッチのL型ピンヘッダをはんだ付けします。またピン間に4.7 kΩ（1/6W）をはんだ付けします。これを障害物回避ロボットの先端の左右にM2 × 12mmのナベ小ねじで取り付けます。その様子を写真4.3，4.4に示します。障害物回避ロボットの進行方向に対して，左側のリミ

ットスイッチの信号線は，TK400SH のディジタル・アナログ入力ポート（CN3）の CN3-B7（CN3-5）に接続します．右側のリミットスイッチの信号線は CN3-B6（CN3-8）に接続します．V_{CC}（+5V）と GND は，CN3-5V と CN3-GND 端子から取ります※．

※ ディジタル・アナログ入力ポート（CN3）の取り扱いについては，2.2 節を参照．

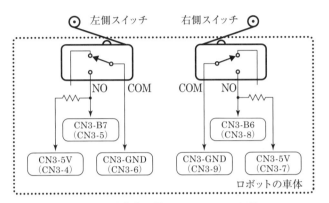

図 4.3 障害物回避ロボットのセンサ回路

写真 4.2 リミットスイッチへの L 型ピンヘッダの取り付け

写真 4.3 リミットスイッチとジャンパ延長ワイヤの接続

写真 4.4 リミットスイッチの取り付け

ディジタル・アナログ入力ポート（CN3）と左側リミットスイッチまでは距離があるので，ジャンパ延長ワイヤ（メス－メス）だけでは届きません．ジャンパワイヤ（オス－メス）を使ってリード線を延長してください．

障害物を回避するための動作を図 4.4 のフローチャートに示します．また，プログラムはリスト 4.1（mec_sw.c）のようになります．

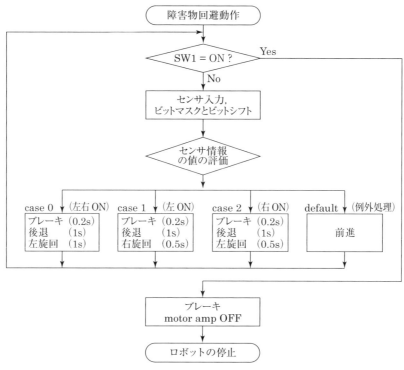

図 4.4 障害物回避動作の方法

リスト 4.1 mec_sw.c

```c
//-----------------------------------------------------------
// 【実験 4.1】メカニカルスイッチの活用（障害物回避ロボット）（mec_sw.c）
//-----------------------------------------------------------
#include <tk400sh.h>

//-----------------------------------------------------------
// メイン関数
//-----------------------------------------------------------
void main(void){
  unsigned char a;
  port_init();              // I/O ポートの初期設定
  cmt1_init();              // 時間待ち用
  lcd_init();               // LCD モジュールの初期設定

  set_pwm_freq(10000);      // PWM 周波数 10 kHz
  set_pwm_duty(30,30);      // デューティ比 30%
  set_motor_dir(S,S);       // 回転停止
  motor_amp_off();          // モータドライバ OFF
  locate(0,0); outst("Start/Stop: SW1");
  while(SW1==1);            // タクトスイッチ 1 が押されるまで待機
  while(SW1==0);            // スイッチから手が離れるまで待機

  motor_amp_on();           // モータドライバ ON
  set_motor_dir(F,F) ;      // モータの回転方向の設定(左右正転)
  while(1) {
    if(SW1==0) break;                       // SW1 が押されていればプログラムの終了
    a = get_sensor() & 0b11000000;          // ディジタル・アナログ入力端子からの値取得
    a >>= 6;                                // Bit7,6 を Bit1,0 の位置までシフト
```

```
029        locate(0,1); outi(a);              // LCDに値表示
030        switch(a) {
031          case 0:                          // 左右スイッチON
032            set_motor_dir(B,B); delay_ms(200);
033            set_motor_dir(R,R); delay_ms(1000);
034            set_motor_dir(R,F); delay_ms(1000);
035            break;
036          case 1:                          // 左側スイッチON
037            set_motor_dir(B,B); delay_ms(200);
038            set_motor_dir(R,R); delay_ms(1000);
039            set_motor_dir(F,R); delay_ms(500);
040            break;
041          case 2:                          // 右側スイッチON
042            set_motor_dir(B,B); delay_ms(200);
043            set_motor_dir(R,R); delay_ms(1000);
044            set_motor_dir(R,F); delay_ms(500);
045            break;
046          default:                         // 例外処理
047            set_motor_dir(F,F);
048        }
049      }                                    //end of while(1)
050      set_motor_dir(B,B);                  // モータの停止（左右ブレーキ）
051      motor_amp_off();                     // モータドライバOFF
052    }                                      //end of main
```

▼プログラムリストの解説

27, 28行目 関数 `get_sensor()` は，ディジタル・アナログ入力ポート（CN3）の状態をディジタル値で返します。左右のリミットスイッチの状態は，関数の戻り値のBit7とBit6にあるので，この2つのビットだけを残し，他をマスク処理します。28行目では，6ビット右シフトしてBit1とBit0に再配置します。この値を30行目のswitch文で評価し，各値に応じて台車を制御します。

ロボットの移動速度は16行目で設定するデューティ比で決まります。この値を大きくし過ぎるとDCモータに過大な電圧加わり，焼損する可能性があるので50％程度までとして下さい。ロボットの動作については，2.3.3項を参照ください。

4.1.2 測距センサモジュール

測距センサモジュールは，赤外線LED（IR-LED）とPSD[※]を組み合わせ，図4.5のような光学系による三角測量方式の赤外線測距センサです。ここで使用するGP2Y0A21YK（SHARP）は，10〜80cmまでの検出範囲をもち，距離に応じたアナログ電圧を出力します。図4.6に検出対象までの距離と出力電圧の関係の実測結果を示します。検出距離と出力電圧の関係はおおよそ反比例になりますが，約6cm以下の至近距離になると，その関係が成立しないことに注意が必要です。検出範囲内であれば，非接触で対象物までの距離を知ることができます。この

※ PSD：Position Sensitive Detector. 受光素子上における光のスポットの位置を求めることができるセンサで，GP2Y0A21YKには一次元のPSDが使われています。

実験で使用する部品を表4.3に示します。

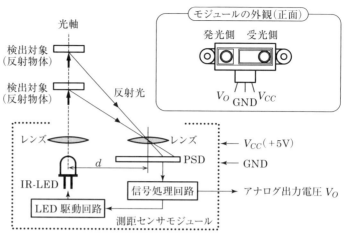

図4.5 測距センサの光学系と外観

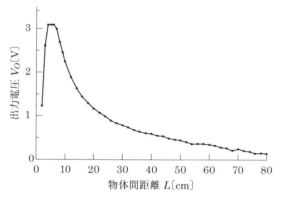

図4.6 測距センサの検出距離と出力電圧の関係

表4.3 測距センサを使った実験に使用する部品

名称	規格など	型番	メーカなど	数量	購入先	単価
測距センサモジュール	測距範囲：10〜80 cm アナログ電圧出力	GP2Y0A21YK	シャープ	2	秋月電子通商	400
積層セラミックコンデンサ	10 μF，25 V		村田製作所	2	秋月電子通商	30
積層セラミックコンデンサ	1 μF，50 V		村田製作所	2	秋月電子通商	15
なべ小ねじ	M3 × 8 mm	B-0308	廣杉計器	10	廣杉計器	4
平ワッシャ	M3用，外径6 mm	BW-0306-03	廣杉計器	4	廣杉計器	4
ナット	M3用ナット	BNT-03	廣杉計器	10	廣杉計器	4
ユニバーサルプレート	25 mm × 50 mm	Item No.70098	タミヤ	若干	TAMIYA SHOP ONLINE	388
アングル材（ユニバーサルプレート付属品）	25 mm 幅		タミヤ	若干		
ジャンパワイヤ（オス-メス）	オス-メス（赤・黒・青）		E-CALL ENTERPRISE CO., LTD.	各色2	秋月電子通商	30

（注）単価は参考価格〔円〕

実験 4.2　障害物回避ロボット 2

　測距センサモジュールをロボットの先頭の左右にそれぞれ配置し，前方の障害物に 15 cm まで接近したら回避する障害物回避ロボットを製作します。ただし，センサの出力はアナログ電圧であるため，ディジタル・アナログ入力ポート（CN3）の CN3-B0（CN3-26）と CN3-B1（CN3-23）に接続するものとします。

　測距センサモジュールと TK400SH との接続図を図 4.7 に示します。センサモジュールには専用の接続ケーブルが付属しています。しかしリード線の長さが短いため，ジャンパワイヤ（オス－メス）のオス（ピンヘッダ）側に直接リード線をはんだ付けして延長します。

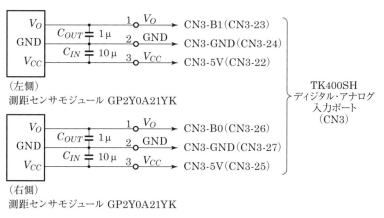

図 4.7　測距センサモジュールと TK400SH との接続

Column　測距センサモジュール活用のポイント

　測距センサモジュールの出力電圧は，内部信号処理回路に使われている 1kHz のクロックノイズが重畳しています。図 4.8 は実際の観測波形です。1kHz の周期ノイズに加え，100 mV を超えるスパイクノイズが確認できます。このような電圧のままでは計測精度が悪くなります。センサのデータシートには，電源と GND 端子間に 10 μF 以上のコンデンサを取り付けることが推奨されています。そこで，その効果を確認してみましょう。写真 4.5 のように接続コネクタの裏面の電源と GND 端子間に，高周波特性に優れる 10 μF の積層セラミックコンデンサをはんだ付けしました。その結果が図 4.9 です。出力電圧は約 20～40 mV の振幅をもつクロックノイズが残っていますが，100 mV を超えるようなスパイクノイズは消えました。さらに出力電圧の更新周期が約 38 ms（26Hz）という周期であることを考慮※して，出力端子と GND 間に 1 μF のコンデンサを入れます。このコンデンサは A/D 入力端子の位置でもかまいません。ここでは写真 4.6 のように接続コネクタの裏面にはんだ付けしました。この対策の結果が図 4.10 です。1kHz のクロックノイズを完全に消すことはできませんが，図 4.9 の場合よりも改善されています。ディジタルテスタで電圧を測定すると，出力端子と GND 間に接続したコンデンサの効果により，図 4.9 の場合よりも表示される数値の変動が小さく，安定して測定できることがわかります。

※　ノイズ対策用コンデンサはローパスフィルタです．コンデンサの容量を大きくし過ぎると充電に時間がかかり，センサの出力電圧の変化に対して応答性が悪くなります．センサの出力インピーダンスやサンプリング時間なども考慮して，コンデンサの容量を決める必要があります．

コネクタ電源−GND端子間に10μFの積層セラミックコンデンサをはんだ付けする

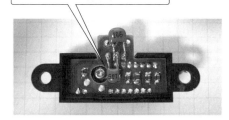

コネクタのセンサ出力−GND端子間に1μFの積層セラミックコンデンサをはんだ付けする

写真 4.5　測距センサモジュールへのノイズ対策コンデンサの取り付け

写真 4.6　センサ出力端子へのノイズ対策コンデンサの取り付け

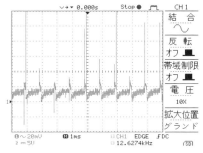

図 4.8　測距センサモジュールの出力電圧波形（ノイズ対策なし）

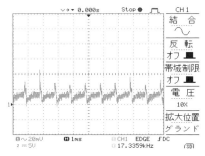

図 4.9　ノイズ対策後の出力電圧波形（$C_{IN}=10\mu F$）

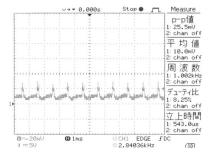

図 4.10　ノイズ対策後の出力電圧波形（$C_{IN}=10\mu F$, $C_{OUT}=1\mu F$）

> 本書では，電源と GND 間に 10 μF の積層セラミックコンデンサを付けましたが，電解コンデンサでも同様の効果があります。使用の際には 10 〜 100 μF の範囲で取り付けるようにしてください。

　測距センサモジュールの取り付けのために，ユニバーサルプレートに付属しているアングル材とユニバーサルプレートの端材を，写真 4.7 のようにそれぞれ 2 枚切り出します。これを写真 4.8，4.9 のように組み立てます。さらに，この部品を写真 4.10，4.11 のように障害物回避ロボットにネジ止めします。ここでは 4.1.1 項で実験したリミットスイッチの隣に取り付けました。

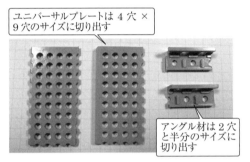

写真 4.7　アングル材とユニバーサルプレートの切り出し

写真 4.8　アングル材とユニバーサルプレート，センサの組み立て(1)

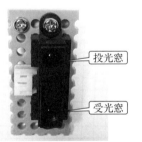

写真 4.9　アングル材とユニバーサルプレート，センサの組み立て(2)

写真 4.10　移動ロボットへの取り付け(1)

写真 4.11　移動ロボットへの取り付け(2)

TK400SHには10ビットの分解能をもつA/D変換器が搭載されています。基準電圧をV_{REF}, アナログ入力電圧をV_{IN}とするとA/D変換値Dは次式になります。

$$D = 1\,024 \times \frac{V_{IN}}{V_{REF}} \tag{4.1}$$

障害物までの距離が15cmのとき, 測距センサの出力電圧は図4.5より約1.55Vです。この値を式 (4.1) にあてはめると$D = 317$となり, この値よりも大きければ障害物までの距離が15cm以下ということがわかります。A/D変換値から電圧に換算するためには浮動小数点演算に伴う計算時間が必要ですが, 整数のみを扱うA/D変換値を使えば処理時間を短縮することができます。障害物を回避するための動作を図4.11のフローチャートに示します。プログラムはリスト4.2 (range_sen.c) になります。

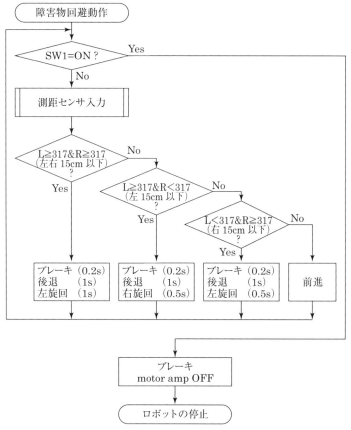

図4.11　測距センサによる障害物回避動作の方法

リスト 4.2 range_sen.c

```c
//--------------------------------------------------------
//【実験 4.2】測距センサの活用（障害物回避ロボット 2）（range_sen.c）
//--------------------------------------------------------
#include <tk400sh.h>

unsigned short  rangel, ranger;

//--------------------------------------------------------
// 測距センサ用関数
//--------------------------------------------------------
void range(void) {                          // 測距センサによる距離測定
  set_ad_ch(1);                             // ch1, 左側センサ
  ad_start(1);                              // A/D 変換スタート
  rangel = get_ad(1);                       // ch1 の値取得
  set_ad_ch(0);                             // ch0, 右側センサ
  ad_start(0);                              // A/D 変換スタート
  ranger = get_ad(0);                       // ch0 の値取得
}

//--------------------------------------------------------
// メイン関数
//--------------------------------------------------------
void main(void){
  unsigned char a;
  port_init();                              // I/O ポートの初期設定
  cmt1_init();                              // 時間待ち用
  ad_init(0);                               // A/D 変換器の初期設定
  lcd_init();                               // LCD モジュールの初期設定

  set_pwm_freq(10000);                      // PWM 周波数 10 kHz
  set_pwm_duty(30,30);                      // デューティ比 30%
  set_motor_dir(S,S);                       // 回転停止
  motor_amp_off();                          // モータドライバ OFF
  locate(0,0); outst("Start/Stop: SW1");
  while(SW1==1);                            // タクトスイッチ 1 が押されるまで待機
  while(SW1==0);                            // スイッチから手が離れるまで待機

  motor_amp_on();                           // モータドライバ ON
  set_motor_dir(F,F);                       // モータの回転方向の設定（左右正転）

  while(1) {
    if(SW1==0) break;                       // SW1 が押されていればプログラムの終了
    range();                                // 測距センサからの値取得
    locate(0,1); outst("L:"); outi(rangel); outst("   ");  // LCD に値表示
    locate(7,1); outst("R:"); outi(ranger); outst("   ");

    if(rangel >= 317 && ranger >= 317) {              // 左右センサ共 15 cm 以下
      set_motor_dir(B,B); delay_ms(200);
      set_motor_dir(R,R); delay_ms(1000);
      set_motor_dir(R,F); delay_ms(1000);
    }
    else if(rangel >= 317 && ranger < 317) {          // 左側が 15 cm 以下
      set_motor_dir(B,B); delay_ms(200);
      set_motor_dir(R,R); delay_ms(1000);
      set_motor_dir(F,R); delay_ms(500);
    }
```

```
057      else if(rangel < 317 && ranger >= 317) {    // 右側が15 cm以下
058        set_motor_dir(B,B); delay_ms(200);
059        set_motor_dir(R,R); delay_ms(1000);
060        set_motor_dir(R,F); delay_ms(500);
061      }
062      else set_motor_dir(F,F);
063    }                                             // end of while(1)
064    set_motor_dir(B,B);                           // モータの停止（左右ブレーキ）
065    motor_amp_off();                              // モータドライバOFF
066  }                                               // end of main
```

▼プログラムリストの解説

11〜18行目　左右の測距センサの出力電圧をA/D変換する関数です。**rangel**と**ranger**には，A/D変換された整数が入ります。

47〜62行目　if文を使って，15 cmに相当するA/D変換した値と**rangel**，**ranger**を比較し，15 cm以下であるかどうかを判断し，DCモータの回転方向に反映させています。

実験4.3　測距センサによる距離測定

実験4.2で使用した測距センサを使い，対象物体までの距離をLCDに表示するようにします。ただし測定範囲は10〜80 cmとします。

実験4.2で使用した2つの測距センサのうち，右側に対して計測を行います。センサの出力電圧をA/D変換した値と距離の関係は図4.12の測定点（●印）になります。この関係から，距離を近似的に求めることもできますが，ここでは関係式を求めるようにします。図4.12の測定点に対して，最小二乗法を使ってA/D変換値Dと距離Lに関する近似式を求めます。ここでは，

$$L = \frac{a}{D+b} + c \tag{4.2}$$

と仮定して，最小二乗法で係数a，b，cを求めると，

$$L = \frac{7\,580}{D+54.69} - 4.764 \text{ [cm]} \tag{4.3}$$

となります。図4.12の実線は，式(4.3)を描いたもので，実測値とよく一致していることがわかります。この近似式をTK400SHに実装すれば，A/D変換値から距離を求めることができます。プログラムをリスト4.3（range_mea.c）に示します。

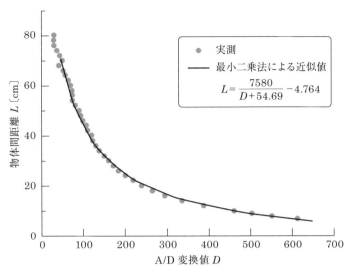

図 4.12 測距センサ出力の A/D 変換値と物体間距離の関係

リスト 4.3 range_mea.c

```
//---------------------------------------------------
// 【実験 4.3】測距センサによる距離測定 (range_mea.c)
//---------------------------------------------------
#include <tk400sh.h>

unsigned short   ranger;
float    l;
//---------------------------------------------------
// 測距センサ用関数
//---------------------------------------------------
void range(void) {                          // 測距センサによる距離測定
  float d;
  set_ad_ch(0);                             // ch0,右側センサ
  ad_start(0);                              // A/D 変換スタート
  d = get_ad(0);                            // ch0 の値取得
  l = 7580.f/(d + 54.69f) - 4.764f;         // 近似式による距離換算
}
//---------------------------------------------------
// メイン関数
//---------------------------------------------------
void main(void){
  port_init();                              // I/O ポートの初期設定
  cmt1_init();                              // 時間待ち用
  ad_init(0);                               // A/D 変換器の初期設定
  lcd_init();                               // LCD モジュールの初期設定

  locate(0,0); outst("Start: SW1");
  while(SW1==1);                            // タクトスイッチ 1 が押されるまで待機
  while(SW1==0);                            // スイッチから手が離れるまで待機

  while(1) {
    range();                                // 測距センサからの値取得
    locate(0,1); outst("R:"); outf(l); outst("(cm)");    // LCD に値表示
    delay_ms(100);
```

```
035        }                                        // end of while(1)
036    }                                             // end of main
```

▼プログラムリストの解説

11～17 行目 移動ロボットに取り付けた右側の測距センサの A/D 変換値を使い，式（4.3）を使って距離を求めています。メイン関数では，34 行目の時間待ち関数により 100 ms ごとに計測と LCD 表示の更新をしています。表示値のばらつきが気になるときは，A/D 変換値の算術平均や移動平均処理などを行います。

4.1.3　ジャイロセンサ

ジャイロセンサは，物体の回転運動の角速度を検出するセンサで，角速度の大きさと方向（回転の方向）を知ることができます。角速度は単位時間（1 秒間）あたりの回転角度であり，その単位には〔deg/s〕[※]が使われます。また，TK400SH による数値積分を行うことにより，回転角度を求めることもできます。ここではジャイロセンサを移動ロボットに搭載し，指定した角度だけ旋回させるという実験を行います。表 4.4 に使用する部品を示します。

※ degree per second

表 4.4　ジャイロセンサを使った実験に使用する部品

名称	規格など	型番	メーカなど	数量	購入先	単価
小型ジャイロセンサ	検出範囲： ± 60 deg/s 検出感度： 25 mV/(deg/s) 電源電圧： 5.0 V ± 0.25 V	XV-8000CB	セイコーエプソン	1	タクミ商事株式会社(注)	3 800
ピッチ変換基板	SOP IC 変換基板	SSP-122	サンハヤト	1	サンハヤト	778
炭素皮膜抵抗	3.9 kΩ，1/4 W	RD25S 3K9		1	秋月電子通商	1
積層セラミックコンデンサ	0.1 μF，50 V		村田製作所	2	秋月電子通商	10
電解コンデンサ	47 μF，35 V (16 V)		ルビコン	1	秋月電子通商	10
ストレートピンヘッダ	2.54 mm ピッチ，4 ピン		Useconn Electronics Ltd.	2	秋月電子通商	3
ミニブレッドボード	45 × 34.5 × 8.5 mm	BB-601 (White)	CIXI WANJIE ELECTRONICS	1	秋月電子通商	130
ジャンパワイヤ（オス-メス）	オス-メス（赤・黒・青）		E-CALL ENTERPRISE CO., LTD.	各色 2	秋月電子通商	30

（注）単価は参考価格〔円〕
　　　タクミ商事株式会社 URL：http://www.takumic.co.jp/

[1] ジャイロセンサの準備

実験で使用するジャイロセンサは，水晶振動子をある特定の周波数で振動させ，回転時に発生するコリオリ力によって受ける振動子のひずみ

を電圧として検出します。この電圧は角速度に比例し，回転方向が逆になると電圧の極性も反転します。振動子は水晶以外に，セラミックスやシリコンなどが使われ，これらを総称して振動型ジャイロセンサといいます。水晶振動子を使ったジャイロセンサは，低ノイズであり，さらに温度変化に対する高い安定性をもつことが特徴です。ここではカーナビケーション用のジャイロセンサ XV-8000CB（セイコーエプソン）を使用します。主な仕様を表 4.5 に示します。また，ジャイロセンサの外観を写真 4.12 に示します。

表 4.5 ジャイロセンサ XV-8000CB の主な仕様

項目	記号	仕様
電源電圧	V_{DD}	5.0 ± 0.25 V
公称感度	S_O	25 mV/(deg/s)
静止時出力	V_O	$0.5 \times V_{DD}$
検出範囲	I	± 60 deg/s
外形寸法		$5.0 \times 3.2 \times 1.3$ mm

写真 4.12 ジャイロセンサの外観

ジャイロセンサはサイズが 3.2×5 mm の非常に小さな部品であり，リード足がなく，両側面の電極しかありません。そこで写真 4.13 のようなピッチ変換基板を使って DIP サイズの部品にします。まずピッチ変換基板を 8 ピンデバイスの大きさに切断します。ここにジャイロセンサを載せてはんだ付けし，写真 4.14 のようにします。ピッチ変換基板のパターン部分と電極をはんだで接合する際には，慎重に作業してください。次に，4 ピンのストレートピンヘッダをピッチ変換基板にはんだ付けし，ブレッドボードに搭載できるようにします。さらに，電源端子の 2 番と 3 番ピンの間に 0.1μF（C_1）の積層セラミックコンデンサを取り付けておきます。

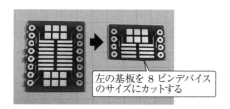

写真 4.13 ピッチ変換基板の準備　　写真 4.14 ジャイロセンサのはんだ付け

[2] ジャイロセンサの出力電圧

ジャイロセンサは水平面内において 25〔mV/(deg/s)〕の検出感度をもち，角速度の検出範囲は ±60〔deg/s〕（1 秒間に 60° の回転速度）です。また，静止時（角速度 $\omega = 0$〔deg/s〕）に出力される電圧を**静止時**

電圧または**静止時オフセット電圧**といいますが，XV-8000CBでは電源電圧 V_{DD} の1/2に調整されています．角速度と出力電圧の関係を図4.13に示します．角速度を求めるには，出力電圧から静止時電圧を引き算し，検出感度の25〔mV/(deg/s)〕から算出します．

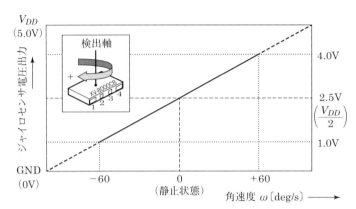

図4.13　XV-8000CBの角速度と出力電圧の関係

[3] ジャイロセンサ回路

ジャイロセンサ回路を図4.14に示します．C_1 と C_2 はバイパスコンデンサ※，R_1 と C_3 はジャイロセンサ内部の水晶発振周波数と同じ周波数のノイズを除去するためのアンチエイリアシングフィルタ（ローパスフィルタ）※※です．フィルタのしゃ断周波数 f_c は次式で求めることができます．

$$f_c = \frac{1}{2\pi C_3 R_1} \tag{4.4}$$

図4.14の回路定数では408 Hzになります．

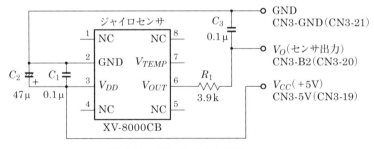

図4.14　ジャイロセンサ回路

図4.14の回路をブレッドボードに製作し，移動ロボットに搭載します．移動ロボットの水平面内の回転運動を検出できる場所ならどこに配置しても精度に影響しません．移動ロボットへの固定は両面テープが便利です．ブレッドボードからは，ジャンパワイヤ（オス-メス）を使い，

※
高い周波数成分を含む電流が流れる電源ラインは，インピーダンス（交流から見た抵抗やリアクタンス成分）が高くなり，ICが誤動作しやすくなります．対策として，ICの電源とグランド端子間にバイパスコンデンサを入れることにより電源ラインのインピーダンスを下げます．C_2 の電解コンデンサは，大きな静電容量を確保できる一方，高い周波数における特性がよくありません．そこで，高周波特性に優れる積層セラミックコンデンサ C_1 を並列に入れています．

※※
エイリアシングとは，A/D変換する信号に含まれる最高周波数の，2倍以上の周波数でサンプリングしなければ，元の信号波形を再生できなくなる現象です．たとえば，A/D変換する信号に最大70Hzの信号成分が含まれていたとします．この信号を100Hzでサンプリングすると，サンプリング周波数の1/2の点である50Hzを中心に折り返されて30Hzにエイリアシングと呼ばれる信号成分が現れます．このため元の信号成分とは異なる結果になります．このような現象を防ぐために，A/D変換器の入力信号には，サンプリング周波数の1/2以下に帯域制限（ローパスフィルタ）をかける必要があり，そのためのフィルタをアンチエイリアシングフィルタといいます．

ディジタル・アナログ入力ポート（CN3）の CN3-5V（CN3-19），CN3-B2（CN3-20），CN3-GND（CN3-21）に接続します。移動ロボットに搭載した様子を写真 4.15，4.16 に示します。

写真 4.15 ブレッドボードに製作したジャイロセンサ回路

写真 4.16 ジャイロセンサの搭載位置

実験 4.4　ジャイロセンサによる計画軌道走行

　移動ロボットが 1 秒間前進，1 秒間停止，90°右旋回，1 秒間停止の動作を 4 回繰り返し，走行した軌跡が正方形になるようにします。さらに，180°方向転換を行って停止するようにします。

　旋回動作は図 4.15 のフローチャートに従っています。プログラムをリスト 4.4（jyro_cart.c）に示します。

図 4.15 ジャイロセンサによる旋回動作

リスト 4.4 jyro_cart.c

```
001  //--------------------------------------------------------
002  // 【実験 4.4】ジャイロセンサによる計画軌道走行
003  //           AN2:Jyro センサ 1(XV-8000CB, 25mV/(deg/s), ±60deg/s)
004  //                                                    (jyro_cart.c)
005  //--------------------------------------------------------
006  #include <tk400sh.h>
007  #include <math.h>                   // 数学関数ライブラリ
008  #include <stdlib.h>                 // 標準関数ライブラリ
009
010  #define VREF   4.99f                // A/D 変換器の基準電圧
011  #define JSENS  0.025f               // ジャイロセンサの感度 25 mV/(deg/s)
012  #define STIME  10                   // サンプリングタイム 10 ms
013  #define KK     1.113f               // 角度換算の補正係数
014
015  int jyro_dig;
016  int offset = 511;                   // ジャイロセンサ静止時の A/D 変換値
017  float d2deg;                        // A/D の値から角速度への変換定数
018  float th;                           // 車体の旋回角度
019
020  //--------------------------------------------------------
021  // 各種関数の定義
022  //--------------------------------------------------------
023
024  void read_jyro(void) {              // ジャイロセンサの読み込み
025    set_ad_ch(2);   ad_start(2);     // A/D チャネル 2 の設定と変換開始
026    jyro_dig = (int)get_ad(2);       // ジャイロセンサの値取得
027  }
028
029  void disp_jyro_offset(void) {       // 静止時 A/D 変換値の表示確認
```

```c
030    while(1) {
031      read_jyro();
032      printf("jyro= %d\n", jyro_dig);    // シリアルポートに送信
033      locate(0,0); outi(jyro_dig); outst("   ");    // LCDに表示
034      delay_ms(100);
035    }
036  }
037
038  void fw(int dt) {                       // 前進命令(動作時間[ms])
039    set_motor_dir(F,F);
040    set_pwm_duty(40,40);
041    delay_ms(dt);
042    set_motor_dir(B,B);
043  }
044
045  void rev(int dt) {                      // 後退命令(動作時間[ms])
046    set_motor_dir(R,R);
047    set_pwm_duty(40,40);
048    delay_ms(dt);
049    set_motor_dir(B,B);
050  }
051
052  void rote(int dr) {                     // 回転命令(角度[deg])
053    th = 0.0;
054    clr_lcd();
055    if(dr > 0) set_motor_dir(F,R);        // 正なら右回転
056    else       set_motor_dir(R,F);        // 負なら左回転
057    set_pwm_duty(20,20);                  // デューティ比15%
058    while((int)fabs(th) < abs(dr)) {      // 指定した角度まで回転
059      read_jyro();
060      th += (float)(jyro_dig-offset)* d2deg * (STIME/1000.0f)* KK;
                                            // 数値積分による角度の算出, θ=Σ(速度×stime)
061      delay_ms(STIME);                    // サンプリングタイム
062    }
063    set_motor_dir(B,B);
064    locate(0,1); outf(th); outst("   ");
065  }
066
067  //----------------------------------------------------------
068  // メイン関数
069  //----------------------------------------------------------
070  void main(void){
071    port_init();
072    cmt1_init();                          // 時間待ち用
073    lcd_init();
074    ad_init(0);                           // A/Dモジュール0(AN0～AN3)のスタンバイ
075    set_pwm_freq(10000);                  // PWM周波数は10 kHz
076    set_motor_dir(S,S);                   // モータ停止
077    set_pwm_duty(0,0);                    // デューティ比は0%
078    d2deg = VREF/(1024.0f * JSENS);       // A/Dの値から角速度[deg/s]への変換
079
080    while(SW1 == 1);
081    while(SW1 == 0) { delay_ms(50); }     // SW1から手が離れるまで待機
082    motor_amp_on();
083
084  // disp_jyro_offset();                   // 静止時のジャイロセンサ出力確認用
085
086    fw(2000); delay_ms(1000);             // 2秒間前進, 1秒停止
```

```
087     rote(90); delay_ms(1000);              // 90°右旋回, 1秒停止
088
089     fw(2000); delay_ms(1000);              // 2秒間前進, 1秒停止
090     rote(90); delay_ms(1000);              // 90°右旋回, 1秒停止
091
092     fw(2000); delay_ms(1000);              // 2秒間前進, 1秒停止
093     rote(90); delay_ms(1000);              // 90°右旋回, 1秒停止
094
095     fw(2000); delay_ms(1000);              // 2秒間前進, 1秒停止
096     rote(90); delay_ms(1000);              // 90°右旋回, 1秒停止
097
098     rote(-180); delay_ms(1000);            // 180°左旋回, 1秒停止
099
100     motor_amp_off();
101 }
```

▼ **プログラムリストの解説**

10行目　A/D変換器の基準電圧はマイコンの電源電圧を使用しています。より正確な値となるようにディジタルテスタでジャイロセンサの電源電圧を測定し，その値を基準電圧とします。

13行目　数値積分によって求めた移動ロボットの旋回角度と実際の角度を一致させるための補正係数です。

16行目　静止時におけるジャイロセンサの出力電圧をA/D変換した値です。A/D変換した値から静止時の値を差し引いた値が角速度になります。

29〜36行目　静止時におけるジャイロセンサの出力電圧をA/D変換した値としてLCDとパソコンのターミナル画面上に表示する関数です。

38〜43行目　引数で与えた時間だけ前進動作する関数です。動作時間の単位は〔ms〕です。

45〜50行目　引数で与えた時間だけ後退動作する関数です。動作時間の単位は〔ms〕です。

52〜63行目　引数で与えた角度だけ旋回動作する関数です。角度の単位は〔deg〕で，負符号を付けると左旋回になります。

57行目　ジャイロセンサは±60 deg/s（3秒間で180°の回転速度）の測定範囲をもちます。旋回速度が速すぎると測定範囲を超えてしまうので，DCモータのデューティ比を小さくすることにより，移動ロボットがゆっくり旋回するようにしています。デューティ比はおよそ25以下にします。

58行目　60行目で行う数値積分によって求めた旋回角度が，関数 **rote()** の引数として与えた旋回角度と比較し，条件を満たすまで旋回動作を継続します。関数 **fabs()** は数学関数ライブラリ

（math.h）の1つで，浮動小数点の絶対値を求めます．さらに**(int)**によるキャスト宣言により整数型に変換します．一方，関数**abs()**は標準関数ライブラリ（stdlib.h）の1つで，整数の絶対値を求めます．

60行目 この行は，ジャイロセンサの角速度ωを数値積分により，角度θを求める計算を行っています．$\theta = \int \omega dt$ という時間積分を，

$$\theta \fallingdotseq \sum \omega_N \cdot \Delta t \quad (N = 1, 2, 3, \cdots) \tag{4.5}$$

Δt：サンプリング時間

という近似式で行います．

具体的には，ジャイロセンサの出力電圧をA/D変換し，ここから静止時の値を引き算した値に対して，角速度に変換する定数**d2deg**をかけ算します．さらにサンプリングタイムをかけ算します．また，**KK**は数値積分による旋回角度と実際の移動ロボットの旋回角度が一致するようにするための補正係数です．この値をサンプリング時間ごとに変数**th**に積算することで数値積分を行っています．

● **パラメータ設定と調整**

[1] ジャイロセンサの静止時電圧（A/D変換値）の計測

まずはじめに，ディジタルテスタを使ってジャイロセンサの電源電圧を測定します．TK400SHから供給される5Vの電源電圧は，A/D変換器の基準電圧にもなっているので正確な値を求め，プログラムリスト10行目にその値を設定します．次に，静止時におけるジャイロセンサの出力電圧をA/D変換し，その値を記録します．まず85行目の先頭にあるダブルスラッシュを削除し，コメント文をプログラムに変更したうえでメイクしてプログラムをTK400SHに書き込みます．次に，マイコンボードの電源を投入するとLCDとパソコンのターミナル画面に，A/D変換されたジャイロセンサの値が表示されます．XV-8000CBの静止時の出力電圧は，電源電圧の1/2に調整されており，A/D変換値は±1程度のばらつきがありますが，ターミナル画面でデータの変化を見るとその傾向がわかります．筆者の実験環境では511でした．この値をプログラムリストの16行目で，初期値付きグローバル変数として記述します．この作業が終了したら，85行目の先頭に再びダブルスラッシュを入力し，この行をコメントアウトします．プログラムをメイクし，プログラムを書き込んだ後，実行します．タクトスイッチSW1を押すと，ロボットの動作が始まります．ロボットの動作を見ながら，指定した角度だけ旋回するように13行目の補正係数を調整してください．

[2] ジャイロセンサの活用上の注意点

ジャイロセンサは，角速度だけを利用するなら問題ありませんが，時間積分によって回転角度を求めようとする場合は注意が必要です。式(4.5)の計算を行う際に，静止時電圧がわずかでも変動すると角速度の誤差が累積し，正しい回転角度が得られません。とくにA/D変換のサンプリング時間が短く，積分時間が長いと顕著になります。静止時電圧の変動要因は，デバイス固有の温度変化に対する安定度が主な要因ですが，他にもA/D変換の基準電圧の変動などがあるのでセンサ周辺回路は低ノイズ化に配慮してください。実験4.4では，積分時間が比較的短いので，式(4.5)だけで回転角度を求めましたが，一般には，静止時電圧の変動を除去する対策や，定期的に積分値をリセットするなどして，誤差が累積されないようにする工夫が必要です。

4.1.4 加速度センサ

加速度センサは，加速度の測定を目的とした慣性センサで，直流出力型では重力を検出することもできます。半導体微細加工を応用した加速度センサが大量生産されるようになり，入手が容易になりました。ここでは互いに直交した x, y, z 方向に検出軸をもち，アナログ電圧を出力する直流出力型の3軸の加速度センサを取り上げます。動的な変化がない静かな環境で，x 方向の検出軸における傾き θ と出力電圧の関係は，図4.16のように，重力1gに対応した sin 関数になります。$\theta = 0°$（重力に対して90°）のとき検出軸が受ける重力は0gになり，このときのセンサ出力電圧を V_{x0} とします。一方，$\theta = 90°$ のとき検出軸が受ける重力は+1gになり，このときの出力電圧を $V_{x\max}$ とすると，x 軸の出力電圧 V_x は次式となります※。

$$V_x = (V_{x\max} - V_{x0})\sin\theta + V_{x0} \tag{4.6}$$

上式より，x 軸の出力電圧から x 軸の傾き θ は次式で求めることができます。

※
図4.16の $V_{x\max}$ と $V_{x\min}$ は，0gにおける電圧 V_{x0} を中心に上下対称になるはずですが，実際にはわずかな偏りがあります。ここでは扱いが煩雑になるのを避けるために，$V_{x\min}$ は $V_{x\max}$ と同じ振幅をもっているものとして扱います。

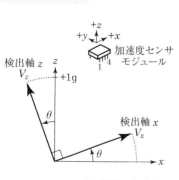
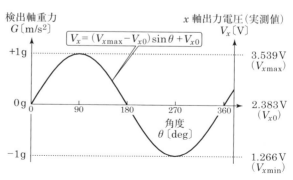

図4.16 加速度センサの傾きと出力電圧の関係（V_{DD}=5V 動作時）

$$\theta = \sin^{-1} \frac{V_x - V_{x0}}{V_{x\max} - V_{x0}} \tag{4.7}$$

実験 4.5　加速度センサを使った車載用クリノメータ

3軸の加速度センサを図4.17のように配置し，ピッチ角（左右方向を軸として前後方向の傾斜角度）とロール角（前後方向を軸として左右方向の傾斜角度）を計測し，それらを2.4節で学んだRCサーボを使ってアナログ表示するクリノメータ（傾斜計）を製作します。

加速度センサのx，y，z軸の出力電圧は，ディジタル・アナログ入力ポート（CN3）のCN3-B0（CN3-26），CN3-B1（CN3-23），CN3-B2（CN3-20）に接続し，A/D変換によって値を取得するものとします。製作に必要な部品を表4.6に示します。

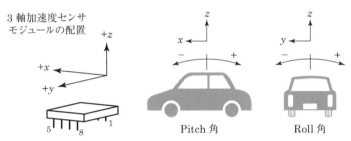

図4.17　3軸加速度センサの配置と座標系

表4.6　加速度センサを使った実験に使用する部品

名称	規格など	型番	メーカなど	数量	購入先	単価
3軸加速度センサ	3軸（X, Y, Z）アナログ電圧出力型 測定範囲：±2g	KXR94-2050 モジュール	秋月電子通商	1	秋月電子通商	850
積層セラミックコンデンサ	1μF，50V		村田製作所	3	秋月電子通商	15
ディジタルRCサーボ	40.7×20×39.4mm 樹脂製ギア型	SC-0352	Savoxtech	2	秋月電子通商	1 600
ユニバーサルプレートセット	160×60×3mm	Item No.70098	タミヤ	1	TAMIYA SHOP ONLINE	388
なべ小ねじ	M3×8mm	B-0308	廣杉計器	10	廣杉計器	4
スペーサ	ジュラコン製 10mmスペーサ M3用両雌ねじタイプ	AS-310	廣杉計器	8	廣杉計器	9
ブレッドボード	83×52×9mm	SAD-101	サンハヤト	1	サンハヤト	518
ジャンパワイヤ（オス-メス）	オス-メス（赤・黒・青）		E-CALL ENTERPRISE CO., LTD.	赤黒1 青3	秋月電子通商	30

（注）単価は参考価格〔円〕

[1] 加速度センサ

加速度センサは，アナログ電圧を出力するタイプで，±2gの測定範囲をもつ3軸加速度センサ KXR94-2050（Kionix）を使用します。このセンサは面実装部品であるため，このままでは取り扱いが困難ですが，秋月電子通商からピッチ変換基板に実装され，DIP型8ピンデバイスになったモジュールが市販されています。外観を写真4.17に，主な仕様を表4.7に示します。このセンサモジュールを図4.18に示す回路で使用します。

表 4.7 3軸加速度センサ KXR94-2050 の主な仕様（V_{DD} = 3.3V 動作時）

項目	単位	最小値	代表値	最大値
電源電圧	V	2.5	3.3	5.25
動作時消費電流	mA	0.8	1.03	1.25
測定範囲	g		±2 ($\pm 19.6\,\text{m/s}^2$)	
感度	mV/g	647	660	673
ゼロgオフセット	V	1.600	1.650	1.700
出力抵抗（R_{OUT}）	kΩ	24	32	40
外形寸法	mm		5 × 5 × 1.2	

写真 4.17 3軸加速度センサモジュールの外観

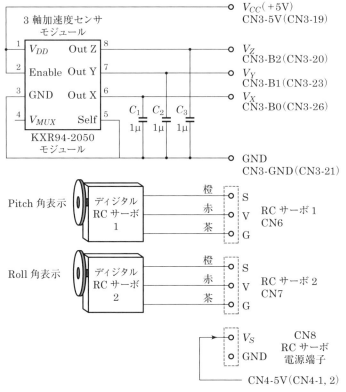

図 4.18 3軸加速度センサを使用したクリノメータの回路図

[2] 帯域制限フィルタの設計

図 4.18 において，C_1，C_2，C_3 は加速度センサの応答性を決める帯域制限フィルタ（ローパスフィルタ）を構成しています．しゃ断周波数は次式で求めることができます．

$$f_w = \frac{1}{2\pi CR} \text{〔Hz〕（ただし } R = 32\,\text{k}\Omega\text{）} \quad (4.8)$$

このフィルタを設けないと，高周波成分を含む制御信号が RC サーボに与えられることになり，負荷電流の異常な増加やサーボモジュールの加熱，異音の発生原因になります．そこで $f_w = 5\,\text{Hz}$ とすると，コンデンサ C の値は式 (4.8) より $1\,\mu\text{F}$ になります．モジュール基板にはあらかじめ $3\,300\,\text{pF}$（$0.0033\,\mu\text{F}$）のコンデンサが取り付けられていますが，桁違いに小さいためこの容量を考慮に入れる必要はありません．

[3] ピッチ角とロール角の計測方法

センサの検出軸は図 4.17 のようになっているので，ピッチ角は x–z 平面，ロール角は y–z 平面，それぞれ 2 つの検出軸を使って角度の計測を行います．図 4.16 左図において，傾斜角度 θ における検出軸 x と z の出力電圧は次式になります．

$$V_x = (V_{x\max} - V_{x0})\sin\theta + V_{x0} \quad (4.9)$$
$$V_z = (V_{z\max} - V_{z0})\cos\theta + V_{z0} \quad (4.10)$$

両式を比較することにより，

$$\frac{\sin\theta}{\cos\theta} = \frac{\dfrac{V_x - V_{x0}}{V_{x\max} - V_{x0}}}{\dfrac{V_z - V_{z0}}{V_{z\max} - V_{z0}}} = \tan\theta = \frac{A_x}{A_z} \quad (4.11)$$

となり，各検出軸における出力電圧の振幅比になります．以上より，ピッチ角とロール角は次式で求めることができます．

$$\theta_{\text{Pitch}} = \tan^{-1}\frac{A_x}{A_z}, \quad \theta_{\text{Roll}} = \tan^{-1}\frac{A_y}{A_z} \quad (4.12)$$

ただし，$A_x = \dfrac{V_x - V_{x0}}{V_{x\max} - V_{x0}}$，$A_y = \dfrac{V_y - V_{y0}}{V_{y\max} - V_{y0}}$，$A_z = \dfrac{V_z - V_{z0}}{V_{z\max} - V_{z0}}$

[4] RC サーボの回転角度

加速度センサで計測したピッチ角とロール角を，RC サーボを使って表示する方法について検討します．2.4 節で紹介したように，RC サーボ用関数 **set_servo1()** と **set_servo2()** は，$-600 \sim +600$ の

設定値を引数として与えると，RCサーボの出力軸を$-60°\sim +60°$の範囲で回転させることができます。ここでは設定値に対して回転角度の分解能が期待できるディジタルRCサーボを使用しました[※]。まずはじめに，関数に与える設定値とRCサーボの回転角度の関係を調べます。2.5節の実験2.14で行ったロータリエンコーダ回路とRCサーボを組み合わせ，図4.19のような構成にすることで，ロータリエンコーダによるパルス数がRCサーボ用関数の設定値となるようにしました。実験に使用するプログラムをリスト4.5 (A)(rc_posit.c)に示します。写真4.18のようにユニバーサルプレートにRCサーボを取り付け，10°ごとに目盛を入れた簡易型の分度器を貼り付けます。設定値D_rに対する回転角度θの関係は図4.20のようになり，この関係から最小二乗法で直線の傾きを求めると，

$$D_r = -8.550\theta + 54.25 \tag{4.13}$$

という結果になりました。この式をプログラムとして記述し，式(4.12)で求めた角度からRCサーボ用関数に与える設定値を算出します。プログラムをリスト4.5 (B)(acc_clino.c)に示します。

※
RCサーボの内部構成は，出力軸に直結された位置検出用センサによって求めた回転角度と，目標とする回転角度との偏差に応じて駆動モータに対する操作量が作られます。この一連の制御系が，ディジタル回路で構成されているものがディジタルRCサーボです。

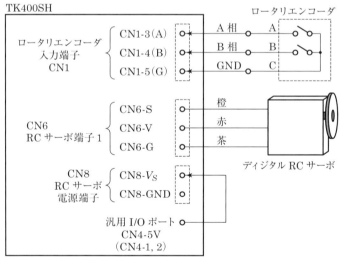

図4.19 サーボ用関数の設定値と回転角度の実験回路

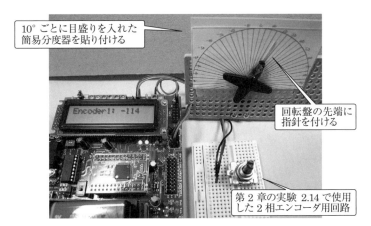

10°ごとに目盛りを入れた簡易分度器を貼り付ける

回転盤の先端に指針を付ける

第2章の実験2.14で使用した2相エンコーダ用回路

写真 4.18 RCサーボの設定値と回転角度の関係を調べる実験

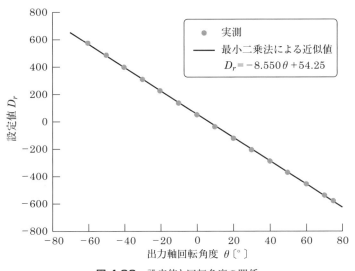

実測

最小二乗法による近似値
$D_r = -8.550\theta + 54.25$

図 4.20 設定値と回転角度の関係

リスト 4.5(A) rc_posit.c

```
//-----------------------------------------------------------
// 【実験4.5A】RCサーボの設定値と回転角度
//                                  (rc_posit.c)
//-----------------------------------------------------------
#include <tk400sh.h>

//-----------------------------------------------------------
// メイン関数
//-----------------------------------------------------------
void main(void){
  short enct1;
  port_init();
  cmt1_init();
  servo_init();
  lcd_init();
```

```c
016
017   locate(0,0); outst("Encoder1: ");
018   enc_start();
019   while(1) {
020     enct1 = get_enc(1);                          // エンコーダ1の値取得
021     if       (enct1 >   600) enct1 =  600;       // 上限設定
022       else if(enct1 <  -600) enct1 = -600;       // 下限設定
023     locate(10,0); outi(enct1); outst("    ");
024     set_servo1(enct1); delay_ms(50);             // RCサーボ1に設定値出力
025   }
026 }
```

リスト 4.5 (B)　acc_clino.c

```c
001 //-----------------------------------------------------------
002 //【実験 4.5B】加速度センサを使ったクリノメータ
003 //      AN0: Vx, AN1: Vy, AN2: Vz  （acc_clino.c）
004 //-----------------------------------------------------------
005 #include <tk400sh.h>
006 #include <math.h>
007
008 #define X1G    729                      // 加速度センサ 1g における X 軸 A/D
009 #define X0G    493                      //              0g における X 軸 A/D
010 #define CX        (X1G - X0G)           //                          X 軸振幅
011 #define Y1G    741                      // 加速度センサ 1g における Y 軸 A/D
012 #define Y0G    498                      //              0g における Y 軸 A/D
013 #define CY        (Y1G - Y0G)           //                          Y 軸振幅
014 #define Z1G    708                      // 加速度センサ 1g における Z 軸 A/D
015 #define Z0G    518                      //              0g における Z 軸 A/D
016 #define CZ        (Z1G - Z0G)           //                          Z 軸振幅
017
018 unsigned short  dx, dy, dz;
019 float   pitch, roll;
020
021 //-----------------------------------------------------------
022 // 測距センサ用関数
023 //-----------------------------------------------------------
024 void get_angle(void) {                  // Pitch, Roll 角の測定
025   float ax, ay, az;
026   short  ps, rs;
027   set_ad_ch(0);   ad_start(0);          // ch0, X 軸 pitch 方向
028   dx = get_ad(0);                       // ch0 の値取得
029   set_ad_ch(1);   ad_start(1);          // ch1, Y 軸 roll 方向
030   dy = get_ad(1);                       // ch1 の値取得
031   set_ad_ch(2);   ad_start(2);          // ch2, Z 軸 鉛直方向
032   dz = get_ad(2);                       // ch2 の値取得
033
034   locate(0,0); outst("xyz:"); outi(dx); outst(" ");
035                outi(dy); outst(" "); outi(dz); outst("   ");
036
037   ax = (float)(dx - X0G)/(float)CX;     // X 軸重力
038   ay = (float)(dy - Y0G)/(float)CY;     // Y 軸重力
039   az = (float)(dz - Z0G)/(float)CZ;     // Z 軸重力
040   pitch = atan2(ax,az) * 180.0/3.14;
041                                         // Pitch 角（鉛直基準）$\theta = \arctan(ax/az)$
042   roll  = atan2(ay,az) * 180.0/3.14;    // Roll 角（鉛直基準）$\theta = \arctan(ay/az)$
```

```
042      ps = (short)(-8.550f * pitch + 54.25f);
043      rs = (short)(-8.550f * roll  + 54.25f);
044       locate(0,1); outf(pitch); outst(" "); outf(roll); outst("    ");
045
046      set_servo1(ps);                    // RC サーボ 1 による Pitch 角表示
047      set_servo2(rs);                    // RC サーボ 2 による Roll 角表示
048  }
049
050  //-------------------------------------------------------
051  // メイン関数
052  //-------------------------------------------------------
053  void main(void){
054    port_init();                         // I/O ポートの初期設定
055    cmt1_init();                         // 時間待ち用
056    ad_init(0);                          // A/D 変換器の初期設定
057    servo_init();                        // RC サーボの初期設定
058    lcd_init();                          // LCD モジュールの初期設定
059
060    while(1) {
061      get_angle();                       // 角度の計測と RC サーボ制御
062      delay_ms(100);
063    }
064  }                                      // end of main
```

▼**プログラムリストの解説**

8〜16行目　加速度センサの検出軸における最大値と 0g におけるオフセット電圧から振幅を求めています。

24行目　ディジタル・アナログ入力端子の CN3-B0（CN3-26），CN3-B1（CN3-23），CN3-B2（CN3-20）端子に接続した加速度センサの出力電圧を A/D 変換し，その値を LCD の 1 行目に表示すると共に，ピッチ角とロール角を計算し 2 行目に表示します。40 行目と 41 行目に使われている関数 **atan2(a,b)** 関数は，逆正接 $\tan^{-1}(a/b)$ を求め $-\pi \sim \pi$〔rad〕までの実数を返します。この値に 180.0/3.14 をかけ算することにより，〔deg〕単位のピッチ角とロール角を求めています。関数 **atan2(a,b)** は数学関数ライブラリ math.h にあるため，プログラムの冒頭に **#include <math.h>** の記述が必要です。

42, 43行目　40 行目，41 行目で求めたピッチ角とロール角から，RC サーボ用関数に与える設定値を計算します。

[5] RC サーボの取り付けと目盛板の作成

　RC サーボはユニバーサルプレートに M3 × 8mm のネジと 10 mm のスペーサで取り付けます。さらに写真 4.19 のように，CAD で作成した目盛をプリンタで印刷してユニバーサルプレートに，RC サーボの回転円盤には車のイラストをそれぞれ貼り付けます。

写真 4.19 ユニバーサルプレートへの RC サーボの取り付けと装飾

[6] 調整と活用

調整は RC サーボの接続を外して行います。加速度センサの各検出軸において，+1g と 0g における A/D 変換値（センサ出力電圧）を記録します。写真 4.20 の例では，x 軸を重力方向に合わせ，LCD の 1 行目に表示される A/D 変換値を記録します。これが +1g における最大値 $V_{x\,\mathrm{max}}$ になります。次に 0g（検出軸を重力に対して 90°傾ける）におけるオフセット電圧 V_{x0} の A/D 変換値を記録します。x, y, z の 3 軸すべてにおいてこの測定を行い，記録した結果をプログラムリストの 8 〜 15 行目に記述します。

写真 4.20 x 軸における最大値 $V_{\mathrm{max}}(+1\mathrm{g})$ の測定風景

プログラムを書き込み，RC サーボを接続します。電源を投入すれば直ちに動作します。加速度センサの傾きに対応して，RC サーボの回転によってピッチ角とロール角が表示され，さらに LCD の 2 行目にも角度が表示されます。動作中の様子を写真 4.21 に示します。使用上の注意事項として，2 つの RC サーボが同時に動作すると消費電流が大きく，TK400SH に搭載されている三端子レギュレータの電流供給能力では不足することがあります。このため，5 V から電圧が大きく降下して動作が不安定になることがあ

ります．安定に動作させるためには，RCサーボ専用電源端子（CN8）に4.5～6Vの外部電源を供給します．また，センサを急激に動かすと，その時の加速度も検出してしまうことに注意してください．

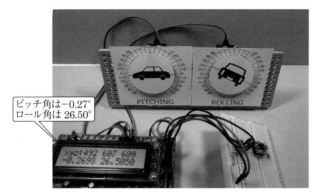

写真 4.21 クリノメータによる傾斜測定

4.1.5 反射型フォトセンサ

フォトセンサ[※]は，光を利用して物体の有無や位置などを検出することができます．構造は，発光素子（LED[※]）と受光素子（PT[※]）を組み合わせ，1つのパッケージに収めたもので，フォトカプラとも呼ばれます．図4.21に示すような**透過型**と**反射型**の2つのタイプがあります．透過型は，発光面と受光面が対向しており，その間の空間を物体が通過して光をさえぎることにより，物体の有無を検出します．一方，反射型は，発光面と受光面が同一方向で，検出物体によって反射された受光量の変化により，物体の有無だけでなく色の違いなども知ることができます．フォトカプラは一般に，可視光による誤動作を防ぐために，可視光カットフィルタとともに赤外線LEDが使用されます[※※]．このため発光状態を目視することはできません．

[※]
・Photo Sensor
・Light Emitting Diode
・Photo Transistor

[※※]
私たち人間の目で見ることができる光の波長は400～700nmであり，この波長領域を可視光とよんでいます．一方，赤外線LEDは900nm付近の発光波長が使われます．人間の目では見ることができませんが，ディジタルカメラを使うと発光の有無を確認できます．赤外線LEDは，家電製品のリモコン（4.1.6項参照）や携帯，スマートフォンの赤外線通信など，身近なところで使われています．

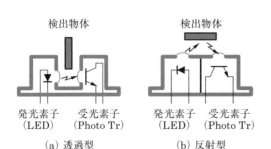

(a) 透過型　　(b) 反射型
図 4.21 フォトセンサの種類

写真 4.22 反射型フォトセンサ LBR-127HLD の外観

ここでは反射型フォトセンサLBR127HLD（Letex Technology）を使用します．外観を写真4.22に，主な仕様を表4.8に示します．こ

のセンサを使った例として，「ライントレースロボット」を製作します。表4.9に使用する部品の一覧を示します。

表4.8 反射型フォトセンサ LBR-127HLD の主な仕様

絶対最大定格

項目		記号	定格
LED	順方向電流	I_F	60 mA
	逆方向電圧	V_R	5 V
フォトTr	コレクタ電流	I_C	20 mA
	コレクターエミッタ間電圧	V_{CEO}	30 V
	エミッターコレクタ間電圧	V_{ECO}	5 V

電気的特性

項目		記号	最小値	代表値	最大値	単位	測定条件
LED	順方向電圧	V_F		1.2	1.5	V	$I_F = 20$ mA
	ピーク波長	λ_P		940		nm	
	放射角度	$2\theta\ 1/2$		35		Deg.	$I_F = 20$ mA
フォトTr	コレクターエミッタ間飽和電圧	$V_{CE(sat)}$			0.4	V	$I_C = 2$ mA, $I_B = 0.1$ mA
	光電流	$I_{C(on)}$	0.2			mA	$V_{CE} = 5$ V, $I_F = 20$ mA
	立ち上がり時間	t_r		15		μs	$V_{CE} = 5$ V, $I_C = 1$ mA, $R_L = 1$ kΩ
	立ち下がり時間	t_f		15			

表4.9 反射型フォトセンサ実験に使用する部品

名称	規格など	型番	メーカなど	数量	購入先	単価
反射型フォトセンサ	W8.7 × D4.5 × H5.6 mm	LBR-127HLD	Letex Technology	3	秋月電子通商	50
炭素皮膜抵抗	560 Ω，1/4 W	RD-25TJ560		3	秋月電子通商	1
炭素皮膜抵抗	200 Ω，1/4 W	RD-25TJ200		3	秋月電子通商	1
半固定抵抗器	20 kΩ	3362P-1-203LF	Bourns,Inc.	3	秋月電子通商	50
積層セラミックコンデンサ	0.1 μF，50 V		村田製作所	3	秋月電子通商	10
なべ小ねじ	M3 × 15 mm	B-0315	廣杉計器	4	廣杉計器	5
平ワッシャ	M3用，外径6 mm	BW-0306-03	廣杉計器	2	廣杉計器	4
スペーサ	ジュラコン製 15 mm スペーサ M3用両雌ねじタイプ	AS-315	廣杉計器	4	廣杉計器	10
スペーサ	ジュラコン製 20 mm スペーサ M3用両雌ねじタイプ	AS-320	廣杉計器	2	廣杉計器	13
ブレッドボード	45.2 × 83.7 × 10 mm	EIC301	E-CALL ENTERPRISE CO., LTD.	1	秋月電子通商	150
ブレッドボード	83 × 52 × 9 mm	SAD-101	サンハヤト	1	サンハヤト	518
ジャンパワイヤ	(赤・黒・緑)		E-CALL ENTERPRISE CO., LTD.	赤黒 1 緑 3	秋月電子通商	30
ジャンパワイヤ (オス-メス)	オス-メス (赤・黒・青)		E-CALL ENTERPRISE CO., LTD.	赤黒 1 青 3	秋月電子通商	30

(注) 単価は参考価格〔円〕

[1] 発光側と受光側の回路定数設計

反射型フォトセンサは図4.22のような基本回路で使用します[※]。LEDの順方向電流 I_F は，絶対最大定格以内で使用しなければなりませんが，製品寿命を左右する使用環境の周囲温度と順方向電流の関係から選定します。図4.23はLBR127HLDについて示したもので，特性図の内側で使用すれば動作が保証されます。たとえば，周囲温度が最大25℃の環境で使用するためには，順方向電流を50 mA以下にする必要があります。ライントレースロボットのラインセンサとして使用する場合，LED自身の発熱による温度上昇と周囲温度を考慮すれば，最大70℃とすれば十分でしょう。さらに乾電池で動作することを考えると，必要以上の順方向電流は電池の消耗を早め，逆に小さくし過ぎると発光量が小さくなり，感度の低下を招きます。したがってこれらの状況を総合的に判断して，順方向電流を7 mAに設定します。

次に，LEDの順方向電圧は図4.24のような特性図がデータシートに示されています。図4.24から周囲温度25℃，$I_F = 7$ mA における

[※] 図4.22において，フォトトランジスタのエミッタ端子（図記号の矢印側）から流れる電流は，エミッタ電流 I_E です。しかし，コレクタ電流とほぼ等しいことから，ここではコレクタ電流 I_C と表記しています。

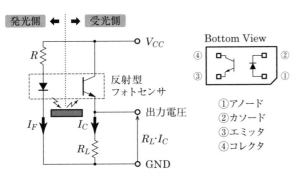

図4.22 反射型フォトセンサの基本回路とピン配置

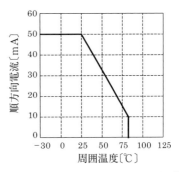

＊LBR127HLD データシートより

図4.23 LBR-127HLDの周囲温度と順方向電流の関係

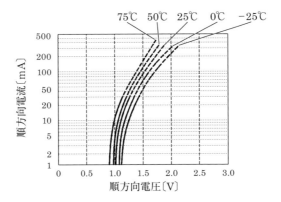

＊LBR127HLD データシートより

図4.24 LBR-127HLDの順方向電圧と順方向電流の関係

順方向電圧 V_F はおよそ 1.1 V と読み取ることができ，電流制限抵抗 R は，2.2.2 項で学んだ計算方法で求めることができます。

次に，受光側について検討します。

フォトトランジスタは，反射光量に比例したコレクタ（エミッタ）電流が流れます。そこで図 4.22[※]のように，フォトトランジスタのエミッタ側に負荷抵抗 R_L を接続しておけば，電流を電圧に変換することができます。しかし，コレクタ電流は反射物体によって異なるため，データシートに示された値だけでは設計できません。実際の使用環境に近い状態で，どれくらいのコレクタ電流が得られるのかを測定し，この結果をもとに負荷抵抗 R_L を決定します。なお，コレクタ電流は，反射型の光センサであることから反射電流ともいいます。

> ※
> トランジスタに流れる電流は，コレクタ電流で規定されています。
> エミッタ電流 I_E はベース電流 I_B とコレクタ電流 I_C との間に，$I_E = I_B + I_C$ という関係があります。一般に I_B は極めて小さいため，$I_E \fallingdotseq I_C$ という関係が成立します。

実験 4.6（A） 反射電流（フォトトランジスタの出力電流）の測定

ライントレースロボットのラインセンサとして使用する，反射型フォトセンサ LBR-127HLD の反射電流を測定します。反射物体は，走行するコース（床材用黒色光沢シート，メイリューム P1171，盟和産業）とトレースラインとなる白色テープ（ビニルテープ，幅 19 mm ×厚さ 0.2 mm）とし[※※]，シートとセンサ間距離は 7〜8 mm とします。

実験回路を図 4.25 に示します。19 mm 幅のテープをトレースするために，写真 4.23 のような間隔でセンサを配置し，ブレッドボード上に製作します。ブレッドボードの四隅には穴が開いているので，この穴を利用して M3 用の 15 mm スペーサを取り付けます。反射物体となる路面とセンサの間隔が 7〜8 mm になるように，センサのリード足を切断します。センサの出力電流はディジタルテスタのマイクロアンペアレンジを使い，黒色シート，白色テープ，白色のコピー用紙の 3 種類について測定します。測定の様子を写真 4.24 に示します。測定結果は表

> ※※
> ここでは，走行コースの背景色として黒色シート，トレースラインとして白色テープを使用しましたが，背景色を白色系，トレースラインとして黒色テープを使用してもかまいません。この場合は論理レベルの 1/0 が反転します。トレースの原理は共通なので，利用可能な環境に合わせて選択してください。

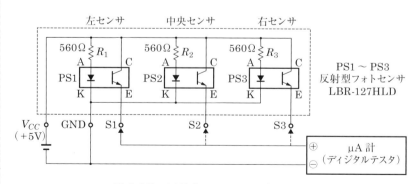

図 4.25　反射型フォトセンサの実験回路

4.10のようになりました。また，測定結果を片対数グラフにプロットすると図4.26になりました。センサの個体差や反射物体の表面状態により多少のばらつきが出ます。黒色シートの測定点と白色テープの測定点の差が開いているほど，感度よく色の違いを検出することができます。

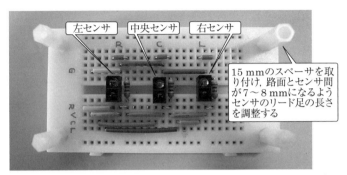

写真 4.23 フォトセンサ回路の製作

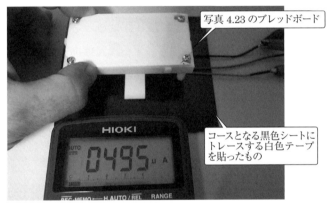

写真 4.24 フォトセンサの反射電流測定

表 4.10 反射型フォトセンサの反射電流測定結果
測定条件：V_{CC} = 5.0V／路面とセンサ間距離：約 7 mm

	左センサ〔μA〕	中央センサ〔μA〕	右センサ〔μA〕
黒色シート	48	53	57
白色テープ	408	609	580
コピー用紙	557	832	800

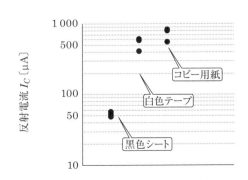

図 4.26 反射型フォトセンサの反射電流特性

それでは表 4.10 の測定結果から負荷抵抗 R_L を設計しましょう。TK400SH にはアナログ電圧で入力することから，黒シートで 1 V 以下，白色テープで 2 V 以上となる抵抗値を選定します。3 つのセンサの中で，黒色シートの反射電流が最も大きな値に注目します。表 4.10 より，

$$R_{L\max} = \frac{1\,\mathrm{V}}{57\,\mu\mathrm{A}} = 17.5\,\mathrm{k\Omega} \tag{4.14}$$

が得られます。一方，白色テープでは，反射電流が最も小さな値（最悪条件）に注目します。表 4.10 より，

$$R_{L\min} = \frac{2\,\mathrm{V}}{408\,\mu\mathrm{A}} = 4.9\,\mathrm{k\Omega} \tag{4.15}$$

となります。以上より，負荷抵抗 R_L は $4.9\,\mathrm{k\Omega} \leqq R_L \leqq 17.5\,\mathrm{k\Omega}$ の範囲であればよいことになります。センサの受光特性のばらつきを吸収するとともに，感度を調整する目的で 20 kΩ の半固定抵抗器を選択します。

設計値を元にして製作したフォトセンサ回路を図 4.27 に示します。R_4，R_5，R_6 の抵抗は，半固定抵抗器が 0 Ω になったとき，フォトトランジスタに異常な電流が流れないようにする保護抵抗です。また，半固定抵抗器に設けたコンデンサ C_1，C_2，C_3 はノイズ対策用で，A/D 変換値の安定化に効果があります。

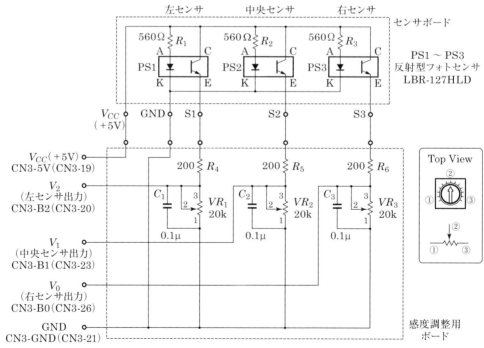

図 4.27 ライントレースロボット用フォトセンサ回路

Column　フォトセンサ回路のディジタル化

図4.27の回路は，アナログ電圧をマイコンでA/D変換し，ソフトウェアで黒色と白色の判別を行いました．これをハードウェアレベルで行う回路を図Aに示します．TC74HC14AP（東芝セミコンダクタ）は標準ロジックICの1つで，シュミットトリガ・インバータです．一般的なロジックICは，入力電圧に対するHighレベルとLowレベルの境界となるしきい値は1つだけです．このため，しきい値付近のノイズを含む電圧が加わると，HighレベルとLowレベルが激しく切り替わり，発振状態になることがあります．一方，シュミットトリガは，図Bのように入力電圧の立ち上がりと立ち下がりのそれぞれに異なるしきい値をもちます．このことによりノイズ除去効果が生まれます．シュミットトリガインバータのしきい値電圧を考慮した，半固定抵抗器VRの設計方法を紹介します．

まず，白色テープを検出すると，フォトトランジスタの出力電流によりVRの両端に電圧が生じます．この電圧が図Bに示す$V_{P\max}$より大きければHighレベルと認識されるので，

$$V_{P\max} \leq VR_{(\min)} \times I_{C(\min)} \tag{4.16}$$

という関係になります．式(4.16)からVRの最小値が得られます．

$$VR_{(\min)} \geq \frac{V_{P\max}}{I_{C(\min)}} \tag{4.17}$$

ここで$I_{C(\min)}$は，白色テープ検出時のセンサ出力電流の最小値です．

一方，黒色シートの場合では，VRの両端に発生する電圧が図Bに示す$V_{N\max}$より小さければLowレベルと認識されるので，

$$V_{N\max} \geq VR_{(\max)} \times I_{C(\max)} \tag{4.18}$$

という関係になります．式(4.18)からVRの最大値が得られます．

$$VR_{(\max)} \leq \frac{V_{N\max}}{I_{C(\max)}} \tag{4.19}$$

ここで$I_{C(\max)}$は，黒色シート検出時のセンサ出力電流の最大値です．表4.10の結果を利用すると，

$$7.7\,\text{k}\Omega \leq VR \leq 35\,\text{k}\Omega \tag{4.20}$$

という結果になり，VRは市販されている抵抗値から50 kΩの半固定抵抗器を選択すればよいことになります．

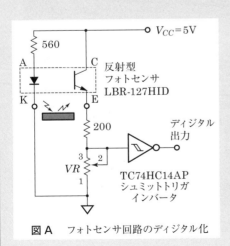

図A　フォトセンサ回路のディジタル化

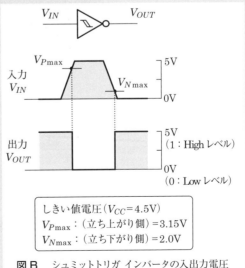

図B　シュミットトリガ インバータの入出力電圧

実験 4.6（B） ライントレースロボット

実験 4.6(A) によって設計した図 4.27 のセンサ回路を完成させ，ライントレースロボットを製作します。黒色シート上に白色ビニルテープで作成するコースは，直線，曲線，鈍角，直角，十字交差によって構成され，交差点は直進するものとします。

● ライントレースロボットの製作

反射型センサを取り付けた写真 4.23 のブレッドボードは，反射電流測定のために取り付けた 15 mm のスペーサをすべて取り外し，20 mm のスペーサに交換します。これを写真 4.25，4.26 のようにロボットに取り付けます。このとき，路面とセンサとの距離は 7～8 mm になります。なお，4.1.2 項の実験で使用した測距センサは外します。感度調整用の回路を製作したブレッドボードは，写真 4.27 のように両面テープでユニバーサルプレートに取り付け，ジャンパワイヤ（オス-メス）でブレッドボードと TK400SH との間を接続します。

写真 4.25 反射型フォトセンサ回路の取り付け

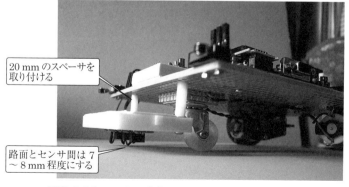

写真 4.26 ロボット台車とセンサボードの取り付け位置

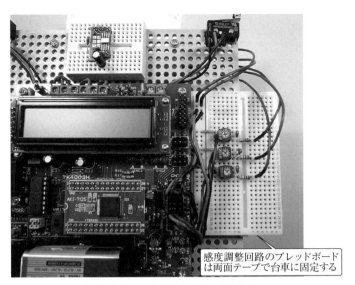

写真 4.27 感度調整回路の取り付け

● **ライントレースの考え方**

　ライントレースロボットには 3 つの反射型フォトセンサを図 4.28 のような配置で取り付けてあります。また，プログラムではセンサの値から白を 1，黒を 0 として変数 **lcr** に代入します。ロボットをコース上に置いたとき，コースに対する車体の傾きから，変数 **lcr** の値は図 4.29 のようなパターンに分けて考えることができます。姿勢の修正方法には，左右の DC モータの回転速度を調整する方法と，回転方向を切り替える方法があります。ここでは，回転速度を一定にし，回転方向だけを切り替える方法を取ります。この場合，センサの情報に対して左右のモータの回転方向を表 4.11 のようにすれば姿勢を立て直すことができます。ライントレース動作のフローチャートを図 4.30 に示します。プログラムはリスト 4.6（photo_sen.c）のようになります。

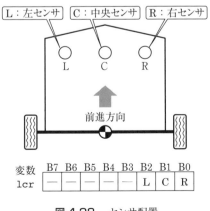

図 4.28 センサ配置

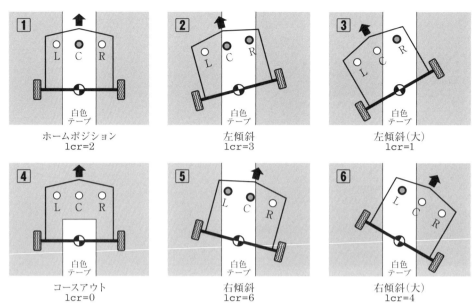

図 4.29　車体の姿勢とセンサ情報の関係

表 4.11　センサ情報に対するモータ回転方向

車体の状態	—	—	—	—	—	L	C	R	変数 lcr の値（10進数）	モータの回転方向*	
	B7	B6	B5	B4	B3	B2	B1	B0		左	右
① ホームポジション	0	0	0	0	0	0	1	0	2	F	F
② 左傾斜	0	0	0	0	0	0	1	1	3	F	S
③ 左傾斜（大）	0	0	0	0	0	0	0	1	1	F	S
④ コースアウト	0	0	0	0	0	0	0	0	0	R	R
⑤ 右傾斜	0	0	0	0	0	1	1	0	6	S	F
⑥ 右傾斜（大）	0	0	0	0	0	1	0	0	4	S	F
例外処理	0	0	0	0	0	*	*	*	*	F	F

* 回転方向：F（正転），R（逆転），S（停止），B（ブレーキ）

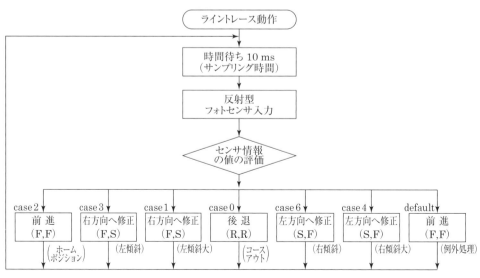

図 4.30　ライントレース動作の方法

リスト 4.6 photo_sen.c

```c
//----------------------------------------------------------
//【実験4.6】反射型フォトセンサによるライントレースロボット
//            AN0：右センサ，AN1：中央センサ，AN2：左センサ
//                                                (photo_sen.c)
//----------------------------------------------------------
#include <tk400sh.h>

#define DTH 400                               // 白黒判定のしきい値（約2V）

unsigned short s0, s1, s2;

//----------------------------------------------------------
// 各種関数の定義
//----------------------------------------------------------
unsigned char get_line(void) {                // センサによるコースの読み取り
  unsigned char  sen;
  sen =0;
  set_ad_ch(0);   ad_start(0);                // A/D チャネル0の設定と変換開始
  s0 = get_ad(0);                             // 右センサの値取得
  set_ad_ch(1);   ad_start(1);                // A/D チャネル1の設定と変換開始
  s1 = get_ad(1);                             // 右センサの値取得
  set_ad_ch(2);   ad_start(2);                // A/D チャネル2の設定と変換開始
  s2 = get_ad(2);                             // 右センサの値取得
  if(s0 > DTH) sen =  1;                      // 右センサ，白判定（0b0000 0001）
  if(s1 > DTH) sen |= 2;                      // 中央センサ，白判定（0b0000 0010）
  if(s2 > DTH) sen |= 4;                      // 左センサ，白判定（0b0000 0100）
  return(sen);
}

void disp(void) {                             // センサの状態取得とLCDへの表示
  locate(0,0); outi(s2); outst(" ");          // 左センサのA/D変換値を表示
               outi(s1); outst(" ");          // 中央センサのA/D変換値を表示
               outi(s0); outst("   ");        // 右センサのA/D変換値を表示
}

//----------------------------------------------------------
// メイン関数
//----------------------------------------------------------
void main(void){
  unsigned char lcr;
    port_init();
    cmt1_init();                              // 時間待ち用
    lcd_init();
      ad_init(0);                             // A/Dモジュール0（AN0～AN3）のスタンバイ
      set_pwm_freq(10000);                    // PWM周波数は10kHz
      set_motor_dir(S,S);                     // モータ停止
      set_pwm_duty(40,40);                    // デューティ比は40％
    locate(0,1); outst("SW1: start");
    while(SW1 == 1) {                         // SW1が押されるまで待機
      lcr = get_line();                       // センサ情報の取得
      disp();  delay_ms(50);                  // LCD表示
    }
    while(SW1 == 0) { delay_ms(100); }        // SW1から手が離れるまで待機
    motor_amp_on();
    clr_lcd();
```

```
057    while(1) {
058      delay_ms(10);                            // サンプリング時間
059      lcr = get_line();                        // センサ情報の取得
060      disp();                                  // LCD にセンサ情報の表示
061      switch(lcr) {
062        case 2:   set_motor_dir(F,F);          // ホームポジションなら前進
063          break;
064        case 3:   set_motor_dir(F,S);          // 左傾斜
065          break;
066        case 1:   set_motor_dir(F,S);          // 左傾斜（大）
067          break;
068        case 0:   set_motor_dir(R,R);          // コースアウトならライン上に戻る
069          break;
070        case 6:   set_motor_dir(S,F);          // 右傾斜
071          break;
072        case 4:   set_motor_dir(S,F);          // 右傾斜（大）
073          break;
074        default:  set_motor_dir(F,F);          // 例外処理は前進
075      }
076    }                                          // end of while(1)
077  }                                            // end of main
```

▼ プログラムリストの解説

8行目 白黒判定のしきい値を定義しています。白色テープを検出したとき，センサ出力電圧が 2 V 以上になるように設計したので，2 V に相当する A/D 変換値として，ここでは 400 に設定しています。

58行目 センサの情報に基づいてモータの回転方向を切り替える際に，時間待ちを入れています。時間待ちを入れないと，モータが追従できない短い時間に，回転方向が激しく切り替わる場合があり，モータドライバ IC の加熱や電池の著しい消耗を招きます。ここでは 10 ms としました。この時間待ちの調整により，トレースできる精度も変わってきます。

61～75行目 変数 lcr の値を switch 文で評価し，表 4.11 に示した値に応じ，モータの回転方向を切り替えています。

● センサ感度の調整と走行

　ライントレースロボットを走行させる前に，センサの感度調整を行います。TK400SH の電源スイッチを投入すると，LCD の 1 行目に，3 つのセンサの A/D 変換値が表示されます。走行コースに車体を置き，3 つのセンサが白色テープ上にあるとき，LCD の表示値が約 600（約 2.9 V）になるように半固定抵抗器を調整します。白と黒を判別するしきい値を 400 にしているので，それよりも十分大きな値にします。あまり感度を高くするとノイズレベルも大きくなるため，誤動作しやすくなります。次に，TK400SH 上のモータ電源スイッチを ON にした後，

タクトスイッチ1（SW1）を押すとライントレースが始まります。動作の様子を写真4.28に示します。3つのセンサにより，曲線や直線，十字交差の直進，直角・鈍角コーナまで走行することができます。リスト4.6のプログラムは，DCモータの回転方向だけを切り替える単純な方法でしたが，DCモータの回転速度も調整するようにすると，より滑らかにトレースできるようになります。

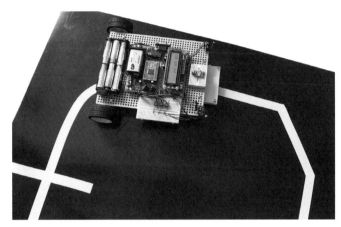

写真 4.28 ライントレース中のロボット

4.1.6 赤外線センサ（赤外線リモコン受光モジュール）

赤外線センサはフォトセンサの1つで，赤外領域の光を電気信号に変換し，必要な情報を取り出すことができるセンサです。ここでは，数多くある赤外線センサの中でも，家電製品や携帯電話，スマートフォンなど，身近なところで使われている赤外線リモコン受光モジュールを取り上げます。

家電製品に使われている赤外線リモコンは，38 kHz で点滅する光の送出時間と休止時間の組合せによってディジタル信号を送信しています。この光の点滅信号を受光し，ディジタル信号として取り出す素子が赤外線リモコン受光モジュールです。その内部構成は製造メーカによって多少異なりますが，およそ図4.31のような構成になっています。赤外線はフォトダイオード（PD）によって電流に変換され，これをさらに電圧に変換します。微小な信号電圧を増幅した後，38 kHz の交流信号だけを通過させるバンドパスフィルタ（BPF）によって外乱光によるノイズ成分を除去します。検波器と積分器によって 38 kHz の信号成分を除去し，コンパレータ（比較器）によって赤外線の送出期間を 1，休止期間を 0 としたディジタル信号に整形することにより，送信されたディジタル信号を復元します。出力段はプルアップされたトランジスタで構成されているため，送信波形に対して出力波形は反転します[※]。

※ 赤外線LEDを38kHzで点滅させているのは，外乱光による誤動作を防ぐためと，発光側の消費電力を抑える目的があります。

赤外線リモコン受光モジュールの一例を写真4.29に示します。

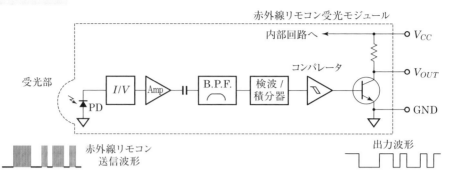

図4.31 赤外線リモコン受光モジュールの内部構成

写真4.29 赤外線リモコン受光モジュール

ここでは，赤外線リモコンとリモコン受光モジュールを使って操縦できるロボットを製作します。使用する部品一覧を表4.12に示します。

表4.12 赤外線リモコン受光モジュールの実験で使用する部品

名称	規格など	型番	メーカなど	数量	購入先	単価
赤外線リモコン受光モジュール	5V，TTL出力，38kHz	PL-IRM0101-3	PARA LIGHT ELECTRONICS	1	秋月電子通商	110
赤外線リモコン	8方向キー，5機能キー	OE13KIR	OptoSupply	1	秋月電子通商	300
小信号用NPN型トランジスタ	$V_{CBO} = 50$ V, $I_C = 150$ mA	2SC1815-GR	東芝セミコンダクタ	1	秋月電子通商	10
炭素皮膜抵抗	47Ω，1/4W	CF25J47RB		1	秋月電子通商	1
炭素皮膜抵抗	2kΩ，1/4W	CF25J2KB		3	秋月電子通商	1
炭素皮膜抵抗	10kΩ，1/4W	RD25S 10K		3	秋月電子通商	1
電解コンデンサ	47μF，35V(16V)		ルビコン	1	秋月電子通商	10
ミニブレッドボード	45×34.5×8.5 mm	BB-601(White)	CIXI WANJIE ELECTRONICS	1	秋月電子通商	130
ジャンパワイヤ（オス—メス）	オス—メス（赤・黒・青）		E-CALL ENTERPRISE CO., LTD.	赤黒1青3	秋月電子通商	30

（注）単価は参考価格〔円〕

● 赤外線リモコンの送信データフォーマット

「赤外線リモコンで操縦するロボット」を製作するために，赤外線リモコンから送信されるデータについて学んでおきましょう。

赤外線リモコンの送信データフォーマットは，家電製品協会方式，NEC方式，SONY方式など，いろいろありますが図4.32のように38 kHzの点滅信号による送出時間と休止時間の長さによって「1」と「0」を区別している点は共通です。ここでは38 kHzの点滅波形を**搬送波**と呼ぶことにします。また，搬送波の送出時間と休止時間の組み合せによってつくられるパルス列を**送信データフォーマット**と呼びます。

　赤外線リモコンから送信されるデータフォーマットは，図4.33のように**リーダ部**，**カスタムコード部**，**データコード部**，**トレーラ部**，**リピートコード部**によって構成されます。

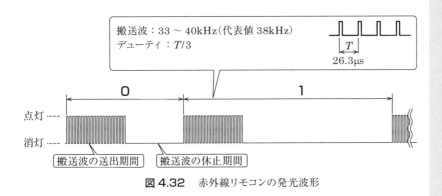

図4.32 赤外線リモコンの発光波形

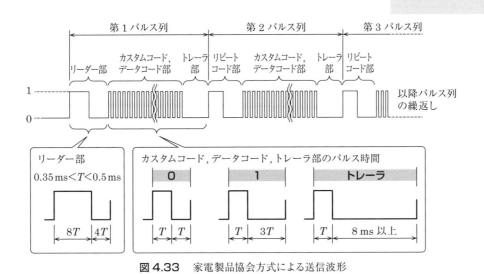

図4.33 家電製品協会方式による送信波形

① リーダ部

　リモコンボタンが押されたときに最初に出力され，信号の始まりを意味します。リモコン信号から必要な情報を取り出すためには，リーダ部を検出することから始まります。

② カスタムコード部

16ビットのカスタムコードと4ビットのパリティビットの合計20ビットで構成されています。カスタムコードはメーカごとに割り当てられたIDコードになっています。NEC方式では，カスタムコード部は16ビットで構成されています。

③ データコード部

リモコンのボタンごとに付けられた識別番号になります。このコードから，リモコンのどのボタンが押されたのかを識別できます。データは最下位ビット（LSB）から送信され，家電製品協会方式では任意のバイト長を取れる可変長ですが，NEC方式では8ビットと8ビットデータの反転による16ビットで構成されています。

④ トレーラ部

パルス列間の休止時間で，送信データの終了を意味します。1つのパルス列の中で最も休止時間が長く，データの区切りの目安になります。

⑤ リピートコード部

リモコンボタンが押され続けたときに出力されるコードです。受信側では，リピートコードを受信するとリモコンボタンが押され続けていると判断し，それに対応した処理を行うことができます。メーカによってはリピートコード部がなく，リーダ部からのトレーラ部までを繰返し送信するリモコンもあります。

以上のことを参考に，赤外線リモコンの送信コードを解析する実験をしてみましょう。ここでは写真4.30に示すような8方向と5つの機能ボタンをもった赤外線リモコン[※]を題材にします。

※ この赤外線リモコンは秋月電子通商で購入することができます（表4.12参照）。

写真4.30 実験で使用する赤外線リモコン

実験4.7（A） 赤外線リモコンの送信データ解析

赤外線リモコン受光回路を製作し，受信データを解析してTK400SHのLCDに16進数で表示します。

受光回路を図4.34に示します。赤外線受光モジュールは微弱な信号を扱うため，モジュール全体を金属で覆うシールドケースに収められて

います．使用するにあたり，電源ラインに含まれるノイズによる誤動作を防ぐため，V_{CC}端子の近くにC_1とR_3によるローパスフィルタを設けます．また，モジュールを無負荷で使うと，無信号時にV_{OUT}端子の動作が不安定になる素子もあります．そこでV_{OUT}端子にトランジスタによるバッファアンプを設け，受光モジュールの動作を安定させると共に出力波形を反転させ，High（1）/Low（0）レベルをリモコン送信波形と一致するようにしています．写真4.31に製作した様子を示します．出力信号はディジタル・アナログ入力ポート（CN3）のCN3-B0（CN3-26）端子に接続します．

受信データを解析する手順を図4.35のフローチャートに示します．また，プログラムをリスト4.7（A）(ir_remo.c)に示します．なお，このプログラムは家電製品協会方式とNEC方式のデータフォーマットに対応しています．ソニー方式には使えないので注意してください．

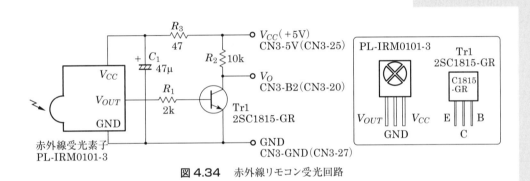

図 4.34 赤外線リモコン受光回路

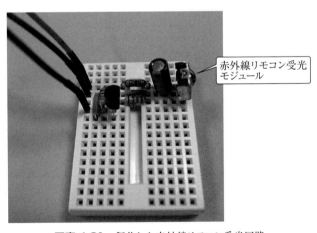

写真 4.31 製作した赤外線リモコン受光回路

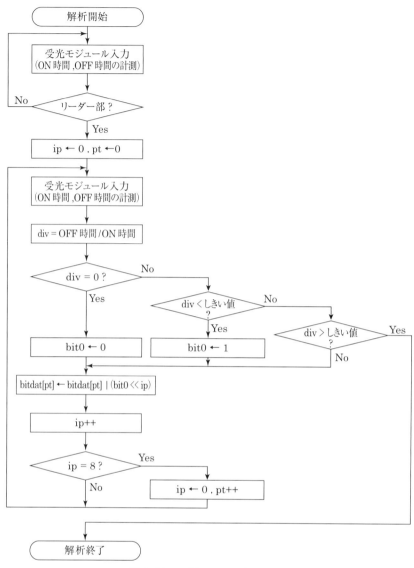

図 4.35　受信データの解析手順

リスト 4.7(A)　ir_remo.c

```
001 //-------------------------------------------------------------
002 //【実験 4.7A】赤外線リモコンの受信データ解析
003 //           受光モジュール：ディジタル・アナログ入力ポート Bit0
004 //                                                    (ir_remo.c)
005 //-------------------------------------------------------------
006 #include <tk400sh.h>
007
008 #define  IRD  PF.DRL.BIT.B0         // ディジタル・アナログ入力ポート (CN3) の B0
009
010 #define  LDonmin   280              // リーダ部 ON：最小時間，2.8 ms
011 #define  LDonmax   1000             // リーダ部 ON：最大時間，10 ms
012 #define  LDoffmin  140              // リーダ部 OFF：最小時間，1.4 ms
```

```c
#define LDoffmax 500              // リーダ部 OFF：最大時間，5 ms
#define HL       5                // 1/0 判定しきい値 (ON/OFF 比率 1：5 まで)
#define ON       (1)
#define OFF      (0)

unsigned short bon, boff;

//-----------------------------------------------------------
// 各種関数の定義
//-----------------------------------------------------------
void get_ird(void) {              // 赤外線リモコン受光モジュールからデータ取得
  while(!IRD);                    // 赤外光が入るまで待機
  bon =0; LED1 = ON;
  while(IRD) {                    // 1(High)の区間処理
    bon++;                        // 送出時間の計測
    delay_2us(5);                 // 10μs ごとにカウントアップ
  }
  boff =0; LED1 = OFF;
  while(!IRD) {                   // 0(Low)の区間処理
    boff++;                       // 休止時間の計測
    delay_2us(5);                 // 10μs ごとにカウントアップ
  }
}

//-----------------------------------------------------------
// メイン関数
//-----------------------------------------------------------
void main(void){
  unsigned short div, ip, pt;
  unsigned char bit0, bitdat[20]; // 8 ビットのデータ幅
  port_init();
  cmt1_init();                    // 時間待ち用
  lcd_init();
org:                              // ラベル名
  clr_lcd();
  for(ip =0; ip < 20; ip++) {
    bitdat[ip] = 0;               // 受信データ配列のゼロクリア
  }
  locate(0,0); outst("Ready");
  while(1) {                      // リーダパルスの検出
    get_ird();                    // 受光モジュールからデータ取得
    if(bon > LDonmin && bon < LDonmax && boff > LDoffmin
       && boff < LDoffmax)
      break;                      // リーダパルスの条件
  }                               // end of while(1)
  ip = 0; pt = 0;
  while(1) {                      // 受信データから 1 バイト単位データ作成
    get_ird();                    // 受光モジュールからデータ取得
    div = boff / bon;             // OFF 時間と ON 時間の長さを比較
    if(div == 0 )       bit0= 0;  // 商が 0 なら「0」
    else if(div < HL) bit0= 1;    // 商がしきい値より小さければ「1」
    else if(div > HL)   break;    // トレーラ部を検出なら while のループから脱出
    bitdat[pt] |= (bit0 << ip);
                                  // LSB から送信されるデータを 1 バイト変数の LSB から再構成
    ip++;                         // ビットシフトの回数
    if(ip == 8) {                 // 8 ビットの配列が埋まると次の配列へ
      ip = 0; pt++;
    }
```

```
069      }                                              // end of while(1)
070      while(1) {                                     // LCDへのデータ表示
071        for(ip =0; ip < pt; ip++) {
072          locate(0,0); outst("Rec.Data["); outi(ip);outst("]/");
             outi(pt-1);
073          locate(0,1); outst("0x"); outhex(bitdat[ip], 2);
074          while(SW1==1){ if(SW2==0) goto org; }
                                                        // SW2が押されたら再受信状態に戻る
075          while(SW1==0) { delay_ms(50); }
076        }
077      }                                              // end of while(1)
078    }                                                // end of main
```

▼ **プログラムリストの解説**

8行目　赤外線受光モジュールの出力を接続するポートピン端子に変数名を定義しています。TK400SHのディジタル・アナログ入力ポート（CN3）のB0端子は，マイコンSH7125のポートFのBit0です。

10〜13行目　リーダパルスの検出を行っています。ここでは，家電製品協会方式とNEC方式のどちらのフォーマットにも対応できるように，リーダパルスの送出期間（ON時間）と休止期間（OFF時間）の最大と最小値を定め，この条件を満たすパルスがリーダパルスであると判断するようにしています。

14行目　受信波形から「1」と「0」を判断するために，休止期間（OFF時間）と送出期間（ON時間）との比率を定義しています。ここでは1：5としました。

24〜34行目　赤外線受光回路から出力される送出期間（ON時間）と休止期間（OFF時間）を計測しています。26行目ではON時間の長さを測るために10μsごとにポートピン端子の状態を調べ，ONしている間のループ回数をカウントします。この値は，10μsを単位とするON時間になります。31行目からはOFF時間の長さを測っています。測定方法はON時間と同じです。

46行目　74行目ではSW2が押されたらこの行にジャンプします。そのジャンプ先がラベルです。goto文は，関数内であればラベルの場所に無条件でジャンプします。

52〜56行目　関数 `get_ird()` によって計測したON時間とOFF時間から，if文の条件式を使ってリーダパルスであるかどうかを調べ，リーダパルスが見つかるまで繰返します。

58〜69行目　ON時間とOFF時間の比率から1/0を判別し，1バイト（8ビット）単位で配列に格納します。リモコンのデータは

最下位ビット（LSB）から順番に送信されるため，左方向のビットシフト命令を使い，配列 **bitdat[]** の最下位ビットから順番に 1 または 0 をセットしています。また，トレーラ部を検出したら受信処理から脱出し，LCD 表示処理に移ります。

70〜77 行目　LCD に受信データを 1 バイトごとに 16 進数 2 桁で表示します。16 進数表示には，LCD 用関数の 1 つである関数 **outhex()** を使っています。タクトスイッチ SW1 を押すごとに次のデータに表示が切り替わります。また，タクトスイッチ SW2 を押すと最初の受信待ち状態に戻るので，次の赤外線リモコンデータを解析することができます。

▶ プログラムの実行と実験結果

TK400SH の電源スイッチを投入すると，LCD に「Ready」と表示されます。赤外線リモコン受光モジュールに向けてリモコンのボタンを押すと，LED1 が一瞬点滅し，LCD に受信データの最初のデータが表示されます。次のデータを確認するには SW1 を押します。また，次のリモコンボタンのデータを調べるには，SW2 を押せば最初の状態に戻ります。実験風景を写真 4.32 に示します。また，実験結果は表 4.13 のようになりました。

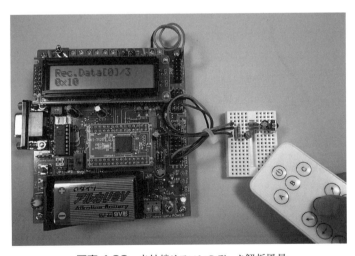

写真 4.32　赤外線リモコンのデータ解析風景

表4.13 赤外線リモコンのデータ解析結果

ボタン表示	受信データ（16進数）			
	1バイト目 B1	2バイト目 B1	3バイト目 B2	4バイト目 B2
⏻	10	ef	d8	27
A	10	ef	f8	07
B	10	ef	78	87
C	10	ef	58	a7
↖	10	ef	b1	4e
↑	10	ef	a0	5f
↗	10	ef	21	de
←	10	ef	10	ef
●	10	ef	20	df
→	10	ef	80	7f
↙	10	ef	11	ee
↓	10	ef	00	ff
↘	10	ef	81	7e

　このリモコンの操作ボタン情報は，4バイトで構成され，先頭から2バイトがカスタムコード部で，3バイト目と4バイト目が各ボタンスイッチに対応したデータコード部です．さらに，カスタムコード部は，1バイト目のビット反転が2バイト目に，データコード部も同様に3バイト目のビット反転が4バイト目になります．これはNEC方式のデータフォーマットです．以上のことから，どのボタンが押されたかは，3バイト目のデータに注目すればよいことがわかりました．この情報を元に，赤外線リモコンで操縦するロボットの製作をします．

実験4.7（B）　赤外線リモコンで操縦するロボット

　実験4.7(A)で使用した赤外線リモコンで，移動ロボットを操縦するようにします．実験4.6(B)で使用したライントレースロボットからラインセンサと感度調整ボードを外し，写真4.33のように受光回路を配置します．

　表4.13の解析結果に対して，左右のモータの回転方向と機能を表4.14のように対応させます．プログラムは，実験4.7(A)で使用した受信データ解析プログラムを元に，表4.14の機能となるように作成します．プログラムをリスト4.7(B)（ir_cart.c）に示します．

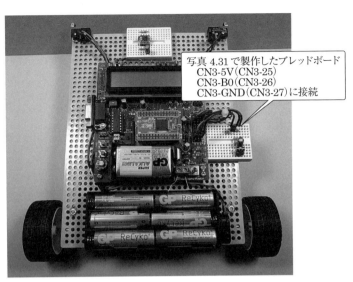

写真 4.31 で製作したブレッドボード
CN3-5V(CN3-25)
CN3-B0(CN3-26)
CN3-GND(CN3-27)に接続

写真 4.33 ロボットに搭載した赤外線リモコン受光回路

表 4.14 リモコンボタンの対応機能一覧

ボタン表示	受信データ（16進数）				モータ制御命令		その他の機能
	1バイト目 B1	2バイト目 B1	3バイト目 B2	4バイト目 B2	左モータ	右モータ	
⏻	10	ef	d8	27	—	—	モータ駆動 IC の ON/OFF
A	10	ef	f8	07	—	—	PWM デューティ比 20%
B	10	ef	78	87	—	—	PWM デューティ比 30%
C	10	ef	58	a7	—	—	PWM デューティ比 40%
↖	10	ef	b1	4e	S	F	0.3 秒動作
↑	10	ef	a0	5f	F	F	連続動作
↗	10	ef	21	de	F	S	0.3 秒動作
←	10	ef	10	ef	R	F	0.3 秒動作
●	10	ef	20	df	B	B	モータブレーキ
→	10	ef	80	7f	F	R	0.3 秒動作
↙	10	ef	11	ee	S	R	0.3 秒動作
↓	10	ef	00	ff	R	R	0.5 秒動作
↘	10	ef	81	7e	R	S	0.3 秒動作
例外処理					S	S	モータ停止

（F：正転，R：逆転，S：停止，B：ブレーキ）

リスト 4.7(B) ir_cart.c

```c
//------------------------------------------------------------
//【実験 4.7B】赤外線リモコンによるロボット操縦
//           受光モジュール：ディジタル・アナログ入力ポート Bit0
//                                                (ir_cart.c)
//------------------------------------------------------------
#include <tk400sh.h>

#define IRD PF.DRL.BIT.B0      // ディジタル・アナログ入力ポート (CN3) の B0

#define LDonmin   280          // リーダ部 ON：最小時間，2.8 ms
#define LDonmax   1000         // リーダ部 ON：最大時間，10 ms
#define LDoffmin  140          // リーダ部 OFF：最小時間，1.4 ms
#define LDoffmax  500          // リーダ部 OFF：最大時間，5 ms
#define HL     5               // 1/0 判定しきい値 (ON/OFF 比率 1:5 まで)
#define ON    (1)
#define OFF   (0)

unsigned short bon, boff;

//------------------------------------------------------------
// 各種関数の定義
//------------------------------------------------------------
void get_ird(void) {           // 赤外線リモコン受光モジュールからデータ取得
  while(!IRD);                 // 赤外光が入るまで待機
    bon =0; LED1 = ON;
    while(IRD) {               // 1 (High) の区間処理
      bon++;                   // 送出時間の計測
      delay_2us(5);            // 10μs ごとにカウントアップ
    }
  boff =0; LED1 = OFF;
    while(!IRD) {              // 0 (Low) の区間処理
      boff++;                  // 休止時間の計測
      delay_2us(5);            // 10μs ごとにカウントアップ
    }
}
//------------------------------------------------------------
// メイン関数
//------------------------------------------------------------
void main(void){
  unsigned short div, ip, pt;
  unsigned char  bit0, bitdat[20];    // 8 ビットのデータ幅
  unsigned char  pwr;
  port_init();
  cmt1_init();                         // 時間待ち用
  lcd_init();
  set_pwm_freq(10000);                 // PWM 周波数は 10 kHz
  set_motor_dir(S,S);                  // モータ停止
  set_pwm_duty(40,40);                 // デューティ比は 40%
  pwr = 0x27;                          // モータアンプ ON/OFF (初期値 OFF)
  locate(0,0); outst("Ready");

  while(1) {
    for(ip =0; ip < 4; ip++) {         // 4 バイト分のみ
      bitdat[ip] = 0;                  // 受信データ配列のゼロクリア
    }
```

```
057  while(1) {                              // リーダパルスの検出
058    get_ird();                            // 受光モジュールからデータ取得
059      if(bon > LDonmin && bon < LDonmax && boff > LDoffmin
           && boff < LDoffmax)
060      break;                              // リーダパルスの条件
061  }                                       // end of while(1)
062  ip = 0; pt = 0;
063  while(1) {                              // 受信データから1バイト単位データ作成
064    get_ird();                            // 受光モジュールからデータ取得
065    div = boff / bon;                     // OFF時間とON時間の長さを比較
066    if(div == 0 )       bit0= 0;          // 商が0なら「0」
067    else if(div < HL)  bit0= 1;           // 商がしきい値より小さければ「1」
068    else if(div > HL)   break;            // トレーラ部を検出ならwhileのループから脱出
069    bitdat[pt] |= (bit0 << ip);
                                             // LSBから送信されるデータを1バイト変数のLSBから再構成
070    ip++;                                 // ビットシフトの回数
071    if(ip == 8) {                         // 8ビットの配列が埋まると次の配列へ
072      ip = 0; pt++;
073    }
074  }                                       // end of while(1)
075
076  locate(0,1); outhex(bitdat[2],2);        // 3バイト目のデータをLCDに表示
077  switch(bitdat[2]) {                     // 3バイト目のデータを評価
078    case 0xd8: if(pwr== 0x27) {           // 電源状態フラグの確認
079               pwr = ~pwr; LED2= 1;       // 電源状態フラグの反転(モータアンプON)
080               motor_amp_on(); delay_ms(1000);
081             }
082             else {
083               pwr = ~pwr; LED2= 0;       // 電源状態フラグの反転(モータアンプOFF)
084               motor_amp_off(); delay_ms(1000);
085             } break;
086    case 0xf8: set_pwm_duty(20,20); break; // Aボタン -> デューティ比20%
087    case 0x78: set_pwm_duty(30,30); break; // Bボタン -> デューティ比30%
088    case 0x58: set_pwm_duty(40,40); break; // Cボタン -> デューティ比40%
089    case 0xb1: set_motor_dir(S,F); delay_ms(300); set_motor_dir(S,S); break;
090    case 0xa0: set_motor_dir(F,F); break;
091    case 0x21: set_motor_dir(F,S); delay_ms(300); set_motor_dir(S,S); break;
092    case 0x10: set_motor_dir(R,F); delay_ms(300); set_motor_dir(S,S); break;
093    case 0x20: set_motor_dir(B,B); break;
094    case 0x80: set_motor_dir(F,R); delay_ms(300); set_motor_dir(S,S); break;
095    case 0x11: set_motor_dir(S,R); delay_ms(300); set_motor_dir(S,S); break;
096    case 0x00:  if(bitdat[3] == 0xff) {
097               set_motor_dir(R,R); delay_ms(500); set_motor_dir(S,S);
098               break;
099             }
100             else  break;
101    case 0x81: set_motor_dir(R,S); delay_ms(300); set_motor_dir(S,S); break;
102    default:   set_motor_dir(S,S);
103    }
104  }                                       // end of while(1)
105 }                                        // end of main
```

▼ プログラムリストの解説

77～102行目 リモコンのデータコード部を示す3バイト目に注目して，値に応じた処理を行っています。前進ボタンを押すと左右

のモータは正転状態を維持します。それ以外のボタンを操作すると正転状態が解除され，所定の時間だけ動作して停止します。この実験で使用したリモコンは，ボタンを押し続けるとリピートコードが送られますが，リピートコードに続くデータがありません。このため，ボタンを押し続けると3バイト目のデータがゼロになり，後退動作になってしまうことがあります。そこで96行目において，3バイト目のビット反転が4バイト目の値と等しいかどうかをチェックすることにより，誤動作を防いでいます。

▶ プログラムの実行

リモコンの電源ボタンを押すと LED2 が点灯し，モータ駆動用 IC がスリープ状態から動作状態になります。この状態で前後左右ボタンを操作してロボットを操縦します。

4.2 アクチュエータの活用

本節では代表的なアクチュエータとして，DC モータとステッピングモータの駆動方法に関する実験を通して，これらの活用方法を学びます。

4.2.1 DC モータの駆動回路と速度制御

[1] シンプルな DC モータ駆動回路と速度制御

DC モータは，使用目的によっては1方向のみの回転でよい場合があります。そのようなときには，図 4.36 の回路が便利です。モータ電源 V_m は，パワー MOSFET の定格内であれば自由に選ぶことができ，DC モータ以外にも，ランプやリレーなど，いろいろな負荷を接続することができます。

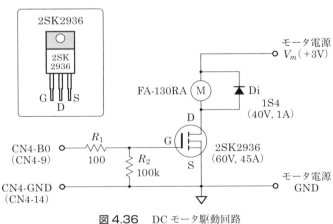

図 4.36 DC モータ駆動回路

この回路の制御信号として，2.3 節で紹介した PWM 制御を使えば，DC モータの速度制御を行うことができます。

実験 4.8（A）　ソフトウェア PWM による速度制御

図 4.36 に示す回路を使い，DC モータを PWM 制御により回転速度を調整できるようにします。PWM 周波数は 90Hz[※]とし，デューティ比は 0 ～ 10（0 ～ 100%）の 11 段階とします。タクトスイッチ SW1 はデューティ比のアップ，タクトスイッチ SW2 はダウン機能とし，PWM 出力端子は汎用 I/O ポート（CN4）の CN4-B0（CN4-9）とします。

使用する部品を表 4.15 に，ブレッドボードに製作した回路を写真 4.34 に示します。DC モータは両面テープを使い，ブレッドボートに固定します。

※ プログラムで PWM 波形を生成するためには，一定時間間隔のタイマが必要です。タイマとして，時間精度がよい時間待ち関数 `delay_ms()` を使い，1ms ごとの処理で 11 段階の PWM 波形を生成します。この場合，PWM 周期は 11ms（PWM 周波数は約 90Hz）になります。

表 4.15　DC モータ駆動回路使用部品

名称	規格など	型番	メーカなど	数量	購入先	単価
DC モータ	FA-130RA モータ（1.5 ～ 3.0 V）	FA-130RA-2270	MERCURY MOTOR	1	秋月電子通商	100
パワー MOSFET	N チャネル MOSFET V_{DSS} = 60 V, I_D = 45 A	2SK2936	ルネサスエレクトロニクス	1	秋月電子通商	200
整流用ショットキーバリアダイオード	40 V, 1 A	1S4	PANJIT INTERNATIONAL INC.	1	秋月電子通商	20
炭素皮膜抵抗	100 Ω，1/4 W	CF25J100RB		1	秋月電子通商	1
炭素皮膜抵抗	100 kΩ，1/4 W	RD25S 100K		1	秋月電子通商	1
ブレッドボード	45.2 × 83.7 × 10mm	EIC301	E-CALL ENTERPRISE CO., LTD.	1	秋月電子通商	150
ジャンパワイヤ（オス-メス）	オス-メス（黒・青）		E-CALL ENTERPRISE CO., LTD.	黒 1 青 1	秋月電子通商	30

（注）単価は参考価格〔円〕

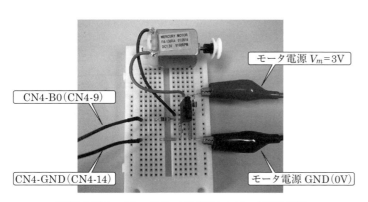

写真 4.34　ブレッドボードに製作したモータ駆動回路

ソフトウェアでパルス状のON/OFF信号を作り，そのデューティ比を可変する方法は，図4.37に示すフローチャートに従います。この図において，pwmfはPWMの周期を決める定数です。90 Hzの周期は約11 msなので11を格納し，1 msごとに図4.37のタイマ処理関数を実行します。dcntはカウンタで，この処理が実行されるたびにカウントアップされ，モジュロ演算子（％）※によって11になったところで0にクリアされます。dutyはデューティ比で，0〜10までの範囲で設定します。duty=0は例外処理としてOFFの状態になりますが，dcntの値がduty以下の間はON，それ以外ではOFFにすることで90 HzのPWM波形を生成します。プログラムをリスト4.8（A）（motor_spd.c）に示します。

※ モジュロ演算子は「余り」を求める算術演算子の1つです。

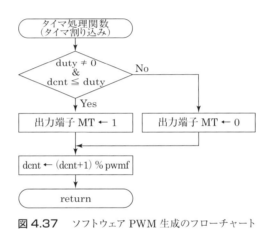

図4.37 ソフトウェアPWM生成のフローチャート

リスト4.8（A） motor_spd.c

```
001  //-------------------------------------------------------
002  //【実験4.8A】DCモータの速度制御
003  //                          (motor_spd.c)
004  //-------------------------------------------------------
005  #include <tk400sh.h>
006
007  #define MT  PE.DRL.BIT.B0        // PWM出力端子，CN4-B0（CN4-9）
008  #define ON  (0)
009  #define OFF (1)
010
011  unsigned char pwmf = 11;         // PWM周期，11ms（90 Hz）
012  unsigned char duty = 0;          // PWM，デューティ比設定用（0〜10）
013  unsigned char dcnt = 0;          // PWM周期カウンタ
014
015  //-------------------------------------------------------
016  // 各種関数の定義
017  //-------------------------------------------------------
018  void mtspeed(void) {             // モータのPWM制御
019    if(duty != 0 && dcnt <= duty) MT = 1;
020    else                          MT = 0;
```

```
021      dcnt = (++dcnt) % pwmf;              // PWM周期の生成 (0〜10)
022    }
023
024  //-----------------------------------------------------------
025  // メイン関数
026  //-----------------------------------------------------------
027  void main(void){
028    port_init();
029    cmt1_init();                            // 時間待ち用
030    lcd_init();
031    set_peio(0x00);                         // CN4のI/O端子, すべて出力
032
033    locate(0,0); outst("PWM U/D:SW1,SW2");
034    locate(0,1); outst("duty:"); outi(duty);
035
036    while(1){
037      if(SW1==ON) {                         // SW1がONなら以下の処理を行う
038        while(SW1==ON);                     // ONしている間は待機
039        if(duty < 10) duty++;               // 10未満なら+1
040        locate(5,1); outi(duty);
041      }
042      if(SW2==ON) {                         // SW2がONなら以下の処理を行う
043        while(SW2==ON);                     // ONしている間は待機
044        if(duty > 0) duty--;                // 0より大きければ-1
045        locate(5,1); outi(duty); outst(" ");
046      }
047      mtspeed(); delay_ms(1);               // 1msごとにmtspeed関数をコール
048    }                                        // end of while(1)
049  }                                          // end of main
```

▼ プログラムリストの解説

18〜22行目 図4.37に示すフローチャートの処理を関数 **mtspeed()** にしました。メイン関数から1msごとに, この関数をコールします。

37〜46行目 SW1を押すとデューティ比のカウントアップ, SW2を押すとカウントダウンを行う処理をしています。

47行目 ここでPWM処理関数を呼び出し, その間隔を1msにしています。

▶ プログラムの実行

モータ電源の3Vは外部電源から供給します。タクトスイッチSW1を押すごとにデューティ比が増加し, DCモータの回転音から速度の増減が分かります。このプログラムを実行すると, すぐに気づくと思いますが, スイッチを操作している間はそこでプログラムの処理が止まるため, PWM処理ができなくなります。このため, DCモータが停止したり異常な回転数になったりします。また, デューティ比の時間精度もよくありません。これがこのプログラムの欠点です。このようなことを防

ぐために，一定時間間隔でメイン関数を中断し，所定の関数を優先的に実行する**タイマ割り込み機能**を使います[※]。

ところで，図4.36の回路において，DCモータと並列にダイオードが入っています。このダイオードはFETの保護とモータを滑らかに回すために必要な部品で，**フライホイールダイオード**と呼ばれています。DCモータは，内部のコイルによるインダクタンス成分が大きく，短時間でONとOFFを繰り返すパルスを与えると大きな逆起電力が発生します。この様子を図4.38に示します。PWM波形の切り替わり時に，−8V以上の電圧が発生しています。さらに，この逆起電力がマイコン側に回り込み，誤動作させることがあります。図4.39はフライホイールダイオードを挿入した場合の波形です。PWMパルスがOFFの期間は，インダクタンス成分に蓄えられたエネルギーを，このダイオードによって放電するバイパスを設けます。このことにより，過大な逆起電力を防ぎ，DCモータに流れる電流の連続性を維持し，DCモータが滑らかに回るようにする働きがあります。このダイオードには，整流用ショットキーバリアダイオード[※※]やファーストリカバリダイオード[※※※]を用います。また，容量の選定は，DCモータに流れる最大電流と同程度にします。

[※] 具体的なプログラム例は，5.2.5項を参照。

[※※] 一般的なダイオードはPN接合構造であるのに対し，ショットキーバリアダイオード（SBD）は金属と半導体との接合によって生じるショットキー障壁を利用したダイオードです。シリコンによるPN接合は約0.6Vの順方向電圧をもちますが，SBDでは約0.2V程度と低く，スイッチング特性に優れるという特長をもちます。その一方で，シリコンと比べると逆方向電流が大きいという欠点があります。

[※※※] ダイオードが導通状態からしゃ断状態に切り替わるとき，直ちに順方向電流がゼロにならず，ある一定期間電流が流れ続けます。この期間をリカバリ時間（逆回復時間）といい，スイッチング回路では，この時間が短いダイオードが求められます。特にリカバリ時間が短いダイオードをファーストリカバリダイオードといいます。

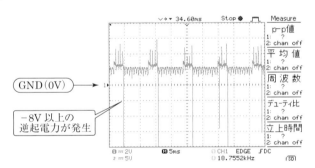

図4.38　ダイオードがない場合のDCモータ端子電圧
（V_m=3.0V, デューティ設定値：2）

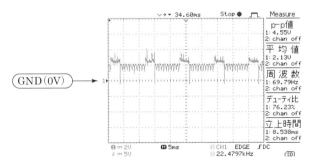

図4.39　フライホイールダイオードを挿入した場合のDCモータ端子電圧
（V_m=3.0V, デューティ設定値：2）

[2] モータ駆動用ICを活用した正逆転と速度制御方法

DCモータの回転方向を変えるためには，Hブリッジ回路を使うのが一般です。ここではモータ駆動用ICを使った回路を図4.40に示します。TA7291P[※]（東芝セミコンダクタ）は，Hブリッジ回路を内蔵したDCモータ用フルブリッジドライバICです。出力電流は，最大2.0A（ピーク時），平均電流1.0Aを取り出すことができ，V_{REF} 端子を使うことによりDCモータへの印加電圧を調整できます。回路図中の半固定抵抗器 VR_1 はこのためのもので，モータ電源電圧 V_m に対し，$V_m/3$ ～ V_m の範囲で調整できます。電圧調整が不要な場合は，R_3 を V_m に接続し，R_4 と VR_1 は不要になります。このドライバICは，正転，逆転，停止，ブレーキの4状態を，2つの制御入力端子IN1，IN2によって選ぶことができます。ただし，PWMによる速度制御を想定した設計にはなっていないため，TK400SHに搭載しているモータ駆動回路のような使い方はできません。しかし，IN1とIN2の制御入力端子をパルス駆動することにより，200Hz程度までのPWM制御を行うことができます。

※TA7291P
　TA7291Pは，執筆時点（2016年3月）で生産終了予定品になっています。代替品として，ピン間が0.65mmピッチの16ピンSSOPパッケージのTC78H610FNG（Hブリッジを2回路搭載）などが利用できます。また，他社メーカ（ROHM，テキサス・インスツルメンツ，STマイクロエレクトロニクスなど）からも同種の製品があります。

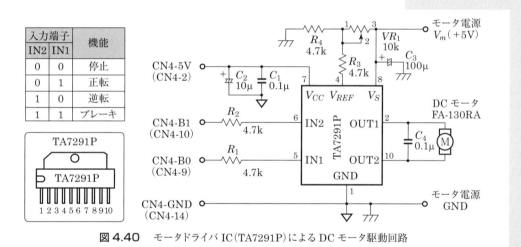

図4.40　モータドライバIC（TA7291P）によるDCモータ駆動回路

実験4.8（B）　モータドライバICを使った速度制御

図4.40に示す回路を製作し，制御入力端子をパルス駆動することによるPWM制御について実験します。DCモータの回転方向設定は，実験4.8（A）のプログラムに機能を追加し，ロータリディップスイッチの値が1で正転，9で逆転，0でブレーキ，それ以外は停止となるようにします。モータドライバICの制御端子は，汎用I/Oポート（CN4）のCN4-B0（CN4-9）とCN4-B1（CN4-10）を使用します。また，半固定抵抗器 VR_1 によるDCモータの速度調整についても確認します。

使用部品の一覧を表4.16に示します。また，ブレッドボードに製作

した様子を写真 4.35 に示します。このドライバ IC によるモータの制御は，IN1 と IN2 の端子に 1（High）/0（Low）信号を与えることで正転・逆転・停止・ブレーキの 4 状態を制御できます。実験 4.8(A) で使ったプログラムを少し改良するだけで，このドライバ IC でも PWM 制御による速度制御を行うことができます。プログラムをリスト 4.8(B)（motor_drv.c）に示します。

表 4.16 モータドライバ IC を使った実験使用部品

名称	規格など	型番	メーカなど	数量	購入先	単価
DC モータ	FA-130RA モータ（1.5 V〜3.0 V）	FA-130RA-2270	MERCURY MOTOR	1	秋月電子通商	100
DC モータドライバ IC	$V_{CC} = 4.5 \sim 20$ V $V_S = 0 \sim 20$ V $I_O = 1.0$ A, peak = 2.0 A	TA7291P	東芝セミコンダクタ	1	秋月電子通商	150
炭素皮膜抵抗	4.7 kΩ，1/4 W	RD25S 4K7		4	秋月電子通商	1
半固定抵抗器	10 kΩ	3362P-1-103LF	Bourns,Inc.	1	秋月電子通商	50
積層セラミックコンデンサ	0.1 μF，50 V		村田製作所	2	秋月電子通商	10
電解コンデンサ	10 μF，16 V	16MS710MEF C4X7	ルビコン	1	秋月電子通商	10
電解コンデンサ	100 μF，16 V	16MH5100MEF C6.3X5	ルビコン	1	秋月電子通商	20
ブレッドボード	83 × 52 × 9 mm	SAD-101	サンハヤト	1	サンハヤト	518
ジャンパワイヤ（オス-メス）	オス-メス（赤・黒・青）		E-CALL ENTERPRISE CO., LTD.	赤1 黒1 青2	秋月電子通商	30

（注）単価は参考価格〔円〕

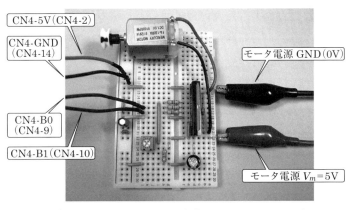

写真 4.35 ブレッドボードに製作したモータドライバ回路

リスト 4.8（B） motor_drv.c

```c
//--------------------------------------------------------
//【実験 4.8B】モータドライバ IC を使った DC モータの速度制御
//             CN4-B0：IN1, CN4-B1：IN2          (motor_drv.c)
//--------------------------------------------------------
#include <tk400sh.h>

#define ON   (0)
#define OFF  (1)

unsigned char pwmf = 11;            // PWM 周期, 11 m s (90 Hz)
unsigned char duty = 0;             // PWM, デューティ比設定用 (0 ～ 10)
unsigned char dcnt = 0;             // PWM 周期カウンタ
unsigned char fr = 0;               // 回転方向
unsigned char mdr= 0;

//--------------------------------------------------
// 各種関数の定義
//--------------------------------------------------
void mtspeed(void) {                // モータの PWM 制御
  switch(fr) {
    case 1: mdr = 1; break;         // RDS が 1 なら正転
    case 9: mdr = 2; break;         // RDS が 9 なら逆転
    case 0: mdr = 3; break;         // RDS が 0 ならブレーキ
    default: mdr = 0;               // 例外は停止
  }
  if(duty != 0 && dcnt <= duty)
    output_pe(mdr);                 // 汎用 I/O ポートの B0, B1 に出力
    else   output_pe(0);
  dcnt = (++dcnt) % pwmf;           // PWM 周期の生成 (0 ～ 10)
}

//--------------------------------------------------
// メイン関数
//--------------------------------------------------
void main(void){
  port_init();
  cmt1_init();                      // 時間待ち用
  lcd_init();
  set_peio(0x00);                   // CN4 の I/O 端子，すべて出力

  locate(0,0); outst("PWM U/D:SW1,SW2");
  locate(0,1); outst("duty:"); outi(duty);

  while(1){
    if(SW1==ON) {                   // SW1 が ON のときは以下の処理を実行
      while(SW1==ON);               // ON の間は待機
      if(duty < 10) duty++;         // 10 未満なら +1
      locate(5,1); outi(duty);
    }
    if(SW2==ON) {                   // SW2 が ON のときは以下の処理を実行
      while(SW2==ON);               // ON の間は待機
      if(duty > 0) duty--;          // 0 より大きければ -1
      locate(5,1); outi(duty); outst(" ");
    }
      fr = get_dip_sw();            // ロータリ DIP (RDS) スイッチの値取得
      mtspeed(); delay_ms(1);       // 1ms ごとに mtspeed 関数をコール
```

```
057     }
058 }
```
```
            // end of while(1)
            // end of main
```

▼ プログラムリストの解説

20〜25行目　ロータリディップスイッチの値に応じて，モータドライバICへの制御信号を決めています．

26〜29行目　実験 4.8(A) では PWM 出力端子に 1/0 を出力しました．ここではモータドライバ IC への制御信号を出すか，0（停止）にするかによって，モータ駆動電圧が PWM になるようにしています．

35〜58行目　メイン関数は，55 行目にロータリディップスイッチの値を取得する関数が新たに加わっただけで，その他は実験 4.8(A) と同じです．

▶ プログラムの実行

モータ電源 V_m は，外部電源を使って 5 V を供給します．TK400SH のロータリディップスイッチを 1 または 9 に合わせ，タクトスイッチ SW1 を押すとデューティ比が増加し，それにつれて DC モータの回転速度が増加します．タクトスイッチ SW2 を押すとその逆の動作になります．また，ロータリディップスイッチは値によって，回転方向が切り替わります．

次に，速度調整用の半固定抵抗器 VR_1 による実験をします．正転または逆転のいずれかの状態にしておき，デューティ比を 10（100 %）にします．この状態で，10 kΩ の半固定抵抗器を回すと DC モータの回転速度が変わります．モータ電源電圧 V_m が 5 V のとき，DC モータの両端にテスタをあてて測定すると，反時計方向に回しきったとき約 1.4 V，時計方向に回しきったとき約 3.1 V になります．DC モータの端子電圧がモータ電源電圧まで上昇しないのは，IC 内部の H ブリッジ回路を構成している NPN 型トランジスタによる内部吸収電圧が約 2 V あるためです．モータ電源電圧の設定は，ドライバ IC の内部吸収電圧を考慮して決める必要があります※．

[3] モータコントローラによる DC モータ制御

DC モータの速度制御は身近なところで使われていますが，その代表的な例が，玩具の電動ラジコンカーでしょう．ここには，スピードコントローラと呼ばれる装置に車体の駆動モータを接続し，2.4.3 項で紹介した RC サーボ信号によってモータの回転速度を調整するしくみが使わ

※　H ブリッジ回路は，多くの場合バイポーラトランジスタ（いわゆる NPN 型，PNP 型トランジスタ）かパワー MOSFET で構成されます．バイポーラトランジスタでは，コレクタ-エミッタ間飽和電圧 $V_{CE(sat)}$ が内部吸収電圧の正体です．一方，パワー MOSFET では，ドレイン-ソース間の ON 抵抗 R_{DS} による電圧降下が内部吸収電圧になります．R_{DS} は mΩ オーダの低 ON 抵抗をもった素子が次々と登場しており，内部吸収電圧はパワー MOSFET のほうが圧倒的に小さくなります．

れています。ここでは，秋月電子通商から入手できる HB-25 モータコントローラ（PARALLAX）を使った DC モータの速度制御を紹介します。HB-25 モータコントローラの主な仕様を表 4.17 に示します。このコントローラは，最大 350W までの DC モータを接続することができ，図 4.41 のように，サーボ周期内におけるパルス時間で DC モータの回転方向と速度を調整することができます。

表 4.17 HB-25 モータコントローラの主な仕様

項　目	定　格
モータ供給電圧	6.0〜16.0 V DC
負荷電流	25 A（連続），35 A（サージ），（13.8 V 時）
待機電流	50 mA（6 V 時），80 mA（13.8 V 時）
PWM 周波数	9.2 kHz
入力パルス	1.0 ms：逆回転（全速） 1.5 ms：ニュートラル（停止） 2.0 ms：正回転（全速）
フューズ	25 A
冷却方法	ファンによる強制空冷
サイズ	40 × 40 × 50 mm

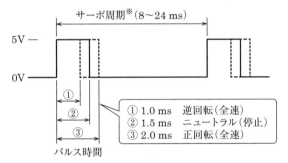

図 4.41 モータコントローラの RC サーボ信号

※ TK400SHのRCサーボ端子から出力されるサーボ周期は，10msに設定されています。

実験 4.8（C）　モータコントローラを使った速度制御

HB-25 モータコントローラと TK400SH を接続し，90W の DC モータの速度調整を行います。

この実験で使用する部品を表 4.18 に示します。このモータコントローラの制御信号は，TK400SH の RC サーボ端子に接続するだけのいたってシンプルな回路になります。RC サーボ信号のパルス時間は，2.5 節で学んだロータリエンコーダを使って調整します。プログラムは新たに作成する必要はありません。実験 4.5(A) で使用したプログラム rc_posit.c をそのまま使うことができます。実験回路を図 4.42 に示します。

表4.18 HB-25モータコントローラを使った実験使用部品

名称	規格など	型番	メーカなど	数量	購入先	単価
DCモータ	RE35シリーズ 90W, 15V	273752	maxon	1	マクソンジャパン	34 344
25Aハイパワー DCモータドライバモジュール	HB-25モータコントローラ	#29144	Parallax Inc.	1	秋月電子通商	5 000
ロータリエンコーダ	2相出力, 1回転 24パルス	RE-160f-40E3-(L)A-24P		1	秋月電子通商	200
ミニブレッドボード	45×34.5×8.5mm	BB-601 (White)	CIXI WANJIE ELECTRONICS	1	秋月電子通商	130
ブレッドボードワイヤ 延長ワイヤ	メス–メス (赤・黒)		E-CALL ENTERPRISE CO., LTD.	赤1 黒1	秋月電子通商	30
ジャンパワイヤ (オス–メス)	オス–メス (赤・黒・青)		E-CALL ENTERPRISE CO., LTD.	赤1 黒1 青1	秋月電子通商	30

（注）単価は参考価格〔円〕

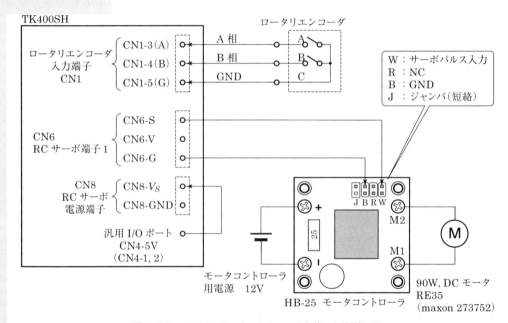

図4.42 HB-25モータコントローラを使った実験回路

▶ プログラムの実行

図4.42のように接続したら，極性の誤りがないか点検します．特にHB-25モータコントローラは，モータ接続端子と電源端子が似ているので，逆に接続しないように十分に注意してください．接続を誤ると故障します．

電源の投入順序は，まずTK400SHを先にONし，次にモータコントローラ用電源をONします．切断は，モータコントローラ，TK400SHの順に行います．

TK400SHをONにするとエンコーダカウンタの初期値は0になって

います。この段階でモータコントローラの電源をONにすると，DCモータがゆっくりと回転することがあります。ロータリエンコーダのつまみを回して静止する場所を探してください。筆者の実験環境では－40にすると静止しました。ロータリエンコーダを使って－600〜＋600の範囲で調整すると，回転方向と回転速度を自由に調整することができます。実験風景を写真4.36に示します。

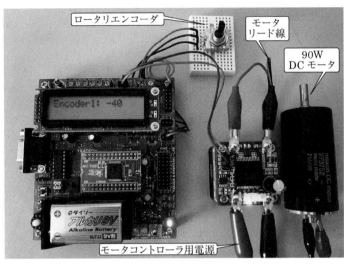

写真4.36 モータコントローラを使ったDCモータの速度制御

4.2.2 ステッピングモータの制御

ステッピングモータは，パルスモータとも呼ばれ，電気パルス信号を機械的なステップ動作に変換するアクチュエータです。連続回転するDCモータとは異なり，パルス信号を適切な順序で与えると，モータの出力軸は一定の角度だけ回転します。パルス信号とモータの回転において，パルス信号の順序は回転方向，周波数は回転速度，パルス数は回転角度にそれぞれ対応しています。図4.43は2相ステッピングモータの原理図です。ロータは円筒形の2極の永久磁石でできており，ステータ（固定子）は4個の突起があります。図4.43では原理を説明するために2組のC型鉄心で描きましたが，実際には1つの鉄心になっています。代表的な巻線の駆動方法は，次の3つがあります。

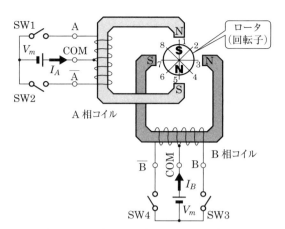

図 4.43 2相ステッピングモータの動作原理

① **1相励磁方式** ある時間内で巻線が1本（1相）だけ励磁されます。固定子は，A→B→$\overline{A}$→$\overline{B}$ の順で励磁すると，回転子の位置は 1→3→5→7 と移動します。

② **2相励磁方式** ある時間内で2つの相を励磁します。固定子は，A・B→$\overline{A}$・B→$\overline{A}$・$\overline{B}$→A・$\overline{B}$ の順で励磁すると，回転子の位置は 2→4→6→8 と移動します。

③ **1-2相励磁方式** 1相励磁と2相励磁を組み合わせたものです。固定子は，A・B→B→$\overline{A}$・B→$\overline{A}$→$\overline{A}$・$\overline{B}$→$\overline{B}$→A・$\overline{B}$→A の順で励磁すると，回転子の位置は 1→2→3→4→5→6→7→8 と移動します。移動量は1相励磁や2相励磁方式の半分になることから，**ハーフステップ駆動**とも呼ばれます。

1相励磁も2相励磁方式もステップ角度は同じですが，2相励磁方式は消費電流が大きい反面，ロータの振動が小さく，駆動トルクが大きいという特徴があります。

実験 4.9　ステッピングモータの正逆回転

1回転288パルスのステッピングモータを使い，タクトスイッチSW1を押している間は右回転，タクトスイッチSW2を押している間は左回転するようにします。

実験に必要な部品を表4.19に示します。また，実験回路は図4.44になります。この回路は，図4.43に示した原理図のスイッチSW1からSW4を，パワーMOSFETによる半導体スイッチに置き換えたものです。駆動方法は，1相励磁方式を例に取ると，図4.45のように1バイトのデータをローテーションし，汎用I/Oポート（CN4）から出力

することでFETを駆動します。

表4.19 ステッピングモータの実験使用部品

名称	規格など	型番	メーカなど	数量	購入先	単価
ステッピングモータ	2相ユニポーラ型 1.25度/パルス	SPG27-1702	日本電産コパル	1	秋月電子通商	300
パワー MOSFET	Nチャネル MOSFET $V_{DSS}=60\,V$, $I_D=5\,A$	2SK2796L	ルネサスエレクトロニクス	4	秋月電子通商	60
整流用ショットキーバリアダイオード	40 V,1 A	1S4	PANJIT INTERNATIONAL INC.	4	秋月電子通商	20
炭素皮膜抵抗	100 Ω,1/4 W	CF25J100RB		4	秋月電子通商	1
炭素皮膜抵抗	100 kΩ,1/4 W	RD25S 100K		4	秋月電子通商	1
ブレッドボード	83 × 52 × 9 mm	SAD-101	サンハヤト	1	サンハヤト	518
プーリー(S)セット	プーリー直径 30mm	ITEM 70140	タミヤ	1	TAMIYA SHOP ONLINE	388
ユニバーサルプレートセット	160 × 60 × 3 mm	Item No.70098	タミヤ	1	TAMIYA SHOP ONLINE	388
スペーサ	ジュラコン製 30 mm スペーサ M3用両雌ねじタイプ	AS-330	廣杉計器	2	廣杉計器	21
なべ小ねじ	M3 × 5 mm	B-0305	廣杉計器	2	廣杉計器	4
なべ小ねじ	M3 × 8 mm	B-0308	廣杉計器	2	廣杉計器	4
ジャンパワイヤ (オス-メス)	オス-メス (赤・黒・青)		E-CALL ENTERPRISE CO., LTD.	赤1 黒1 青4	秋月電子通商	30

(注) 単価は参考価格〔円〕

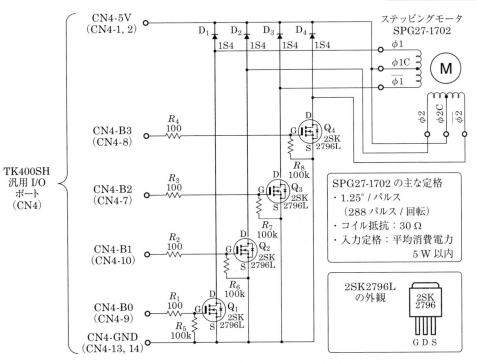

図4.44 2相ステッピングモータの駆動回路

D7	D6	D5	D4	D3	D2	D1	D0	
0	0	0	1	0	0	0	1	0x11: 初期値
0	0	1	0	0	0	1	0	0x22
0	1	0	0	0	1	0	0	0x44
1	0	0	0	1	0	0	0	0x88
0	0	0	1	0	0	0	1	0x11
0	0	1	0	0	0	1	0	0x22
0	1	0	0	0	1	0	0	0x44
1	0	0	0	1	0	0	0	0x88

下位4ビットを駆動信号として使う

1バイトデータを右または左方向にビットシフトしてローテーション（循環）させる。

図4.45 駆動（励磁パルス）信号の作り方（1相励磁の場合）

　ステッピングモータの固定は，長さ30 mmのスペーサを使ってユニバーサルプレートに取り付けます。また出力軸には回転の様子がわかるように直径30 mmのプーリーを付けました。また，ステッピングモータからのリード線が細く，そのままの状態ではブレッドボードに差すことができません。ピンヘッダの代わりに，抵抗やコンデンサなどの切断したリード足を使い，ここにリード線をはんだ付けするとブレッドボードへの差し込みが容易になります。製作した回路の様子を写真4.37に示します。

　今回使用したステッピングモータは，ギヤ（減速機）付きのため，出力軸は1パルス1.25°のステップ角になります。このため，出力軸を1回転するためには288パルス必要です。プログラムをリスト4.9(step_m.c)に示します。

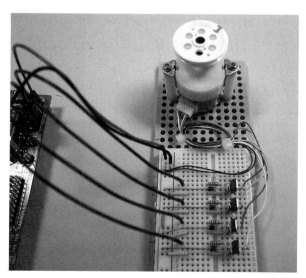

写真4.37 ステッピングモータと駆動回路

リスト 4.9 step_m.c

```c
//--------------------------------------------------------
//【実験 4.9】ステッピングモータの駆動実験
//                                       (step_mt.c)
//--------------------------------------------------------
#include <tk400sh.h>

#define ON  (0)
#define OFF (1)
#define PTN1 0b00010001         // 1相励磁方式のビットパターン
#define PTN2 0b00110011         // 2相励磁方式のビットパターン

unsigned char  steps;

//--------------------------------------------------------
// 各種関数の定義
//--------------------------------------------------------
void step_r(unsigned char  dd) {  // 右回転処理
  if(dd & 0x80)                   // 最上位ビットが1なら
     dd = (dd << 1) | 0x01;       // 1ビット左シフトして最下位ビットに1を入れる
  else   dd <<= 1;
  steps = dd;                     // 励磁パターンを変数に保存
  output_pe(dd);                  // 汎用 I/O ポート (CN4) に出力
}

void step_l(unsigned char  dd) {  // 左回転処理
  if(dd & 0x01)                   // 最下位ビットが1なら
     dd = (dd >> 1) | 0x80;       // 1ビット右シフトして最上位ビットに1を入れる
  else   dd >>= 1;
  steps = dd;                     // 励磁パターンを変数に保存
   output_pe(dd);                 // 汎用 I/O ポート (CN4) に出力
}

//--------------------------------------------------------
// メイン関数
//--------------------------------------------------------
void main(void){
  port_init();
  cmt1_init();                    // 時間待ち用
  lcd_init();
  set_peio(0x00);                 // CN4 の I/O 端子，すべて出力

  locate(0,0); outst("PWM U/D:SW1,SW2");
  steps = PTN1;                   // 1相励磁のパターンをセット

  while(1){
    if(SW1==OFF && SW2==OFF)      // スイッチがOFFのときは励磁しない
      output_pe(0);
    while(SW1==ON && SW2==OFF) {
      step_r(steps);              // SW1がONしている間は右回転
        locate(0,1); outst("Right");
      delay_ms(10);
    }
    while(SW1==OFF && SW2==ON) {
      step_l(steps);              // SW2がONしている間は左回転
        locate(0,1); outst("Left ");
      delay_ms(10);
```

```
057       }
058     }
059 }
```
                                    // end of while(1)
                                    // end of main

▼ **プログラムリストの解説**

9〜10行目　1相励磁と2相励磁方式のビットパターンの初期値を定義しています。

17〜23行目　ビット位置を左方向にシフトし，最上位ビットを最下位ビットに戻すことで左方向へのビットローテーションをする関数です。

25〜31行目　右方向へのビットローテーションをする関数です。

46行目　タクトスイッチSW1とSW2を操作していない時は，汎用I/Oポート（CN4）にゼロを出力し，励磁しないようにしています。この命令を入れないと，停止状態でもステッピングモータが励磁状態になるため，TK400SHの乾電池を著しく消耗します[※]。

51，56行目　ステッピングモータに与えるパルス時間を決めています。この時間でステッピングモータの回転速度が決まりますが，短くし過ぎるとステッピングモータがパルス信号に追従できなくなり，**脱調**[※※]という状態になります。

※
　ステッピングモータのコイル抵抗は30Ωです。このため，停止状態では1相励磁で約170mA，2相励磁では330mAの電流が流れます。006P型9Vの乾電池にとっては放電電流が大きいため，電池が暖かくなります。また，モータ本体も熱をもちます。電源スイッチをONしたまま放置すると乾電池がすぐに消耗してしまうので，プログラムの46行目のような処理が必要になります。

※※
　入力パルス信号とステッピングモータ回転との同期動作が失われる現象を脱調といいます。ステッピングモータに対する過負荷や，急な回転速度変化の際に発生しやすいため，起動時や加速・減速の入力パルス信号の与え方に注意します。

第5章 割り込み処理

5.1 割り込み処理とは

　割り込み処理は，割り込み要求信号をCPUが受け付けると，実行中のプログラムを中断し，割り込み要求に対応した別のプログラム（割り込み処理プログラム）を実行するものです。割り込み処理プログラムは短時間で処理を終えるのが一般であり，終了すると中断していたプログラムを再開します。このような機能は，あたかも複数のプログラムを同時に実行しているように見え，マイコンの処理能力の高さを示す要素の1つになっています。図5.1は割り込み処理の概念図です。通常のプログラム[※]の実行中に，Aの位置で割り込み要求が発生した場合を示しています。割り込み要求をCPUが受け付けると，現在実行中のプログラムを中断し，割り込み処理プログラムへと分岐します。図5.2は複数の

※
　通常のプログラムとは，メイン関数とメイン関数から呼び出される関数をいいます。

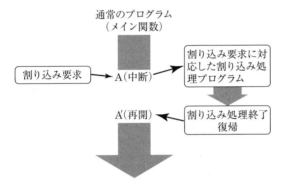

図 5.1　割り込み処理の基本動作

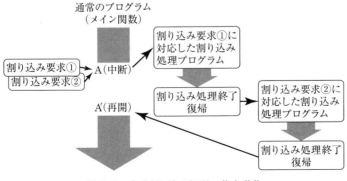

図 5.2　多重割り込み処理の基本動作

割り込みが発生する「**多重割り込み**」を示しています。通常，割り込み要求には**優先順位**があり，複数の割り込み要求が同時に発生した場合は，優先順位が高い割り込み処理が先に実行されます。

割り込み要求には様々な種類があり，その発生源を**割り込み要因**といいます。割り込み要因には，優先順位を意味する**ベクタ番号**と，分岐先のメモリアドレスが決められており，これを**ベクタアドレス**といいます。また，ベクタアドレスの一覧を**ベクタテーブル**といいます。表 5.1 は，マイコン SH7125 の割り込み要因とベクタテーブルの一例です。割り込み要求信号を CPU が受け付けると，割り込み要因ごとに指定されたベクタアドレスに分岐します。例えば，外部入力端子による IRQ0 割り込み要求を CPU が受け付けると，それまで実行していたプログラムの作業用メモリ[※]の内容を一時的に保存したうえで，ベクタ番号 64 のメモリ番地 0000 0100h に無条件ジャンプします。ベクタアドレスから次のベクタアドレスまで 4 アドレス分しかないので，ここに割り込み関数を呼び出す命令を記述します。

割り込み処理が終了すると，作業用メモリの内容を復帰したうえで中断していたプログラムを再開します。

※ 作業用メモリとは，主に CPU 内部のレジスタです。

表 5.1 割り込み要因とベクタアドレスの一例（SH7125 の一部抜粋）

割り込み要因	名称	ベクタ番号	ベクタテーブル（メモリ先頭アドレス）	優先順位
外部入力端子	NMI	11	0000 002Ch	高 ↑ ↓ 低
	IRQ0	64	0000 0100h	
	IRQ1	65	0000 0104h	
	IRQ2	66	0000 0108h	
	IRQ3	67	0000 001Ch	
コンペアマッチタイマ 0（CMT_0）	CMI_0	184	0000 02E0h	
コンペアマッチタイマ 1（CMT_1）	CMI_1	188	0000 02F0h	
A/D 変換モジュール 0（A/D_0）	ADI_0	200	0000 0320h	
A/D 変換モジュール 1（A/D_1）	ADI_1	201	0000 0324h	

5.1.1 SH マイコンの割り込み処理

マイコン SH7125 の割り込み要因の種類を表 5.2 に示します。大別すると，外部入力信号による割り込みと，内蔵周辺モジュールで発生する割り込みの 2 種類があります。外部入力信号による割り込みには，ノンマスカブル・インタラプト（NMI）とインタラプト・リクエスト（IRQ）があり[※]，内蔵周辺モジュールで発生する割り込み要因には多くの種類があります。

※ 一般に，割り込み要求は禁止と許可の設定が可能です。それに対し，NMI だけは唯一，禁止の設定ができません。つまり，無条件に割り込みが実行される優先度が最も高い割り込みです。
IRQ は，マイコンの入力端子に与える外部信号によって発生する割り込み要求です。外部機器（ハードディスクやプリンタなど各種周辺機器）と接続し，優先度の高い処理のために利用されます。

表 5.2　SH7125 における割り込みの種類

種　類	割り込み要求元	要因の数	割り込み優先レベル(注)
外部入力信号による割り込み	NMI 端子（Non Maskable Interrupt）	1	16（固定値）
	IRQ0 ～ IRQ3 端子（Interrupt Request）	4	0 ～ 15
内蔵周辺モジュールで発生する割り込み	マルチファンクションタイマパルスユニット 2（MTU2）	28	0 ～ 15
	ウォッチドッグタイマ（WDT）	1	
	A/D 変換器（A/D_0, A/D_1）	2	
	コンペアマッチタイマ（CMT_0, CMT_1）	2	
	シリアルコミュニケーションインタフェース（SCI_0, SCI_1）	12	
	ポートアウトプットイネーブル（POE）	2	

（注）割り込み優先順位は，優先レベル 0 ～ 16 の値で表され，優先レベル 0 が最低。16 は割り込みの禁止ができない常時受付になる。IRQ と内蔵周辺モジュールは優先レベル 0 ～ 15 の範囲で設定できる。

5.1.2　割り込み処理の優先順位（レベル）

　IRQ や内蔵周辺モジュールからの割り込みには，割り込み優先順位を意味するベクタ番号が決められています。しかし，実際には，必要とする割り込み要因だけを選択し，それらの中で優先順位を付けることがほとんどです。マイコン SH7125 では，割り込み要因に対してユーザが優先順位を設定することができます。優先順位は，優先レベル 0 ～ 16 の値で示され，優先レベル 0 が最低（割り込み禁止）で，優先レベル 16 が最高です。優先レベル 16 は，割り込みの禁止ができない常時受付状態であり，唯一 NMI だけに与えられた優先レベルです。IRQ や内蔵周辺モジュールは，優先レベルを 0 ～ 15 の範囲で設定することができます。表 5.3 に割り込みの種類ごとに設定できる優先レベルを示します。異なる割り込み要因に対して，同じ優先レベルを設定することも可能ですが，割り込み要求が競合した場合は，ベクタ番号が優先されます。

表 5.3　割り込みの優先レベル設定

割り込みの種類	優先レベル設定	備　考
NMI	16	優先レベル固定，変更不可
ユーザブレーク（注）	15	優先レベル固定
IRQ	0 ～ 15	プログラムで設定変更可能
内蔵周辺モジュール		

（注）ユーザブレークはデバッグ用の機能

5.1.3　割り込みコントローラ

　割り込みコントローラ（INTC）は割り込み要因の優先レベルを判定し，CPU への割り込み要求を制御します。図 5.3 に割り込みコントローラのブロック図を示します。

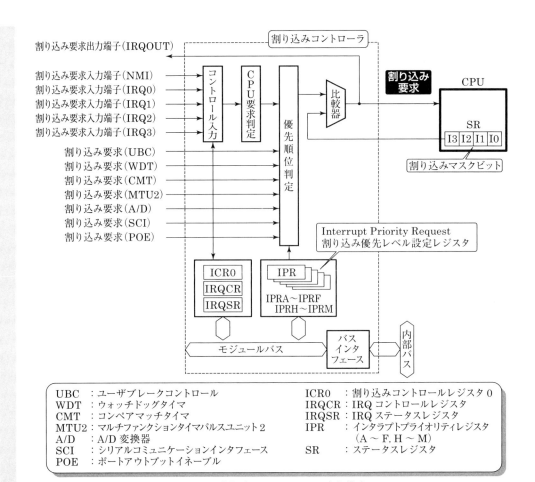

図 5.3　割り込みコントローラの内部構成

(1) 割り込み優先レベル設定レジスタ (IPR)

割り込みコントローラには，IRQ や内蔵周辺モジュールに対して，割り込み優先レベルを設定するための**割り込み優先レベル設定レジスタ**（IPR[※]）があります。プログラマはそれぞれの割り込み要因に対して，優先レベルが最も低い「レベル 0」から優先レベルが最も高い「レベル 15」までの 1 つを自由に設定できます。この割り込みレベルの設定により，割り込み処理の実行中であっても，より高い優先レベルに設定された割り込み要求が発生すると，現在実行中の割り込み処理を中断・保留し，高いレベルに設定されている割り込み処理を優先して実行します。このため，SH マイコンでは 15 段階の多重割り込みを行うことができます。IPR レジスタは 16 bit 幅で構成され，A～F，H～M まで 12 個あり，これらはすべて電源投入時（パワーオンリセット）やリセット時に優先レベル 0（割り込み禁止）に初期化されます。

※ Interrupt Priority Register

(2) 割り込みマスクビット (I3 ～ I0)

割り込みコントローラによって優先順位判定された割り込みレベルはさらに，CPU 内部にある SR（ステータスレジスタ）の割り込みマスクビット（I3 ～ I0）の値と比較されます。割り込みマスクビットは 4 bit で構成され，0 ～ 15 の値を取ります。この値は，割り込み優先レベルと対応関係にあります。割り込みマスクビットに設定されている値より，高い優先レベルの割り込みだけが受け付けられ，CPU に割り込み要求信号が送られます。つまり**「IPR の優先レベル＞ SR の割り込みマスクビットの値」**でなければ割り込み処理は実行されません。「IRP の優先レベル≦ SR の割り込みマスクビットの値」の場合は，割り込み要求が発生しても無視され続けます。

SR の割り込みマスクビットの操作は，CPU 内部のレジスタであるためメモリアドレスが存在しません。このため，C 言語の一般的な記述では操作することができません。YellowIDE では，コンパイラ言語固有の組み込み関数として，**WriteSR();** が用意されています[※]。この組み込み関数は，ステータスレジスタにデータを書き込む専用命令です。

※ マイコンSH7125の開発メーカであるルネサスエレクトロニクスが提供する開発環境HEWのCコンパイラでは，同種の関数として **set_imask();** があります。

最終的に CPU に対して内蔵周辺モジュールからの割り込み要求信号を伝えるためには，以下に示す 3 つの設定を行う必要があります。

① 内蔵周辺機能からの割り込み要求を発生させる。
② 割り込みコントローラの IPR に対して，割り込み優先レベルを設定する。
③ SR の割り込みマスクビット（I3 ～ I0）を IPR 未満の値に変更する。

5.1.4 割り込み関数

SH マイコン用の C コンパイラでは一般に，割り込みに対応した処理を C 言語の関数として記述できる機能をもっています。YellowIDE における記述方法は，次のようにします。

void interrupt __vectno__{ベクタ番号} 関数名 (void)
  {
    ………
  }

上記のようにソースファイル上に関数として記述するだけで，プロジェクトにおけるその他の設定は必要ありません[※]。

※ マイコンメーカのルネサスエレクトロニクスが提供する統合開発環境HEWでは，割り込み関数として宣言した関数名をベクタテーブルに登録する作業が必要です。HEWによる割り込み処理を含むプロジェクトの作成方法は，付録F.3を参照。

注意事項として
① **vectno** の前後は，下線（アンダーバー）が 2 つずつ付きます。
② 割り込み関数の定義では，関数の引数と戻り値は共に void 型でなければなりません。つまり，引数を与えたり戻り値を返すことはで

きません。

③ 割り込み関数として定義した関数を，プログラムの中で読み出すことはできません。

④ ベクタ番号は，使用する周辺機能に対する固有番号を記述します。

5.2 コンペアマッチタイマ (CMT) 割り込み

本節では，コンペアマッチタイマ（CMT）によるタイマ割り込みを取り上げ，割り込みの設定方法やプログラム例を紹介します。

5.2.1 CMT 構成と動作

マイコン SH7125 には，コンペアマッチタイマ（CMT）と呼ばれるタイマ機能を 2 チャネル内蔵しています。CMT は 16 bit のカウンタをもち，設定した周期ごとに割り込み要求を発生することができます。TK400SH では，2 チャネルの CMT のうち，ライブラリ関数の 1 つである時間待ち関数 **delay_ms()** に CMT1 を使用し，CMT0 はユーザーに開放しています。ここでは CMT0 によるタイマ割り込みの使い方について説明します。図 5.4 に CMT0 のブロック図を示します。

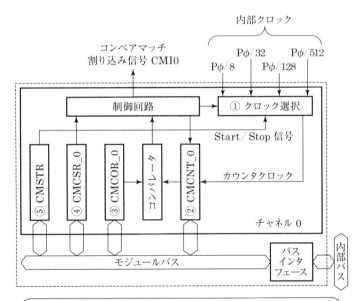

図 5.4　コンペアマッチタイマ（CMT0）の構成

タイマ機能には，基準時間となるクロック信号が必要です。CMTでは，CPUの周辺機能モジュールに供給している周辺クロック（Pϕ）を使用しています。TK400SHでは周辺クロックを25 MHzの設定で使用していますが，このままではクロック信号として速すぎます。そこで，CMTのクロック信号として使えるように1/8, 1/32, 1/128, 1/512の4種類に分周したクロックが用意されています。図5.4の①クロック選択では，4種類のクロック信号から1つを選択します。これがCMT0で使われるカウンタクロックになります。このカウンタクロックは，② CMCNT_0（コンペアマッチカウンタ）に入力されます。CMCNT_0は16 bitのレジスタで，アップカウンタとして動作します。CMCNT_0の値が，③ CMCCR_0（コンペアマッチ・コンスタントレジスタ）に設定してある値と一致すると，CMCNT_0は0000hにクリアされ，④ CMCSR_0（コンペアマッチタイマ・コントロール/ステータスレジスタ）内のCMF（コンペアマッチフラグ）が1にセットされます。このときCMCSR_0内のCMIE（コンペアマッチ割り込み許可フラグ）が1にセットされていると，CMI0（コンペアマッチ割り込み信号）が出力されます。コンペアマッチによって0000hにクリアされたCMCNT_0カウンタは，再びカウントアップ動作を継続します。

5.2.2 CMTのレジスタ

CPU内のコントロールレジスタやステータスレジスタは，各ビットに様々な機能の許可や禁止，状態などが意味づけられています。そこでプログラミングするうえでの扱いを容易にするため，ヘッダフィアル7125s.hにおいて構造体宣言を使い，各ビットごとに変数名が定義されています。7125s.hはプログラムの冒頭でインクルードするtk400sh.hに含まれているので，ここで定義された変数名はいつでも使うことができます。

CMTのチャネル0（CMT0）に関連するレジスタには以下の種類があります。

(1) コンペアマッチタイマ スタートレジスタ (CMSTR)

図5.4の⑤ CMSTRは16 bitのレジスタで，CMCNT_0とCMCNT_1の動作/停止を選択します。レジスタ内のビット構成を図5.5に示します。STR0ビットによってCMCNT_0の動作と停止を行うには，次のように記述します。

```
CMT0.CMSTR.BIT.STR0 = 1;   // CMT0のスタート
CMT0.CMSTR.BIT.STR0 = 0;   // CMT0の停止
```

Bit:	15	14	13	12	11	10	9	8	7	6	5	4	3	2	1	0
	—	—	—	—	—	—	—	—	—	—	—	—	—	—	STR1	STR0
初期値	0	0	0	0	0	0	0	0	0	0	0	0	0	0	0	0
R/W	R	R	R	R	R	R	R	R	R	R	R	R	R	R	R/W	R/W

Bit	ビット名	初期値	R/W	説　明
15〜2	—	すべて0	R	リザーブビット 読み出すと常に0がリードされる。
1	STR1	0	R/W	カウントスタート1 コンペアマッチカウンタ_1(CMCNT_1)の動作/停止を選択する。 　0：CMCNT_1はカウントを停止 　1：CMCNT_1はカウントを開始
0	STR0	0	R/W	カウントスタート0 コンペアマッチカウンタ_0(CMCNT_0)の動作/停止を選択する。 　0：CMCNT_0はカウントを停止 　1：CMCNT_0はカウントを開始

図 5.5　コンペアマッチスタートレジスタ(CMSTR)の構成

(2) コンペアマッチタイマコントロール／ステータスレジスタ（CMCSR_0）

図5.4の④ CMCSR_0は16 bitのレジスタで，コンペアマッチの発生の有無，割り込み，およびカウンタ入力クロックの設定を行います。レジスタ内のビット構成を図5.6に示します。各ビットへのアクセスは以下のように行います。

Bit:	15	14	13	12	11	10	9	8	7	6	5	4	3	2	1	0
	—	—	—	—	—	—	—	—	CMF	CMIE	—	—	—	—	CKS[1:0]	
初期値	0	0	0	0	0	0	0	0	0	0	0	0	0	0	0	0
R/W	R	R	R	R	R	R	R	R	R/W*	R/W	R	R	R	R	R/W	R/W

*CMFをクリアするためには，1を読み出した後に0を書き込む。

Bit	ビット名	初期値	R/W	説　明
15〜8	—	すべて0	R	リザーブビット 読み出すと常に0がリードされる。
7	CMF	0	R/W	コンペアマッチフラグ CMCNTとCMCORの値が一致したか否かを示すフラグ。 　0：CMCNTとCMCORの値は不一致 　1：CMCNTとCMCORの値が一致 *値をクリアするためには，1を読み出した後に0を書き込む。
6	CMIE	0	R/W	コンペアマッチ割り込みイネーブル CMCNTとCMCORの値が一致したとき(CMF=1)，コンペアマッチ割り込み(CMI)の発生を許可するか禁止するかを選択する。 　0：コンペアマッチ割り込み(CMI)を禁止 　1：コンペアマッチ割り込み(CMI)を許可
5〜2	—	すべて0	R	リザーブビット 読み出すと常に0がリードされる。
1, 0	CKS[1:0]	00	R/W	クロックセレクト1, 0 周辺動作クロック(Pφ)を分周した4種類の内部クロックから CMCNTに入力するクロックを選択する。 　00：Pφ/8 　01：Pφ/32 　10：Pφ/128 　11：Pφ/512

図 5.6　コンペアマッチタイマコントロール/ステータスレジスタ(CMCSR_0)の構成

① クロックの選択

```
CMT0.CMCSR.BIT.CKS = 3;        // クロックは 1/512 分周
```

② CMT0 によるコンペアマッチ割り込みの許可と禁止

```
CMT0.CMCSR.BIT.CMIE = 1;       // CMT0 割り込みの許可
CMT0.CMCSR.BIT.CMIE = 0;       // CMT0 割り込みの禁止
```

③ コンペアマッチフラグの参照

```
if(CMT0.CMCSR.BIT.CMF == 1) outst("Matched!!");
 else outst("Mismatched");
```

(3) コンペアマッチカウンタ (CMCNT_0)

図5.4の②に示すCMCNT_0は16 bitのレジスタで，アップカウンタとして動作します。カウンタ入力クロックがCMCSR_0のCKS1，CKS0ビットにより選択され，CMSTRのSTR0ビットが1にセットされると，CMCNT_0は選択されたクロックによりカウントを開始します。CMCNT_0の値がコンペアマッチコンスタントレジスタ（CMCOR_0）の値と一致すると，CMCNT_0は0000hにクリアされCMCSRのCMFフラグが1にセットされます。レジスタ内のビット構成を図5.7に示します。

コンペアマッチカウンタをゼロクリアするには次のように記述します。

```
CMT0.CMCNT = 0;
```

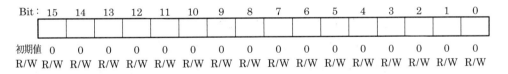

図 5.7　コンペアマッチカウンタ (CMCNT_0) の構成

(4) コンペアマッチコンスタントレジスタ (CMCOR_0)

図5.4の③に示すCMCOR_0は16 bitのレジスタで，CMCNT_0とコンペアマッチするまでの期間を設定します。レジスタ内のビット構成を図5.8に示します。リセット後の初期値はFFFFhですが，設定値を変更するには次のように記述します。

```
CMT0.CMCOR = 9374;        // 10 進数の 9374
```

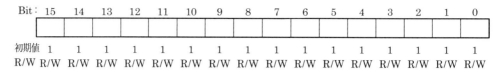

図5.8 コンペアマッチコンスタントレジスタ(CMCOR_0)の構成

5.2.3 コンペアマッチタイマ時間の設定方法

コンペアマッチコンスタントレジスタ (CMCOR_0) に設定する定数 N は次式で計算できます。

$$N = \frac{P\phi}{n} t_c - 1 \tag{5.1}$$

ただし，$P\phi$：周辺クロック周波数〔Hz〕(TK400SH では 25 MHz)
　　　　n：分周比 (n = 8, 32, 128, 512)
　　　　t_c：コンペアマッチタイマ時間〔s〕

(計算例)

TK400SH において，3 ms ごとに CMT 割り込みを発生させるために必要な，コンペアマッチコンスタントレジスタの定数 N を求めます。1/8 分周 (n = 8) を選ぶと次のようになります。

$$N = \frac{P\phi}{n} t_c - 1 = \frac{25 \times 10^6}{8} \times 3 \times 10^{-3} - 1 = 9\,374$$

5.2.4　CMT0 の動作環境の設定例

コンペアマッチタイマのチャネル 0 (CMT0) を使い，3 ms ごとにタイマ割り込みを発生するための動作環境設定は，リスト 5.1 (cmt0_init.c) のように記述します。また，CMT0 の優先レベル設定は 14 とします。

リスト 5.1 cmt0_init.c

```
001  void cmt0_init(void) {                   // CMT0 の初期設定
002      STB.CR4.BIT._CMT = 0;                // CMT のスタンバイモードの解除
003      CMT0.CMCSR.WORD = 0x0040;
             // CMIE=1 (CMT0 割り込み許可), CKS=0 (1/8 分周, Pφ/8 (3.125 MHz))
004      CMT0.CMCOR = 9374;
             // 3 ms 相当の時間定数 (カウンタパルス 0.32μs, 定数は時間定数 - 1)
005      CMT0.CMCNT = 0;                      // コンペアマッチカウンタのゼロクリア
006      INTC.IPRJ.BIT._CMT0 = 14;            // CMT0 の割り込み優先順位 14
007      CMT.CMSTR.BIT.STR0 = 1;              // コンペアマッチタイマ 0 のスタート
008  }
```

▼ プログラムリストの解説

2行目 リセット後の CMT モジュールは，スタンバイモードになっていてモジュール内のレジスタにアクセスできません。CMT の動作環境設定では最初にスタンバイモードを解除することにより，レジスタのアクセスが可能になります。

3行目 16 bit で構成される CMCSR に対してワード（16 bit）単位でアクセスします。CMT0 割り込み要求に対応した割り込み許可ビットの CMIE に "1" を設定し，さらに周辺クロック $P\phi$ を 1/8 分周に設定します。TK400SH の $P\phi$ は 25 MHz です。この設定により，コンペアマッチカウンタへのクロック信号は 3.125 MHz （0.32 μs）になります。

4行目 コンペアマッチコンスタントレジスタ（CMCOR）に，コンペアマッチタイマ時間を設定します。

6行目 CMT0 に対する割り込み優先レベルを，割り込み優先レベル設定レジスタ IPR に設定します。CMT0 の優先レベル設定は，IPRJ の Bit15 〜 Bit12 で行います。構造体宣言を使うとビット位置を気にすることなく，このようにわかりやすく記述できます。

7行目 CMT0 に関するすべての動作環境を設定してから，タイマ動作をスタートします。

5.2.5 コンペアマッチタイマを使ったプログラム例

それでは CMT0 を使い，タイマ割り込みによる実験を行ってみましょう。

実験 5.1　タイマ割り込みを使った LED の点滅制御

TK400SH に搭載されている LED1 と LED2 を使い，2 つの LED が異なる時間間隔で点滅するプログラムを作成します。LED2 は時間待ち関数 **delay_ms()** を使い，5 ms ごとに点滅させます。一方，LED1 は CMT0 によるタイマ割り込みを使い，3 ms ごとに点滅するプログラムを作成します。なお，タクトスイッチ SW1 を押す（ON）すると，すべての割り込みを禁止して処理を終えるようにします。

プログラムをリスト 5.2（cmt0_led.c）に示します。

リスト 5.2 cmt0_led.c

```c
//--------------------------------------------------------
// 【実験5.1】コンペアマッチタイマ（CMT0）による割り込み処理（LEDの点滅）
//                                        File Name: cmt0_led.c
//--------------------------------------------------------
#include     <tk400sh.h>
#define      SWON        (0)
#define      SWOFF       (1)

void cmt0_init(void) {                    // CMT0 の初期設定
    STB.CR4.BIT._CMT = 0;                 // CMT のスタンバイモードの解除
    CMT0.CMCSR.WORD = 0x0040;
            // CMIE=1（CMT0 割り込み許可），CKS=0（1/8 分周，Pφ/8（3.125 MHz））
    CMT0.CMCOR = 9374;
            // 3 ms 相当の時間定数（カウンタパルス 0.32μs，定数は時間定数 − 1）
    CMT0.CMCNT = 0;                       // コンペアマッチカウンタのゼロクリア
    INTC.IPRJ.BIT._CMT0 = 14;             // CMT0 の割り込み優先順位 14
    CMT.CMSTR.BIT.STR0 = 1;               // コンペアマッチタイマ 0 のスタート
}

//--------------------------------------------------------
// CMT0 による 3 ms ごとの割り込み処理の定義
//--------------------------------------------------------
void interrupt __vectno__ {184} cmt0_3ms(void)
{                                         // CMT0 のベクタ番号は 184
    CMT0.CMCSR.BIT.CMF &= 0;              // CMF（コンペアマッチフラグ）のクリア
    LED1 = ~LED1;                         // LED1 の点滅
}

//--------------------------------------------------------
// メイン関数
//--------------------------------------------------------
void main(void){
    port_init();
    cmt1_init();                          // 時間待ち用
    cmt0_init();                          // コンペアマッチタイマ 0 の初期設定
    lcd_init();

    locate(0,0); outst("CMT0 Timer");
    locate(0,1); outst("SW1: STOP");

    WriteSR(0);      // 割り込みマスクレジスタに "0" の書き込み，すべての割り込み許可

    while(1) {
      LED2 = ~LED2;                       // LED2 の点滅
        delay_ms(5);                      // 5 ms の時間待ち
      if(SW1 == SWON) {                   // SW1 が押されていれば無限ループから脱出
        LED1 = LED2 = 0;                  // LED1，LED2 の消灯
        break;                            // while(1) ループから脱出
      }                                   // end of if
    }                                     // end of while(1)
    WriteSR(15 << 4);
                // 割り込みマスクビットに "15" の書き込み，すべての割り込み禁止
    clr_lcd();
    locate(0,0); outst("End");
    while(1);
}
```

▼ **プログラムリストの解説**

21 行目 CMT0 による割り込み処理を宣言しています。CMT0 のベクタ番号は 184 です。また割り込み処理の関数名を **CMT0_3ms(void)** としています。

23 行目 次のコンペアマッチ割り込みを受け付けるためには，コンペアマッチフラグ（CMF）をクリアする必要があります。**CMT0.CMCSR.BIT.CMF=0;** と記述したいところですが，CMF フラグをクリアするためには，CMF=1 を読み出した後に 0 を書き込まなければなりません。直接 0 を書き込むことはできません。

　　CMT0.CMCSR.BIT.CMF &= 0; という記述は，CMF ビットを読み出した値と 0 のビット演算（AND 演算）した結果を再度 CMF ビットに書き込みます。このような動作を**リードモディファイライト**といいます。

24 行目 ビット反転の演算子を使い，LED1 の状態を反転することで点滅処理をしています。

39 行目 SR（ステータスレジスタ）に 0 を書き込むことにより，割り込みマスクレジスタ（I3～I0）の優先レベルを 0 にして，すべての割り込みを許可しています。

49 行目 タクトスイッチ SW1 を押すと，**while(1){ }** のループ処理から脱出し，この行ですべての割り込みを禁止します。すべての割り込みを禁止するためには，割り込みマスクビットに優先レベルの値 "15" を設定します。割り込みマスクビットは SR（ステータスレジスタ）の Bit4～Bit7 に配置されているため，優先レベルの値 "15" を 4 ビット分左にシフトしたうえで WriteSR 命令で SR に書き込んでいます。

▶ **プログラムの実行**

　　TK400SH の LED1 と LED2 には，オシロスコープのプローブを接続するためのチェック端子 TP1，TP2 が設けられています。この端子における観測波形を図 5.9 に示します。5 ms ごとに ON/OFF する LED2（TP2）に対し，コンペアマッチタイマ割り込みにより，LED1（TP1）が 3 ms ごとに ON/OFF している様子が確認できます。

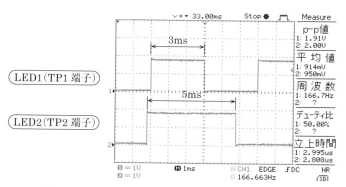

図 5.9 LED1(TP1)とLED2(TP2)における波形観測

実験 5.2　タイマ割り込みを使った DC モータの PWM 制御

　実験 4.8（A）（4.2.1 項）で紹介した DC モータの速度制御を，CMT を使ったタイマ割り込みで作成します．実験回路は図 4.36 を利用します．リスト 4.8（A）（motor_spd.c）のプログラムで生じていた欠点を，割り込み処理の導入により解消することができます．

　コンペアマッチタイマ（CMT）のチャネル 0 を使い，1 ms 周期のタイマ割り込みで図 4.37（4.2.1 項）に示す PWM 処理を行います．プログラムをリスト 5.3（motor_spd2.c）に示します．CMT0 の初期設定関数 **cmt0_init()** を除けば，他はリスト 4.8（A）のプログラムとほとんど同じです．

リスト 5.3　motor_spd2.c

```c
//---------------------------------------------------------
// 【実験5.2】タイマ割り込みを使ったDC モータの速度制御
//                                   (motor_spd2.c)
//---------------------------------------------------------
#include <tk400sh.h>

#define MT        PE.DRL.BIT.B0         // PWM 出力端子，CN4-B0 (CN4-9)
#define ON        (0)
#define OFF       (1)

unsigned char    pwmf = 11;             // PWM 周期，11 ms (90 Hz)
unsigned char    duty = 0;              // PWM，デューティ比設定用 (0 〜 10)
unsigned char    dcnt = 0;              // PWM 周期カウンタ

void cmt0_init(void) {                  // CMT0 の初期設定
    STB.CR4.BIT._CMT = 0;               // CMT のスタンバイモードの解除
    CMT0.CMCSR.WORD = 0x0040;
            // CMIE=1 (CMT0 割り込み許可)，CKS=0 (1/8 分周，Pφ/8 (3.125 MHz))
    CMT0.CMCOR = 3124;
            // 1 ms 相当の時間定数 (カウンタパルス 0.32 µs，定数は時間定数 − 1)
    CMT0.CMCNT = 0;                     // コンペアマッチカウンタのゼロクリア
```

```
020        INTC.IPRJ.BIT._CMT0 = 14;        // CMT0 の割り込み優先順位 14
021        CMT.CMSTR.BIT.STR0 = 1;          // コンペアマッチタイマ 0 のスタート
022    }
023
024   //---------------------------------------------------------------
025   // CMT0 による 1 ms 周期の割り込み処理
026   //---------------------------------------------------------------
027   void interrupt __vectno__ {184} mtspeed(void)
028    {                                    // CMT0 のベクタ番号は 184
029       CMT0.CMCSR.BIT.CMF &= 0;          // CMF（コンペアマッチフラグ）のクリア
030       if(duty != 0 && dcnt <= duty) MT = 1;  // デューティ比の生成
031         else MT = 0;
032       dcnt = (++dcnt) % pwmf;            // PWM 周期の生成 (0 ～ 10)
033    }
034
035   //---------------------------------------------------------------
036   // メイン関数
037   //---------------------------------------------------------------
038   void main(void){
039       port_init();
040       cmt1_init();                       // 時間待ち用，コンペアマッチタイマ 1 の初期設定
041       cmt0_init();                       // コンペアマッチタイマ 0 の初期設定
042       set_peio(0x00);                    // CN4 の I/O 端子，すべて出力
043       lcd_init();
044
045       locate(0,0); outst("PWM U/D:SW1,SW2");
046       locate(0,1); outst("duty:"); outi(duty);
047
048       WriteSR(0);                        // すべての割り込み許可
049
050       while(1){
051         if(SW1==ON) {                    // SW1 が ON なら以下の処理を行う
052           while(SW1==ON);                // ON している間は待機
053           if(duty < 10) duty++;          // 10 未満なら +1
054           locate(5,1); outi(duty);
055         }
056         if(SW2==ON) {                    // SW2 が ON なら以下の処理を行う
057           while(SW2==ON);                // ON している間は待機
058           if(duty > 0) duty--;           // 0 より大きければ -1
059           locate(5,1); outi(duty); outst(" ");
060         }
061       }                                  // end of while(1)
062   }                                      // end of main
```

▼ プログラムリストの解説

18 行目 CMT0 が 1 ms のタイマ割り込みになるように定数を設定しています。

27 ～ 33 行目 リスト 4-8（A）で示したプログラムの 18 ～ 22 行目までの関数 **mtspeed()** を割り込み関数にしています。

48 行目 すべての割り込みを許可します。

50 ～ 61 行目 メイン関数における繰返しループです。このループでは，タクトスイッチによるデューティ比の設定と LCD への表示

処理しか行っていません。実験4.8（A）のプログラムでは，スイッチ操作をしている間はそこで処理が中断するためPWM制御ができませんでした。タイマ割り込みを使うと，1ms周期でPWM制御の処理が優先して行われるため，スイッチ操作によって処理が中断することはありません。この実験から，割り込み処理の有用性がわかります。

5.3 多重割り込みを使った「反射神経ゲーム」の作成

5.3.1 割り込み処理と反射神経ゲームの概要

第1章の章末課題1.17では，時間待ち関数`delay_2us()`使い反射神経ゲームをつくりました。LEDが点灯してからタクトスイッチの押下検出と反応時間の計測を，プログラムによるループ処理で行っているためにCPUが占有され，他の仕事を受け付けることができないという問題があります。ここでは反射神経ゲームの作成に，割り込み処理とタイマモジュールを活用することにより，CPUが直接介在することなくスイッチの押下検出と時間計測が行える方法を紹介します。

まず，反射神経ゲームを作成するにあたり，2つの割り込み機能を導入します。1つは被験者（反射神経を試される人）の反応時間を測定する時間計測機能，もう1つは被験者のスイッチ操作を検出する機能です。

時間計測はCMTを使い，1msごとにタイマ割り込みを発生させ，カウンタをアップカウントさせることで時間を計測します。一方，スイッチ操作の検出は，スイッチの操作が割り込み要因になる，割り込み要求（IRQ：Interrupt Request）端子を使います。マイコンSH7125では，IRQ0～IRQ3まで4つの入力端子があり，ポートAのBit2～Bit5とポートBのBit2～Bit5に重複して配置されています。各ポートピン端子は，I/O端子とその他の機能を兼ねているため，機能の選択は**ピンファンクションコントローラ**（PFC）で行います。TK400SHでは，タクトスイッチ2（SW2）はポートBのBit2（PB2）に接続してあり，ここはIRQ0端子にもなっています。通常は，メイン関数の冒頭で記述する関数`port_init()`によってI/O端子として使うようにPFCの設定を行っていますが，IRQ0入力端子となるように設定変更することにより，割り込み要求入力端子として使うことができます。IRQ入力端子の信号検出は，図5.10のように，①**ローレベル検出**，②**立ち下がりエッジ検出**，③**立ち上がりエッジ検出**，④**両エッジ検出**の4種類があります。ここでは，②立ち下がりエッジ検出を使用します。

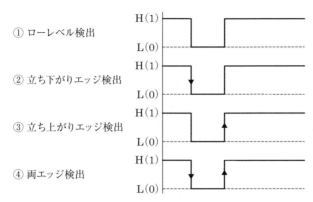

図 5.10 IRQ 端子の入力信号検出モード

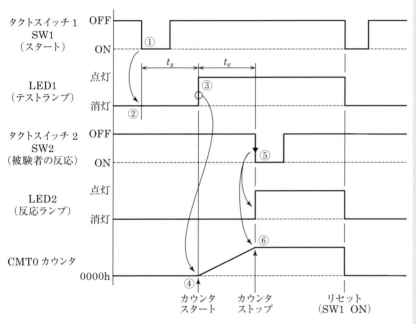

図 5.11 反射神経ゲームのタイムチャート

反射神経ゲームの仕組みを図 5.11 のタイムチャートで説明します。①でタクトスイッチ 1（SW1）を操作すると，待機時間 t_s の長さを乱数によって生成した後，②から動作を開始します。t_s 時間経過すると③のタイミングで LED1 を点灯させ，同時にコンペアマッチタイマ 0（CMT0）によるカウント動作を開始します（④）。この時点から被験者が LED1 の点灯を認識し，SW2 を押下する（⑤）までの反応時間 t_e を計測します。コンペアマッチタイマは，1 ms ごとに発生する割り込み処理によってカウンタをカウントアップするため，CMT0 カウンタの値が被験者の反応時間になります。タクトスイッチ 2（SW2）の押下を検出すると，IRQ0 割り込み処理によってコンペアマッチタイマのカ

ウントアップ動作を停止させ（⑥），LED2 を点灯して被験者が反応したことを表示します。

5.3.2 IRQ0 割り込みの設定手順

TK400SH のタクトスイッチ 2（SW2）は，SH マイコンのポート B の Bit2（PB2）に接続されており，IRQ0 入力端子と兼用しています。通常は I/O 端子に設定されていますが，IRQ0 入力端子に変更するには以下のようにします。

(1) PFC(ピンファンクションコントローラ) 設定

PFC 内のポート B コントロールレジスタ L1（PBCRL1）の Bit8 ～ Bit10 に対して，PB2 端子機能を I/O から IRQ0 入力に変更します。PBCRL1 は 16 ビットのレジスタで，図 5.12 のように PB2 の機能は Bit8 ～ Bit10 の 3 ビットを使って設定します。プログラムでは次のように記述します。

```
PFC.PBCRL1.BIT.PB2MD = 1;      // PB2 は IRQ0 端子
```

Bit:	15	14	13	12	11	10	9	8	7	6	5	4	3	2	1	0
	—	PB3 MD2	PB3 MD1	PB3 MD0	—	PB2 MD2	PB2 MD1	PB2 MD0	—	PB1 MD2	PB1 MD1	PB1 MD0	—	—	—	—

PB2 のモード設定ビット

MD2	MD1	MD0	機能
0	0	0	PB2 入出力（I/O）
0	0	1	IRQ0 入力
0	1	0	POE0 入力

上記以外：設定禁止

図 5.12 ポート B コントロールレジスタ L1(PBCLRL1)のレジスタ構成

(2) IRQ コントロールレジスタ設定

IRQ 入力端子の信号検出モードの設定は，割り込みコントローラ（INTC）で行います。INTC 内の IRQ コントロールレジスタ（IRQCR）は，図 5.13 のように 16 ビットのレジスタで構成され，IRQ0 の設定は Bit0 と Bit1 の 2 ビットで行います。ここでは入力信号の立ち下がりエッジで割り込み要求を検出するように設定します。プログラムでは次のように記述します。

```
INTC.IRQCR.BIT.IRQ0S = 1;      // 立ち下がりエッジ検出
```

Bit:	15	14	13	12	11	10	9	8	7	6	5	4	3	2	1	0
	―	―	―	―	―	―	―	―	IRQ3 1S	IRQ3 0S	IRQ2 1S	IRQ2 0S	IRQ1 1S	IRQ1 0S	IRQ0 1S	IRQ0 0S

IRQ0 の検出モード設定

IRQ0 1S	IRQ0 0S	機 能
0	0	入力のローレベルで割り込み要求を検出
0	1	入力の立ち下がりエッジで割り込み要求を検出
1	0	入力の立ち上がりエッジで割り込み要求を検出
1	1	入力の両エッジで割り込み要求を検出

図 5.13 IRQ コントロールレジスタ (IRQCR) による入力端子の検出モード設定

(3) 割り込み優先レベルの設定

IRQ0 割り込みの優先レベルを設定します。優先レベルの設定は，割り込みコントローラ（INTC）内のインタラプト・プライオリティレジスタ A（IPRA）の Bit12 〜 Bit15 の 4 ビットを使い，0（最低）〜 15（最高）の範囲で設定します。IPRA レジスタは図 5.14 のように 16 ビットのレジスタで構成され，IRQ0 〜 IRQ3 割り込みについて優先レベルを設定することができます。ここでは IRQ0 の割り込み要求をレベル 14 に設定します。プログラムでは次のように記述します。

```
INTC.IPRA.BIT.IRQ0 = 14;      // 優先レベル 14
```

なお，CMT0 割り込みは，IRQ0 よりも優先レベルを低くし，13 とします。CMT0 の優先レベル設定は，インタラプト・プライオリティレジスタ J（IPRJ）に設定します。

Bit:	15 14 13 12	11 10 9 8	7 6 5 4	3 2 1 0
	IPR[15:12] IRQ0 優先レベル	IPR[11:8] IRQ1 優先レベル	IPR[7:4] IRQ2 優先レベル	IPR[3:0] IRQ3 優先レベル

0000：優先レベル 0(最低)	0100：優先レベル 4	1000：優先レベル 8	1100：優先レベル 12
0001：優先レベル 1	0101：優先レベル 5	1001：優先レベル 9	1101：優先レベル 13
0010：優先レベル 2	0110：優先レベル 6	1010：優先レベル 10	1110：優先レベル 14
0011：優先レベル 3	0111：優先レベル 7	1011：優先レベル 11	1111：優先レベル 15(最高)

図 5.14 インタラプト・プライオリティレジスタ A(IPRA) のレジスタ構成

(4) IRQ ステータスレジスタのフラグクリア

IRQ0 割り込みを使用する前に，割り込みコントローラ内の IRQ のステータスレジスタ（IRQSR）をクリア（0 を書き込む）しておきます。IRQSR は図 5.15 のように 16 ビットのレジスタで構成され，割り込み要求端子の状態を示す「レベル」と，割り込み要求の「フラグ」の 2

種類があります。割り込み要求信号となるのは IRQ0 の割り込み要求フラグ（IRQ0F）です。このフラグがセットされると，割り込み要求信号として割り込みコントローラ内の優先順位判定回路に送られます。

IRQ0F フラグをクリアする（0 を書き込む）ためには，IRQ0F=1 の状態を読み出した後に 0 を書き込む必要があります。プログラムでは次のように記述します。

```
INTC.IRQCR.BIT.IRQ0F &= 0;   // IRQ0F フラグのリー
                                ドとクリア
```

IRQ0F フラグのクリアは，プログラマが行わなければなりません。これを忘れると，IRQ0 割り込みが常に発生することになり，メイン関数に戻れなくなります。どの割り込みの場合も同じですが，割り込み関数の冒頭で，割り込みフラグをクリアするようにしてください。

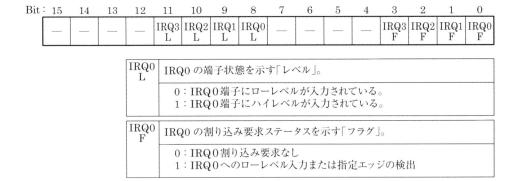

図 5.15　IRQ ステータスレジスタ（IRQSR）の構成

実験 5.3　多重割り込みを使った反射神経ゲーム

第 1 章の章末課題 1.17「反射神経ゲーム」をタクトスイッチ SW2 による IRQ0 割り込みと CMT0 によるタイマ割り込み使い作成します。プログラムをリスト 5.4（hansha.c）に示します。

リスト 5.4 hansha.c

```
001  //--------------------------------------------------------
002  //【実験 5.3】多重割り込みによる反射神経ゲーム
003  //                                    (hansha.c)
004  //--------------------------------------------------------
005  #include <tk400sh.h>
006  #include <stdlib.h>             // rand()を使うために必要
007
008  #define  ON   (0)
009  #define  OFF  (1)
```

```c
unsigned short tc;                      // 反応時間計測カウンタ
int     fdone;                          // 実行完了フラグ

void setup_irq0(void) {                 // IRQ0 の設定
    PFC.PBCRL1.BIT.PB2MD = 1;           // ポート B の Bit2(SW2)を IRQ0 入力に設定変更
    INTC.IRQCR.BIT.IRQ0S = 1;           // IRQ0 の入力検出モード，立ち下がりエッジ検出
    INTC.IPRA.BIT._IRQ0  = 14;          // IRQ0 の割り込み優先順位 14
    INTC.IRQSR.BIT.IRQ0F &= 0;          // IRQ0 のステータスフラグのクリア
}

void cmt0_init(void) {                  // CMT0 の初期設定
    STB.CR4.BIT._CMT = 0;
                // CMT のスタンバイモードの解除(解除しないとレジスタにアクセスできない)
    CMT0.CMCSR.WORD = 0x0040;
                // CMIE=1(CMT0 割り込み許可)，CKS=0(1/8 分周，Pφ/8 (3.125 MHz))
    CMT0.CMCOR = 3124;
                // 1 ms 相当の時間定数(カウンタパルス 0.32 µs, 定数は時間定数 − 1)
    CMT0.CMCNT = 0;                     // コンペアマッチカウンタのゼロクリア
    INTC.IPRJ.BIT._CMT0 = 13;           // CMT0 の割り込み優先順位 13
}

void start(void) {                      // 反射神経ゲームの測定開始
    tc = 0;                             // 反応時間計測カウンタのゼロクリア
    CMT0.CMCNT = 0;                     // コンペアマッチカウンタのゼロクリア
    LED1 = 1;                           // 試験ランプ(LED1)の点灯
    CMT.CMSTR.BIT.STR0 = 1;             // コンペアマッチタイマ 0 のスタート
    WriteSR(0);                         // すべての割り込み許可
    fdone = 0;                          // 実行完了フラグのクリア
}

//----------------------------------------------------------
// CMT0 による 1 ms ごとのタイマ割り込み処理
//----------------------------------------------------------
void interrupt __vectno__ {184} cmt0_1ms(void)
{
    CMT0.CMCSR.BIT.CMF &= 0;            // CMF(コンペアマッチフラグ)のクリア
    tc++;                               // 反応時間計測カウンタの +1
}

//----------------------------------------------------------
// IRQ0 (SW2) の立ち下がりエッジ検出による割り込み処理
//----------------------------------------------------------
void interrupt __vectno__ {64} irq0_sw2(void)
{
    INTC.IRQSR.BIT.IRQ0F &=0;           // IRQ0 フラグのクリア
    CMT.CMSTR.BIT.STR0 = 0;             // コンペアマッチタイマ 0 の停止
    LED2 = 1;                           // LED2 の点灯
    fdone = 1;                          // 実行完了フラグのセット
}

//----------------------------------------------------------
// メイン関数
//----------------------------------------------------------
void main(void){
    int idt;
    port_init();
    cmt1_init();                        // 時間待ち用，コンペアマッチタイマ 1 の初期設定
```

```
065     cmt0_init();              // コンペアマッチタイマ0の初期設定
066     setup_irq0();             // IRQ0入力端子の設定
067     lcd_init();
068
069   while(1) {
070     locate(0,0); outst(" ソクテイシマス ");
071     locate(0,1); outst(" スタート --> SW1");
072     while(SW1==OFF);                    // SW1がONするまで待機
073     while(SW1==ON);  delay_ms(50);      // SW1がOFFするまで待機
074     clr_lcd();
075     locate(0,0); outst(" レスポンス   --> SW2");
076     idt = (int)(rand()/(RAND_MAX + 1.0) * 4000.0);
                                            // 0～4000までの乱数を生成
077     delay_ms(idt+1000);                 // 1～5秒後に試験ランプ (LED1) の点灯
078
079     start();                            // 測定開始，カウンタスタート
080     while(fdone == 0);                  // 実行完了フラグがセットされるまで待機
081
082     clr_lcd();
083     locate(0,0); outst(" ハンシャ ジカンハ ");        // 測定結果の表示
084     locate(0,1); outi(tc); outst("ms (Rept:SW1)");
085     while(SW1 == OFF);
086     while(SW1 == ON);  delay_ms(50);
087     LED1 = LED2 = 0;
088     clr_lcd();
089   }
090 }
```

▼ プログラムリストの解説

6行目 乱数を発生させる関数 **rand()** を使うためには，標準ライブラリ関数 stdlib.h をインクルードする必要があります。

14～19行目 SW2をIRQ入力端子として使用するための設定を関数としてまとめました。PFCによってSW2が接続されているポートピン端子の機能選択と，IRQ0の入力信号検出モードの設定をしています。また，IRQ0の優先レベルの設定とフラグのクリアも行っています。

21～27行目 CMT0の動作環境設定を行っています。割り込み優先順位はIRQ0よりも低くし，レベル13にしています。

29～36行目 測定を開始する手続きを関数としてまとめました。この関数の中で，CMT0のカウント動作の開始させ，すべての割り込みを許可しています。

41～45行目 CMT0による1msごとのタイマ割り込み処理です。CMT0のベクタ番号は184です。この関数の仕事は，反射時間を計測するためのカウンタをアップするだけです。

50～56行目 IRQ0割り込み処理です。IRQ0のベクタ番号は64です。この関数の仕事は，CMT0のカウント動作の停止，LED2

の点灯，そして実行完了フラグ **fdone** に実行完了を意味する 1 をセットします。

76～77行目 関数 **rand()** を使い，0 ～ 4 000 の範囲の数値を生成し，時間待ち関数 **delay_ms()** の引数として与えています。この結果，SW1 を押してから 1 ～ 5 秒以内に，関数 **start()** が実行され，計測が始まります。

80行目 SW1 が押されてからは，メイン関数では実行完了フラグがセットされるまで何もせず，この行で待機します。

82～88行目 実行完了フラグがセットされると，測定結果の表示をLCD に行い，再度 SW1 が押されると最初の動作に戻ります。

実験中の様子を写真 5.1 に示します。

写真 5.1 プレイ中の反射神経ゲーム

章末課題 (課題 5.1 〜 5.2)

課題 5.1 実験 5.1 を参考にして，CMT0 によるタイマ割り込みを使い，LED1 を 0.1 秒ごとに点滅，LED2 は時間待ち関数 `delay_ms()` によって 1 秒ごとに点滅するプログラムを作成しなさい。

課題 5.2 実験 5.2 を参考にして，CMT0 を使い 1 ms ごとにタイマ割り込みを発生させ，LED1 がしだいに明るくなり，その後，しだいに暗くなる動作を繰り返すプログラムを作成しなさい。ただし，PWM 周波数は 100 Hz (10 ms) とし，明暗の周期は 2 秒程度とする。

付録

F.1 YellowIDE のインストールとスタートアップルーチンの修正

F.1.1 パソコンの動作環境

YellowIDE をインストールするパソコンに必要な動作環境は，以下のとおりです。

- オペレーティングシステム：
  Microsoft Windows
  Vista／7／8／8.1／10（32／64bit 対応）
- ハードウェア：
  RS232 ポート（COM ポート）を内蔵した PC-AT 互換機[※]

F.1.2 YellowIDE と SH マイコン用 C コンパイラ（YCSH）のインストール

《準備するもの》
Yellow Soft C Compiler for SH1/2 YCSH Ver.4.6 with YellowIDE Ver.7.13

1 CD をドライブに挿入すると自動でインストーラが起動します。図 F1.1 の画面が開かないときは手動で Yellow Selector.exe を起動してください。

2 図 F1.1 のインストールメニューから「統合開発環境 YellowIDE Ver7.13」をクリックします。最新バージョンと旧バージョンの2つがあるので，必ず最新バージョンを選択してください。

3 しばらくすると図 F1.1 の画面からインストール画面に変わります。［次へ（N）］をクリックすると，インストールするフォルダの設定画面になります。標準設定では C ドライブ直下の C:¥YellowIDE7 に展開されます。本書では標準設定とし，［次へ（N）］をクリックします。

4 図 F1.2 のようなインストール先の確認画面が表示されます。確認後，［インストール（I）］をクリックします。使用環境によっては［ユーザアカウント制御］画面が表示されます。［はい（Y）］をクリックしインストールを続行します。

5 インストールが終わると図 F1.3 の画面が表示されます。［完了（F）］をクリックすると図 F1.1 の画面に戻ります。

図 F1.1　YellowIDE のインストーラ画面

図 F1.2　インストール先の確認画面

図 F1.3　インストール完了報告画面

※　USB-RS232変換ケーブルを使用する場合は，ラトックシステムズ社製の REX-USB60F を推奨します。メーカによってはデバッガ機能が動作しないことがあります。

❻ 次に，SHマイコン用Cコンパイラの許可ファイルをインストールします．セットアップメニューから図F1.4のように，[YCSH使用許可ファイル]をクリックします．

❼ Install Shield 画面が表示されるので，[次へ (N)] をクリックします．

❽ ユーザアカウント制御画面が表示されるので，[はい (Y)] をクリックして続行します．

❾ インストール完了画面が表示されたら [完了 (F)] をクリックします．画面は再び図F1.1 に戻ります．[終了] をクリックして作業を終えます．

F.1.3 スタートアップルーチンの修正
[1] スタートアップルーチンとは

CPUをリセットした直後に，メイン関数を実行する前の一番最初に実行されるルーチンがスタートアップルーチンです※．このプログラムはハードウェアに依存するため，ユーザが自分のシステムに合わせて準備しなければなりません．YellowIDEではプログラム開発を容易に進められるよう，マイコンの種類毎に，標準的なスタートアップルーチンがあらかじめ用意されており，ユーザの使用環境に合わせて部分的な修正だけですむように工夫されています．マイコンボードTK400SHで必要な修正は，ごく一部です．

[2] スタートアップルーチン (CSC7125.C) の修正

TK400SHで使用しているマイコンSH7125のスタートアップルーチンを修正します．エディタやメモ帳などのソフトを使い，Cドライブの直下に作成された C:¥YellowIDE7¥CSTARTUP フォルダから CSC7125.C[**] を開き，27行目と28行目を変更します．

26行目 RAMの先頭番地を記述します．TK400SHでは，フラッシュメモリ128KB版のマイコンSH7125を，モード3（シングルチップモード）で使用しており，8KBの内蔵RAMだけを使用しています．内蔵RAMの先頭番地は，標準設定と同じアドレスのFFFFA000hになっているので変更する必要はありません．

27行目 CPUクロックを50MHzに変更します．TK400SHではCPUクロック（内部クロックIφ）を50MHzの設定にしています．

図F1.4 YCSH使用許可ファイルのインストール画面

```
《CSC7125.C》
25   // 変更①
26   #define RAM_BASE  0xFFFFA000      //RAMの先頭番地を記述してください．
27   #define CLOCK  50000000L          //CPUクロックを記述してください．Hz単位
28   #define PCLOCK 25000000L          // 内蔵周辺機器クロックを記述してください．Hz単位
29   #define MAX_VECTNO 228            // 最大割込みベクタ番号 +1 を記述してください．
30                                     // 分からない場合は 256 以上
31   #define DBG_PORT   SCI1           // デバッグに使うシリアルチャネルの設定 この例ではSCI1
32   #define DBG_PORT_BPS   38400L     // デバックポートでのボーレート
33   // 変更①終わり
```

※ リセット直後は，RAMの開始番地や終了番地など，CPUは何も情報をもっていません．このため，メイン関数を実行する前に，CPUがRAM領域にアクセスできるように環境設定を行ったり，スタックと呼ばれる作業領域をRAMに確保したり，メイン関数を実行するために必要な動作環境の設定を行う事前処理プログラムが必要になります．

※※ スタートアップルーチンには，旧バージョンと新バージョンがあります．旧バージョンはYellowIDE6互換用としてアセンブリ言語で作成され，STARTUPフォルダ内にCS****.ASMというファイル名で入っています．一方，YellowIDE7では，C言語で作成されたプログラムCSC****.Cが使用されます．こちらはCSTARTUPフォルダに入っています．

28行目　内蔵周辺クロックを25MHzに変更します。TK400SHでは内蔵周辺クロック（Pϕ）を25MHzの設定にしています。

31〜32行目　シリアルポートの使用チャネルと通信速度を設定しています。標準設定のままで変更しません。ここで設定するシリアルポートは，デバッグやフラッシュROMの書き込みにも使用されます。

修正したら［上書き保存］して終了します。

F.1.4　関連ファイルのコピー

本書で使用したプログラムはホームページからダウンロードすることができます。ダウンロードしたファイルを解凍すると，図F1.5の左側のように展開されます。ここで，TK400SHsetupフォルダのfor_YellowIDEに収められている4つのファイル，7125S.H，tk400sh_lib.h，tk400sh.h，SH_i2c_lib.hをC:¥YellowIDE7¥INCLUDE¥SHフォルダにコピーしてください[※]。

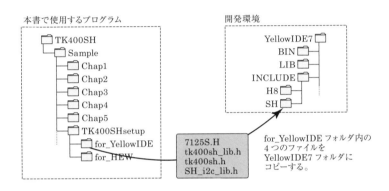

図F1.5　4つの関連ファイルのコピー

※　4つのファイルを上記以外の場所にコピーした場合は，YellowIDEにおいて，ファイルの場所を検索する順序を指定する［パスの設定］が必要です。パスの設定は，YellowIDEのメニューバーから，［設定(S)＞インクルードパス(I)］をクリックします。インクルードパスの設定画面が開くので，参照ボタンをクリックしてコピーしたフォルダを指定します。追加ボタンをクリックすると，登録画面に指定したフォルダのルートが設定されます。以上で設定が完了するので［OK］をクリックして画面を閉じます。

F.2 プロジェクトの作成方法とマイコン上での実行

F.2.1 プロジェクトの作成方法

YellowIDE は，ユーザが作成した C ソースプログラムから CPU が解読できるオブジェクトコードを生成するために，様々な情報ファイルを必要とします。これらのファイルを一括管理する枠組みがプロジェクトです。

[1] プロジェクト作成上のルール

フォルダ名やファイル名に使える文字や数字・記号は，Windows における一般的なルールに従いますが，以下の点に注意してください。

❶ プロジェクトフォルダ名：プロジェクトフォルダの名称は自由に付けることができます。ただし，1つのフォルダに作成するプロジェクトは，必ず1つだけにします。複数のプロジェクトを作成しないように注意してください。本書では，C ソースファイルと同じ名称をフォルダ名にしています。

❷ プロジェクト名：プロジェクトの名称は自由に付けることができますが，プロジェクトフォルダ名と同じにしておくと管理するうえで便利です。

[2] プロジェクトの作成手順

a) C ソースプログラムの入力と保存

YellowIDE はエディタ機能をもちますが，最初に作成する C ソースプログラムは，メモ帳や適当なエディタを使い作成します。ここでは図 F2.1 に示すプログラムを例に，プロジェクトの作成手順からマイコン上での実行までを紹介します。エディタに入力できたら，例えば F ドライブ(USB メモリ)の直下に，「LEDtest」という名称のフォルダを作成し，その中に「LEDtest.c」という名称で図 F2.1 の C ソースプログラムを保存します。

b) プロジェクトの新規作成

パソコンのデスクトップ画面から，YellowIDE7 のアイコンをダブルクリックして起動します。このとき「プロジェクトが存在しません」というメッセージボックスが表示された場合，[OK] をクリックして画面を閉じます※。既存のプロジェクトが開いた場合は，YellowIDE のメニューバーから［ファイル(F)＞プロジェクトを閉じる(E)］をクリックし，プロジェクトウィンドウを全て閉じてください。

❶ プロジェクト名の入力

YellowIDE のメニューバーから図 F2.2 のように，［ファイル(F)＞プロジェクトの新規作成(T)］をクリックします。ブラウズ画面が開くので，a) で作成したフォルダを開いたうえで，プロジェクトファイル名を入力します。図 F2.3 のように，C ソースファイルと同じ名称の LEDtest と入力し，［開く(O)］をクリックします。このとき，拡張子の .yip を入力する必要はありません。YellowIDE が自動的に付加してくれます。

図 F2.1　C ソースプログラム LEDtest.c

図 F2.2　プロジェクトの新規作成画面

図 F2.3　プロジェクト名の入力画面

※　YellowIDEでは，起動時に前回の設定をすべて回復します。プロジェクトを開いた状態で閉じると，次回起動時に終了時点の状態が回復されます。

2 プロジェクトの設定

プロジェクト名の入力が完了すると，YellowIDEのデスクトップ画面左側にプロジェクトウィンドウが開きます。この中から図F2.4のように［設定］ボタンをクリックします。図F2.5に示す画面が開きます。設定が必要な設定タブの内容を以下に示します。

◆ ［ターゲット（必須）］タブ
　図F2.5のように設定します。
- CPUの種類は，SH2を選択します。
- オブジェクトの形式は［ROM化（Sフォーマット）］を選択します。

◆ ［スタートアップ（必須）］タブ
- スタートアップルーチンの設定は，［参照］ボタンをクリックする前に，「C言語のスタートアップルーチンを開く（YellowIDE7の新機能）」にチェックがあるか確認します。チェックが入っていなかったら，チェックを入れたうえで［参照］ボタンをクリックします。ブラウズ画面の「ファイルの場所(I):」をYellowIDE7フォルダ内のCSTARTUPフォルダにします。また，「ファイルの種類(T):」はスタートアップルーチン（*.C）に設定しておきます。表示されるファイルの中から，図F2.6のようにCSC7125.Cを選択し，［開く(O)］をクリックします。プロジェクトの設定画面は図F2.7のようになります。
- スタックサイズ※は，10進数で入力します。SHマイコンでは4の倍数になるように設定します。本書では標準設定の1024バイトにします※※。

◆ ［セグメント定義（必須）］タブ
　このタブでは，ROMとRAMのメモリ番地を設定します。TK400SHでは，マイコンSH7125を内臓ROMと内臓RAMだけを使用するモード3（シングルチップモード）で使用しています。図F2.8のように，画面下部のROM番地には16進数で，終了番地1FFFFを入力します。RAM番地は，開始番地FFFFA000，終了番地FFFFBFFFを入力します。ROMとRAMのメモリ番地入

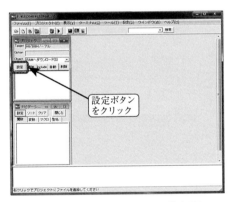

図F2.4 プロジェクトウィンドウの設定ボタン

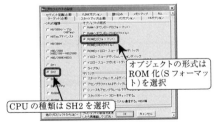

図F2.5 CPUの種類設定

図F2.6 スタートアップルーチンの設定画面

図F2.7 スタートアップ（必須）設定画面

※　スタックはRAMに確保される作業領域で，関数内で使用するローカル変数や引数など，一時的に必要となるデータを格納するメモリ領域です。この領域は関数の呼び出しごとに確保し，関数のリターンごとに解放されます。スタックサイズは，どれくらいのメモリ容量をスタック領域として確保するかを設定します。マイコンSH7125は32ビットのレジスタ幅で構成されているため，4の倍数単位で指定します。

※※　プロジェクトの設定画面の「スタートアップ（必須）」タブで設定したスタックサイズに対して，実際に使われるスタックの方が大きい場合はスタックオーバフローとなり，CPUが暴走したりデータが異常になります。こうした現象を避けるためにYellowIDEでは，実行時にスタックオーバフローを検出するデバッグ機能を備えています。詳細はYellowIDEのヘルプを参照ください。

力が終わったら左右に配置された2つの［自動作成］ボタンをクリックします。

◆ ［YCオプション］タブ

ルネサスエレクトロニクスが提供するI/O定義ヘッダファイル7125S.Hを利用するために,構造体に関する2つの設定が必要です。図F2.9のように「/P メンバを境界を考慮して可能な限り詰めて配置する」と「/b ビットフィールドを上位ビットから割り付ける」の2項目にチェックを入れます。この設定を忘れると,プロジェクトのメイク時にエラーが出ます。

最後に,［OK］をクリックしてプロジェクトの設定画面を閉じます。

> **参考** すでにプロジェクトを作成ずみの場合は,「❷プロジェクトの設定」を再び行う必要はありません。「プロジェクトの設定」画面の下部左側にある［他のプロジェクトからコピー］をクリックします。ブラウズ画面が開くので,参照（コピー）したいプロジェクトファイルのフォルダを開き,プロジェクトファイル*.yipを指定して,［開く(O)］をクリックするだけでプロジェクトの設定は完了します。

❸ Cソースプログラムの登録

プロジェクトにCソースプログラムを登録します。図F2.10のようにプロジェクト設定画面の［追加］ボタンをクリックします。ブラウズ画面が開き,プロジェクトを作成したフォルダが表示されます。図F2.11のようにCソースプログラムLEDtest.cを選択し,［開く(O)］をクリックします。画面は図F2.12のようになります。プロジェクト画面に登録されたCソースファイルLEDtest.cをダブルクリックすると,エディタが起動してプログラムの編集ができるようになります。図F2.13のように画面サイズを調整して見やすく配置します。

図F2.10　Cソースプログラムの追加

図F2.11　Cソースプログラムの登録画面

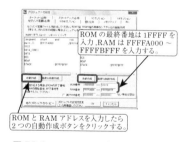

図F2.8　セグメント（必須）設定画面

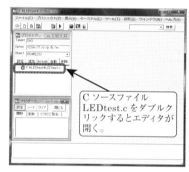

図F2.12　プロジェクト設定完了後の画面

図F2.9　YCオプション設定画面

図F2.13　YellowIDEにおける編集画面

[3] プログラムのメイク

メイクとは，プログラムをコンパイルしてマイコンの ROM に書き込むデータを生成することをいいます。メイクはツールバーのアイコンからメイクアイコン（ ）か，実行アイコン（ ）のどちらかをクリックします。どちらもエディタ画面の内容を上書き保存した後，コンパイル動作に移ります。メイクアイコンと実行アイコンの違いは，コンパイルまでは同じですが，実行アイコンはコンパイルに成功するとフラッシュ ROM に書き込むツールが自動起動します。本書では，実行アイコンを使います。

エラーが発生すると，図 F2.14 のようなエラーレポート画面が開くとともに，画面下部にエラーの発生した行や原因が表示されます。エラー表示文をダブルクリックすると，エラーの箇所にジャンプします。

[4] プログラムの書き込み
（フラッシュ ROM ライタ FWRITE2 の設定）

ツールバーアイコンの実行ボタンをクリックします。メイクに成功するとフラッシュ ROM ライタ FWRITE2 が起動します。インストール後に初めて起動した場合は，図 F2.15 のように何も設定されていません。FWRITE2 は H8 ファミリ，SH ファミリなど，数多くの CPU に対応しています。初回のみ，書き込みを行うマイコンの種類や動作環境などの設定が必要です。一度設定を行えば，タブに CPU の型番が登録されます。

1 CPU 情報ファイルの設定

［参照］ボタンをクリックします。図 F2.16 のようにファイルの中から SH7125.FWI を選択し，［開く (O)］をクリックします。このとき図 F2.17 のような説明画面が開きます。今後この説明が不要であればチェックボックスにチェックを入れて［OK］をクリックします。

2 COM ポートの設定

変更ボタン（▼）をクリックし，使用しているパソコン環境に合わせて COM ポート番号を設定してください[※]。ここでは COM3 を選択します。

3 ボーレートの設定

ここは 19200（20〜25MHz）が標準設定値になっています。そのままの値とします。

4 高速転送の設定

図 F2.18 のように「有効」のチェックボックスにチェックを入れます。「高速ボーレート」はプルダウンメニューの中から

図 F2.14　コンパイルエラーレポート画面

図 F2.15　フラッシュ ROM ライタ FWRITE2 の起動画面
（インストール直後の場合）

図 F2.16　CPU の型番設定（SH7125.FWI の選択）

図 F2.17　CPU の型番設定

図 F2.18　高速転送の設定

※　COM ポート番号は，Windows のコントロールパネルから，［システムとセキュリティ＞システム＞デバイスマネージャー］で表示されるツリー構造の中から，「ポート (COM と LPT)」で確認することができます。

38400 を選択します。「クロック（Hz）」はデバイスへの入力クロックを設定します。TK400SH では 12.5MHz を使用しているので 12500000 と入力します。

次に，ウィンドウ下部にある［設定...］をクリックします。図 F2.19 に示す設定画面が開きます。ここで「その他」において「書き込み開始時に確認メッセージを表示しない」にチェックを入れます。ここにチェックを入れることにより，コンパイルが完了すると直ちに書き込み画面が開き，書き込みをとどこおりなく行うことができます。［OK］をクリックして設定画面を閉じます。以上でフラッシュ ROM ライタの設定が完了しました。この設定情報はシステムに記憶され，次回からは設定する必要がありません。

F.2.2 マイコンへの書き込みと実行

1 プログラムの書き込み

シリアルケーブルをマイコンボード TK400SH の D-Sub9 ピンコネクタに接続し，モード切り替えスイッチ SW4 を RUN 側から WRITE 側に切り替え，CPU 電源スイッチを投入します[※]。次に，図 F2.20 に示す FWRITE2 画面の［書き込み］ボタンをクリックすると書き込みが始まります。書き込みが完了すると図 F2.21 のようなメッセージが表示されます。［終了］ボタンをクリックして FWRITE2 画面を閉じます。

2 プログラムの実行

マイコンボード TK400SH の CPU 電源スイッチをいったん切ります。モード切り替えスイッチ SW4 を WRITE 側から RUN 側に切り替えます。CPU 電源スイッチを再度投入するとプログラムが実行され，LED1 が 0.5 秒間隔で点滅します。

図 F2.19　フラッシュ ROM ライタの設定画面

図 F2.20　書き込み画面

図 F2.21　書き込み完了画面

※　動作モードの切り替えは，CPU電源スイッチを切った状態で行ってください。電源を投入したままではフラッシュROMの書き込みモードに切り替わりません。

F.3　ルネサスエレクトロニクス統合開発環境 HEW のインストールとプロジェクトの作成手順

F.3.1　パソコンの動作環境

TK400SH のプログラムは，ルネサスエレクトロニクスが提供する統合開発環境 HEW[※]でも作成することができます。ここでは HEW による開発方法を紹介します。インストールするために必要な動作環境は，下記の通りです。

- オペレーティングシステム：
  Microsoft Windows
  　Vista／7／8／8.1／10（32／64bit 対応）
- ハードウェア：
  RS232 ポート（COM ポート）を内蔵した PC-AT 互換機，または USB-RS232 変換ケーブルを用意します。

ここでは，HEW の機能の一部である無償評価版の SH マイコン用 C コンパイラパッケージを利用します。

《準備するもの》
① 「無償評価版 SuperH ファミリ用 C/C++ コンパイラパッケージ V.9.0.4 Release 02」
② 「無償評価版フラッシュ開発ツールキット V.4.09 Release 02」

ダウンロード方法は，付録 F.8 節 [3] を参照ください。

F.3.2　HEW（SH マイコン用 C コンパイラパッケージ）のインストール

無償評価版の SuperH ファミリ用 C/C++ コンパイラパッケージをダウンロードすると，shv9420_ev.exe というファイル名で保存されます。ここでは Windows8.1 のパソコンにインストールします[※※]。

■1　shv9420_ev.exe をダブルクリックします。ユーザアカウント制御画面が表示されるので [はい (Y)] をクリックして続行します。

■2　しばらくすると図 F3.1 のような High-performance Embedded Workshop インストールマネージャ画面が表示されます。メニューから [標準インストール（推奨）] をクリックします。

■3　図 F3.2 のようなインストール先の選択画面が表示されます。標準設定は C:¥Program Files(x86)¥Renesas¥Hew です[※※※]。ここでは標準設定のままとし，[次へ] をクリックします。

■4　インストール製品の選択画面に切り替わります。図 F3.3 のように，「SuperH ファミリ用 C/C++ コンパイラパッケージ V.9.04 Release 02」にチェックが入っていることを確認し，[インストール] をクリックします。

図 F3.1　HEW インストールマネージャ画面

図 F3.2　インストール先の選択

図 F3.3　インストール製品の選択

※　HEW：High-performance Embedded Workshop
※※　インストールを行う際は，管理者権限でログオンしてください。
※※※　Windows の 32bit OS の場合は，C:¥Program Files¥Renesas¥Hew に展開されます。

5 図 F3.4 のようなインストール画面が表示されます。［次へ（N）］をクリックして続行します。
6 図 F3.5 のような使用許諾契約画面になります。内容を確認の上，［はい（Y）］をクリックします。
7 図 F3.6 のような地域の選択画面になります。「その他の地域（日本，アジア他）」を選択し，［次へ（N）］をクリックします。
8 図 F3.7 のようなファイルコピーの開始画面になります。設定内容を確認のうえ，［インストール（I）］をクリックします。
9 セットアップステータス画面に切り替わり，インストール経過が表示されます。インストールが完了すると図 F3.8 のインストール終了画面が表示されます。［完了］をクリックして画面を閉じてください。
10 次に，Windows のデスクトップ画面にショートカットのアイコンを作成します。エクスプローラで C:¥Program Files(x86)¥Renesas¥Hew フォルダから，HEW2.exe ファイルを選択し右クリックします。表示されたプルダウンメニューから，「ショートカットの作成（S）」をクリックします。「ショートカットはデスクトップ上に作成しますか？」というメッセージボックスが表示されるので［はい（Y）］をクリックします。

これでデスクトップに HEW2.exe のショートカットが作成されました。

図 F3.4　インストール画面

図 F3.5　使用許諾確認画面

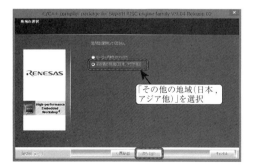

図 F3.6　地域選択画面

図 F3.7　インストール開始画面

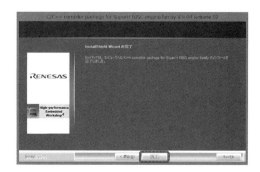

図 F3.8　インストール完了画面

F.3.3 フラッシュ ROM ライタ（書き込みソフト）のインストール

❶ ダウンロードファイル，fdtv409r02.exe をダブルクリックします。ユーザアカウント制御画面が表示されるので，［はい (Y)］をクリックして続行します。

❷ 図 F3.9 のような Renesas Flash Development Toolkit(v4.09) InstallShield 画面が表示されます。［OK］をクリックして続行します。

❸ 図 F3.10 のような画面が表示されるので，［Next］をクリックして次に進みます。

❹ 図 F3.11 のような言語選択画面が表示されます。「Asia（Japanese）」を選択し，［Next］をクリックして次に進みます。

❺ ソフトウェアの使用許諾画面が表示されるので，図 F3.12 のように「I accept the terms of license agreement」を選択し，［Next］をクリックします。

❻ 図 F3.13 のようなセットアップの内容確認画面が表示されます。［Next］をクリックして次に進みます。

❼ 図 F3.14 のようなオプション設定画面が表示されます。変更することなく，そのまま［Next］をクリックします。

❽ 図 F3.15 のようにインストール先の選択画面が表示されます。標準設定は C:¥Program Files(x86)¥Renesas¥FDT4.09 です。このままの設定で［Next］をクリックします。

❾ 図 F3.16 のようなインストール準備完了画面が表示されるので［Install］をクリックします。

図 F3.9　インストーラ起動画面

図 F3.10　インストールウィザード画面

図 F3.11　言語選択画面

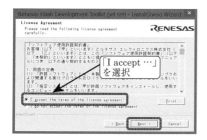

図 F3.12　使用許諾設定画面

図 F3.13　セットアップの内容確認画面

図 F3.14　オプション選択画面

図 F3.15　インストール先の選択画面

⑩ インストールが始まり，進行状況がステータス画面が表示されます。途中でWindowsセキュリティ画面が表示され，「このデバイス ソフトウェアをインストールしますか？」というメッセージボックスが表示されます。［インストール（I）］をクリックして続行します。

インストールが終了すると，図F3.17のような画面が表示されます。［Finish］をクリックして作業を終了します。

図F3.16　インストール準備完了画面

図F3.17　インストール完了画面

F.3.4　関連ファイルのコピー

TK400SHのプログラム作成に必要となる，ライブラリ関数などのファイルを準備します。本書で使用するプログラムをホームページからダウンロードして解凍すると，図F3.18の左側のように展開されます。TK400SHsetupのfor_HEWフォルダ内にある3つのファイル，tk400sh_lib.h, tk400sh.h, SH_i2c_lib.hをC:¥Program Files(x86)¥Renesas¥Hew¥Tools¥Renesas¥sh¥9_4_2¥includeフォルダにコピーしてください[※]。

F.3.5　プロジェクトの作成方法

ここでは，5.3節「実験5.3 多重割り込みを使った反射神経ゲーム」のプログラムを例に，HEWによるプロジェクトの作成方法を紹介します。

[1]　HEWの起動

HEW2.exeを起動します。デスクトップにショートカットアイコンがある場合はアイコンをダブルクリックします。または，Windowsのスタートメニューから［アプリ＞Renesas＞High-performance Embedded Workshop］を選びます。図F3.19の画面が開きます[※※]。「新規プロジェクトワークスペースの作成（C）」を選択し，［OK］をクリックします。

[2]　ワークスペースとプロジェクトの作成

「ワークスペース名（W）:」を入力します。ここでは図F3.20のように「hansha」としま

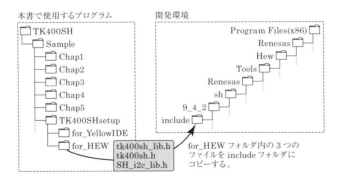

図F3.18　関連ファイルのコピー

※　HEWでは，割り込みに関する命令と記述方法がYellowIDEと異なります。このため，for_HEWフォルダのファイルは，ヘッダファイルtk400sh.hとライブラリ関数tk400sh_lib.hをHEW用に修正しています。
※※　HEWは，起動時に前回の設定をすべて回復します。新規にプロジェクトを作成するには，「新規プロジェクトワークスペースの作成(C)」を選択します。

す。プロジェクト名はワークスペース名と同じになります。ワークスペースとプロジェクトの保存場所は，標準で「C:¥WorkSpace」になっていますが，使用している環境に合わせて設定します。ここでは，「ディレクトリ(D):」の［参照(B)...］ボタンをクリックし，ブラウズ画面から「D:¥HEWwork¥sample」を指定し，［選択］をクリックします。ディレクトリは図F3.20のように，hanshaフォルダが作成されます。［OK］をクリックして次に進みます。

[3] CPU の設定

図 F3.21 のように「CPU シリーズ:」は「SH-2」，「CPU タイプ:」は「SH7125」を選択し，［次へ(N)］をクリックします。

[4] オプション，その他の設定

1. 図 F3.22 のグローバルオプション設定画面になります。標準設定のまま，［次へ(N)］をクリックします。
2. 画面は図 F3.23 になります。そのまま，［次へ(N)］をクリックします。
3. 画面は図 F3.24 になります。標準ライブラリはそのままの設定で［次へ(N)］をクリックします。
4. 画面は図 F3.25 に示すスタック領域の設定画面になります。標準設定のまま［次へ(N)］をクリックします。
5. 図 F3.26 のようなベクタの設定画面にな

図 F3.19　新規プロジェクトワークスペースの作成

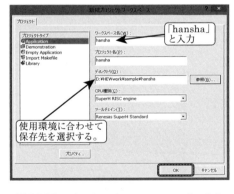

図 F3.20　プロジェクトワークスペース名の入力

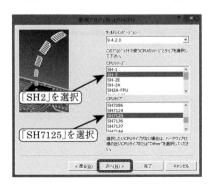

図 F3.21　CPU の設定画面

図 F3.22　グローバルオプションの設定

図 F3.23　イニシャルルーチンの選択

図 F3.24　標準ライブラリの設定

ります。標準設定のまま［次へ（N）］をクリックします。
6　図 F3.27 のデバッガの設定画面になります。標準設定のまま［次へ（N）］をクリックします。
7　図 F3.28 のような生成ファイル名の一覧が表示されます。内容を確認したら［完了］をクリックします。さらに図 F3.29 のようなプロジェクトの概要が表示されます。［OK］をクリックしてワークスペースとプロジェクトの設定を終えます。

[5]　C ソースファイルのコピー

図 F3.30 に示すメインウィンドウが表示されます。画面左側のワークスペースウィンドウには，自動生成された関連ファイルがツリー構造で表示されます。メインプログラム hansha.c ファイルも自動生成されますが，その中身は空です。ファイル名をダブルクリックして，開いたエディタ画面でプログラムを入力してもかまいませんが，ここでは，ダウンロードファイルの Chap5 フォルダ内にある hansha フォルダから C ソースファイル hansha.c を，ワークスペースフォルダの D:¥HEWwork¥sample¥hansha¥hansha にコピーし，ファイルの中身を差し替えます。このとき，同一名のファイ

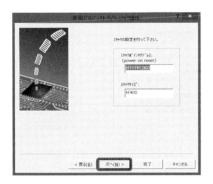

図 F3.25　スタック領域の設定

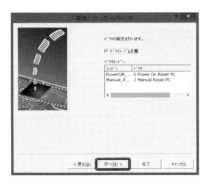

図 F3.26　ベクタの設定

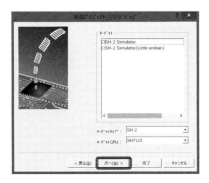

図 F3.27　デバッガ設定

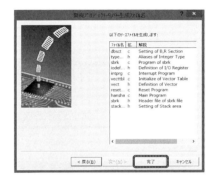

図 F3.28　生成ファイル名の一覧表示

図 F3.29　プロジェクトの概要表示

図 F3.30　ワークスペース画面

ルなので「ファイルの置換またはスキップ」の選択画面が表示されます。「ファイルを置きえる(R)」を選択してください。コピーが完了したら，ワークスペースウィンドウのhansha.cをダブルクリックすると図F3.31のようにエディタ画面が開き，Cソースプログラムの編集ができるようになります。

[6] Cソースファイル hansha.c の修正

HEWのCコンパイラと，YellowIDEのCコンパイラとでは，割り込み処理に関する命令が異なります。メインウィンドウのエディタ画面にメインプログラムhansha.cを開き，以下に示す3箇所を修正します。

34行目：`WriteSR(0);` から
　　　　　 `set_imask(0);` に書き換え

41行目：`void interrupt __vectno__{184} cm0_1ms(void)` から
　　　　　 `void cmt0_1ms(void)` に修正

50行目：`void interrupt __vectno__{64} irq0_sw2(void)` から
　　　　　 `void irq0_sw2(void)` に修正

[7] 割り込みプログラム intprg.c の修正

ワークスペースウィンドウから，intprg.cをダブルクリックすると，割り込みプログラムのエディタ画面が開きます。このプログラムは割り込みのベクタテーブルが記述されています。IRQ0割り込みのベクタ番号64とCMT0割り込みのベクタ番号164，ライブラリ関数の時間待ち関数が使用するCMT1割り込みのベクタ番号188に，割り込み処理関数を以下のように記述します。

139行目：
`void INT_IRQ0(void) { irq0_sw2(); }`

379行目：
`void INT_CMT0_CMI0(void) {cmt0_1ms(); }`

387行目：
`void INT_CMT1_CMI1(void) { int_cmt1_delay(); }`

[8] プロジェクトのビルド

ツールバーから，「すべてをビルド(🔨)」アイコンをクリックします。エラーがなくコンパイルが完了すると，ワークスペースウィンドウの下部に図F3.32のようなレポートが報告されます。

F.3.6 フラッシュROMへの書き込みとプログラムの実行

[1] FDTの起動

マイコンSH7125のフラッシュROMにプログラムを書き込むツールFDT[※]を起動します。FDTには標準モードと取り扱いが単純な

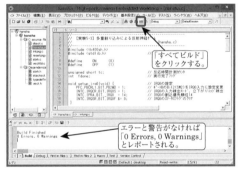

図F3.32　プロジェクトのビルド

図F3.31　エディタ画面

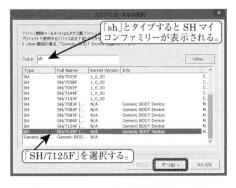

図F3.33　FDTの起動（新規設定）画面

※　FDT：Flash Development Toolkit

Basic Simple Interface Mode があり，ここでは後者を使用します。

Windows のスタートメニューから，[アプリ > Renesas > Flash Development Toolkit 4.09 Basic] を選びます。Basic Simple Interface Mode では，起動時に前回の設定を回復します。初回のみ，通信ポートやマイコンに関する設定が必要です。図 F3.33 の画面が表示されない（デバイスや通信ポートなどの変更をする）場合は，画面左上の[オプション > 新規設定]を選択します。

[2] デバイスとカーネルの選択

図 F3.33 において，フィルタのテキストボックスに「sh」とタイプすると，SH マイコンファミリが表示されます。SH/7125F を選択し，[次へ (N)] をクリックします。

[3] 通信ポートの設定

使用環境に合わせて，通信ポートの選択をします。USB-RS232 変換ケーブルを使用している場合は，パソコンの USB ポートに接続するとプルダウンメニューに接続したケーブルに対する COM ポート番号が追加されます。ここでは，図 F3.34 のように「COM3」を選択し，[次へ (N)] をクリックします。

[4] TK400SH との接続とデバイス設定

図 F3.35 のように「マイコンをブートモードにして電源を入れてください」という注意画面が表示されます。通信ケーブルを TK400SH の D-Sub9 ピンコネクタに接続し，モード切替スイッチ SW4 を書き込みモードに切り替えて CPU 電源スイッチを投入します。その後，注意画面の[OK]ボタンをクリックします。次の工程に移ると図 F3.36 のようなデバイス選択画面が表示されます。変更ボタンをクリックし，「R5F7125」に変更します。

[OK]をクリックして続行すると，図 F3.37 のような「汎用デバイスの確認」画面が表示されます。選択デバイスが「R5F7125」であることを確認し，[OK]をクリックします。

[5] デバイス設定

画面は図 F3.38 のような「デバイス設定」画面になります。ここでは CPU のクロックに関する設定を行います。「入力クロック：」は「12.50」，「メインクロックの逓倍比 (CKM)：」は「4」，「周辺クロックの逓倍比 (CKP)：」は「2」に設定し，[次へ (N)]をクリックします。

[6] 接続タイプと書き込みオプション設定

画面は図 F3.39 のような「接続タイプ」画

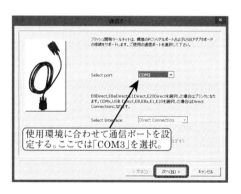

図 F3.34　通信ポートの設定

図 F3.35　マイコンボードとの接続を促す注意画面

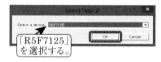

図 F3.36　CPU の選択画面

図 F3.37　汎用デバイスの確認画面図

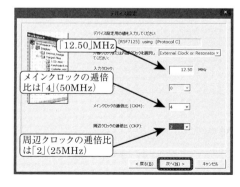

図 F3.38　デバイス（CPU のクロック）設定

面になります．［次へ］をクリックして先に進みます．

図F3.40のような「書き込みオプション」画面になります．標準設定のまま，［完了］をクリックして設定を終えます．FDT Simple Interface画面に戻ります．

[7] ROMに書き込むデータファイルの指定

ROMに書き込むデータファイルを指定します．このデータファイルは，HEWによってプロジェクトのDebugフォルダに「*.mot」という拡張子で生成されます．FDT Simple Interface画面の「File Selection」の「User / Data Area」のチェックボックスにチェックを入れ，変更ボタンをクリックするとブラウズ画面が開きます．D:¥HEWwork¥sample¥hansha¥hansha¥Debug¥hansha.motファイルを選択し，［開く(O)］をクリックすると図F3.41のようになります．

[8] プログラムの書き込み

プログラムの書き込みをします．FDT画面の［スタート］ボタンをクリックします．書き込みが完了すると図F3.42が表示されます．［デバイスとの切断］ボタンをクリックして接続状態を解除します．

[9] プログラムの実行

TK400SHのCPU電源スイッチをいったん切ったうえで，モード切り替えスイッチSW4を「RUN」側に切り替え，再度，CPU電源スイッチを投入すると反射神経ゲームのプログラムが実行されます．

以後，プログラムの書き込みは，［7］からの手順だけになります．

図F3.39　接続タイプの設定画面

図F3.41　書き込みファイルの設定

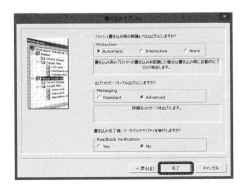

図F3.40　書き込みオプション画面

図F3.42　書き込み完了画面

F.4　TK400SH 回路図と動作環境

F.4.1　TK400SH の回路図
マイコンボード TK400SH の回路図を図 F4.1 に示します。

F.4.2　TK400SH の動作環境
マイコンボード TK400SH の標準設定は，以下のようになっています。
[1] CPU 動作クロック
- デバイス入力クロック　12.5MHz
- 内部クロック（Iϕ）　　50MHz　，　バスクロック（Bϕ）　　25MHz
- 周辺クロック（Pϕ）　　25MHz　，　MTU2 クロック（MPϕ）　25MHz

[2] デバイス動作モードとメモリ番地
- シングルチップモード（モード 3）
- 内蔵 ROM 番地　　0000 0000h　～　0001 FFFFh
- 内蔵 RAM 番地　　FFFF A000h　～　FFFF BFFFh

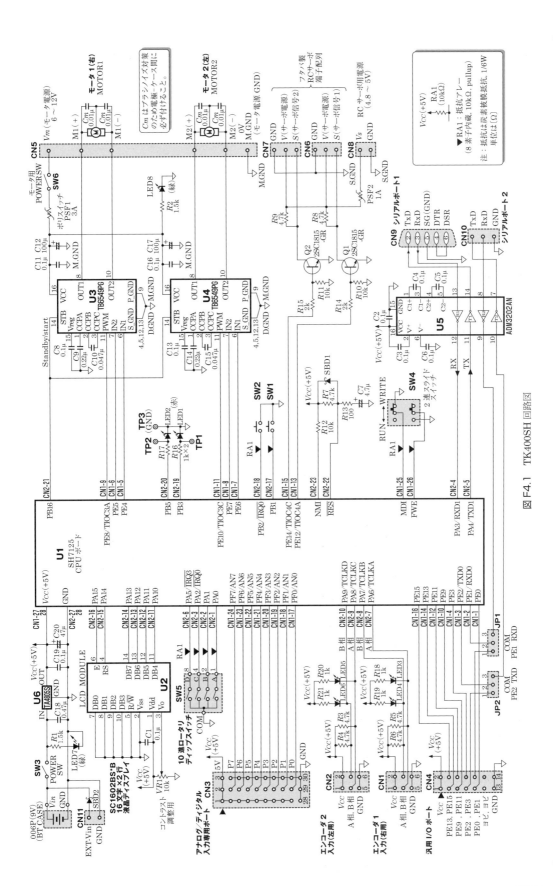

図 F.4.1 TK400SH 回路図

F.5　TK400SHボードサポートライブラリ関数 [tk400sh_lib.h]

TK400SHが備えるいろいろな機能を容易に利用できるよう，表F5.1に示すような関数を用意しています。ここでは各関数の機能について説明します。なお，値を返さないvoid型の関数は，関数名の左側に記述するvoidを省略しています。

[1]　I/Oポート初期設定

port_init(void);

引数：なし
戻値：なし
機能：マイコンボードTK400SHのハードウェア環境に合わせてマイコンSH7125のポート設定を行います。各I/O端子の機能選択（ピンファンクション）と入出力方向の設定，周辺機能モジュールの初期設定などを行います。この関数はメイン関数の冒頭に必ず入れて下さい。

[2]　スイッチ・センサ入力

unsigned char get_dip_sw(void);

引数：なし
戻値：符号なし8ビット整数（0～9）
機能：ロータリーディップスイッチ（SW5）の値を取得し，0～9までの整数を返します。

Examples：
```
void main(void) {
  unsigned char tmp;
  port_init( );         // ポートの初期化
  tmp = get_dip_sw( );  // ディップスイッチの値取得
}
```

unsigned char get_sensor(void);

引数：なし
戻値：符号なし8ビット整数
機能：ディジタル・アナログ入力ポート（CN3）の情報を取得し，符号なし8

表F5.1　TK400SHボードサポートライブラリ関数一覧

分類	関数	分類	関数
[1] I/Oポート初期設定	port_init( )	[8] シリアルコミュニケーションインタフェース	set_sci( )
[2] スイッチ・センサ入力	get_dip_sw( )		rx_start( )
	get_sensor( )		rx_stop( )
[3] モータ制御	set_pwm_freq( )		sendbyte( )
	set_pwm_duty( )		getbyte( )
	set_motor_dir( )		sendtx( )
	motor_amp_on( )		getrx( )
	motor_amp_off( )		delay_ms( )
[4] RCサーボモータ制御	servo_init( )	[9] 時間待ち	delay_2us( )
	set_servo1( )		lcd_init( )
	set_servo2( )	[10] LCD	clr_lcd( )
[5] A/D入力	ad_init( )		outi( )
	ad_off( )		outf( )
	ad_start( )		outbin( )
	set_ad_ch( )		locate( )
	get_ad( )		outst( )
[6] 2相エンコーダ入力	enc_start( )		outc( )
	enc_stop( )		outhex( )
	get_enc( )		
[7] 汎用I/Oポート	set_pe_sci( )		
	set_peio( )		
	bitset_pe( )		
	bitclr_pe( )		
	input_pe( )		
	output_pe( )		

ビット整数で返します[※]。

Examples:
```
void main(void){
  unsigned char tmp;
  port_init( );            // ポートの初期化
  tmp = get_sensor( );     // 外部センサの値取得
}
```

[3] モータ制御

set_pwm_freq(unsigned int fq);

引数：100 ～ 100000
　　　fq は 100 ～ 100000（単位は Hz）までの整数を指定します。

戻値：なし

機能：モータの PWM 周波数を指定します。周波数の設定範囲は 100Hz ～ 100kHz です。TK400SH では SH マイコンの MTU2 モジュールのチャネル 3 を用いて 2 相の PWM 信号を生成しています。TGRA と TGRC レジスタが PWM 周期の設定，TGRB と TGRD がデューティ比の設定に使用し，TGRA と TGRB によって作り出される PWM 信号は TIOC3A（PE8）端子から，TGRC と TGRD によって作り出される PWM 信号は TIOC3C（PE10）端子よりそれぞれ出力され，モータドライバ IC の PWM 端子に与えています。

Examples:
```
void main(void) {
  port_init( );            // ポートの初期化
  set_pwm_freq(10000);
                           // モータの PWM 周波数は 10kHz
  set_motor_dir(S,S);      //モータ停止
  set_pwm_duty(50,50);
                           // 左右モータのデューティ 50%
  motor_amp_on( );         // モータドライバ IC の起動
  set_motor_dir(F,F);      //モータの回転方向は正転
  while(1) { }             // 無限ループで現状維持
}
```

**set_pwm_duty(unsigned short dtl ,
　　　　　　　　unsigned short dtr);**

引数：0 ～ 100
　　　dtl（左モータデューティ比），dtr（右モータデューティ比）は 0 ～ 100（単位は％）までの整数で指定します。

戻値：なし

機能：左モータと右モータの PWM 波形のデューティ比[※※]をパーセントを単位とする整数で設定します。設定可能範囲は 0 ～ 100 です[※※※]。

Examples:
```
void main(void) {
  int dtl, dtr;
  port_init( );            // ポートの初期化
  set_pwm_freq(10000);
                           // モータの PWM 周波数は 10kHz
  set_motor_dir(S,S);      //モータを停止
  set_pwm_duty(0,0);       // 左右モータのデューティは 0%
  dtl=0; dtr=0;
  motor_amp_on( );         // モータドライバ IC の起動
  while(1) {
    while(SW1==1){ }       // SW1 が押されるまで待機
    while(SW1==0) { }      //SW1 から手を離すまで待機
    dtl+=10; dtr+=10;
                           // 左右のデューティ比に 10 を加算
    set_motor_dir(F, F);
                           // モータの回転方向は正転
    set_pwm_duty(dtl, dtr);
                           // モータのデューティ比の設定
    if(SW2==0) {           //SW2 が押されたらモータ
      set_motor_dir(B,B);  // はブレーキ
    }
  }
}
```

**set_motor_dir(unsigned short dl ,
　　　　　　　　unsigned short dr);**

引数：F，R，S，B
　　　dl，dr は左右のモータ回転方向をアルファベットの大文字 1 文字で指定します。F：正転，R：逆転，S：停止，B：ブレーキ。
　　　引数は左モータ，右モータの順で指定します。

戻値：なし

機能：左右のモータの回転方向を設定します。指定できるモータの回転方向は，正転・逆転・停止・ブレーキの 4 状態のいずれか 1 つです。

Examples:
```
void main(void) {
```

[※] ディジタル・アナログ入力ポート（CN3）の一部をアナログ入力として使用している場合，この関数を実行すると端子の状態をディジタル値として読み出すことができます。ただし，A/D 変換中はアナログ入力端子のビットは「1」が読み出されます。

[※※] デューティ比とは，モータに供給する電源パルス波形において，1 周期 T [sec] 中，オンしている時間 t [sec] の比率を表します。Duty=$t / T \times 100$ [％]。

[※※※] この関数を実行する前に，必ず **set_pwm_freq()** 関数を実行し，PWM 周波数の指定をおこなったうえでデューティ比を指定して下さい。

```
    port_init( );            //ポートの初期化
    set_pwm_freq(10000);     //PWM 周波数は 10kHz
    set_motor_dir(S,S);      //モータの回転方向は停止
    set_pwm_duty(0,0);       //モータのデューティは 0%
    dtl=0; dtr=0;
    motor_amp_on( );         //モータドライバ IC の起動
    while(1) {
      if(SW1==0){            //SW1 が ON なら
        set_motor_dir(F,F);
                             //モータの回転方向は正転
        set_pwm_duty(50,50); //デューティ比は 50%
      }
      else {                 //そうでなければ
          set_motor_dir(B,B);
                             //回転方向はブレーキ
          set_pwm_duty(80,80);
                             //デューティ比は 80%
      }
    }
}
```

`motor_amp_on( void );`

引数：なし

戻値：なし

機能：モータドライバ IC をスタンバイ状態（低消費電力・休止状態）から動作状態に切り替えます。スタンバイ状態から動作状態に切り替えるには，あらかじめ左右のモータの回転方向を停止状態にしてからこの関数を実行します。この関数は，モータドライバ IC 内部のチャージポンプ回路[※]が安定状態になるまで 50ms の待機時間を設けています。この関数を実行しても直ちにモータドライバ IC は動作状態にならないので注意して下さい。

`motor_amp_off( void );`

引数：なし

戻値：なし

機能：モータドライバ IC をスタンバイ状態（低消費電力・休止状態）に切り替えます。モータは IC 内部の H ブリッジ回路から開放され，フリー状態になります[※※]。

[4] RC サーボモータ制御

`servo_init( void );`

引数：なし

戻値：なし

機能：RC（ラジコン）サーボモータ 1 と 2 の制御信号を作り出すタイマモジュールを動作状態にし，サーボホーンをニュートラル位置（可動範囲の中央）にします。TK400SH では SH マイコンの MTU2 モジュールのチャネル 4 を用いて 2 チャネルの RC サーボモータの制御信号を生成しています。制御信号は図 F5.1 のようにサーボ周期 T に対しパルス幅 T_d をもつパルス波形を与え続ける必要があります。パルス幅 T_d の時間は出力軸の回転角度に対応しています。TGRA と TGRC レジスタがサーボ周期の設定，TGRB と TGRD がパルス幅の設定に使用し，TGRA と TGRB によって作り出される制御信号は TIOC4A（PE12）端子から，TGRC と TGRD によって作り出される制御信号は TIOC4C（PE14）端子からそれぞれ出力されます。TK400SH では，この制御信号をトランジスタによるバッファアンプを経由してから RC サーボモータに与える構成になっています。

Examples：
```
void main(void) {
  port_init( );              // ポートの初期化
  servo_init( );             //RC サーボ 1, 2 を初期化
}
```

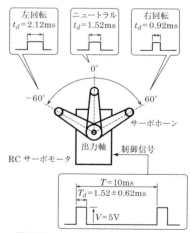

図 F5.1　RC サーボモータの制御信号

※　チャージポンプ回路とは，IC 内部の H ブリッジモータ駆動回路を構成している Power MOSFET のゲート駆動用電圧を作る昇圧回路です．

※※　`motor_amp_on( )` と `motor_amp_off( )` 命令を使い，PWM 機能を実現するような使い方はしないで下さい．IC 内部のチャージポンプ回路の動作が不安定になり，IC を破壊することがあります．

```
set_servo1( short sdt1 );
set_servo2( short sdt2 );
```

引数：$-600 \sim 600$

std1（std2）は$-600 \sim +600$までの整数で指定します。-600を指定値とすると出力軸を正面にみてニュートラル位置から反時計回り（CCW）一杯（-60度）に，$+600$を指定するとニュートラル位置から時計回り（CW）一杯（$+60$度）の位置になります。0はニュートラル位置になります。指定値とサーボの可動範囲はサーボメーカにより多少の違いがあります。

戻値：なし

機能：RCサーボモータの位置指令値を指定します。位置指令値は-600から$+600$までの整数で設定します。RCサーボモータの制御信号のサーボ周期Tは10ms一定，位置指令値に対応するパルス幅T_dは-600のとき0.92ms，0のとき1.52ms，$+600$のとき2.12msなります。パルス幅T_dの分解能は0.16μsです※。

Examples：
```
void main(void) {
  short pp;          // 符号つき16ビットの変数
  port_init( );      // ポートの初期設定
  cmt1_init( );      //CMT1の初期化（時間待ち関数に必要）
  servo_init( );     // RCサーボ1,2の位置を初期化
  dt=0;
  while(1) {
    while(SW1==1){ }   //SW1が押されるまで待機
    while(SW1==0){ }   //SW1から手が離れまで待機
    for(pp=0; pp <= 600; pp+=10) {
                       //0～600まで増加
      set_servo1(pp); set_servo2(pp);
                       //RCサーボに出力
      delay_ms(200);
    }
  }
}
```

[5] A/D変換入力

```
ad_init( unsigned short adm );
```

引数：0，1（A/Dモジュール番号）

戻値：なし

機能：マイコンSH7125内蔵のA/D変換器の初期設定を行います。内蔵しているA/D変換器は2系統あり，A/Dモジュール0（入力チャネル0〜3）とA/Dモジュール1（入力チャネル4〜7）です。それぞれ10ビットの分解能をもちます。この関数は引数によって，どのモジュールを使用するか選択します。引数として0を与えると，A/Dモジュール0をスタンバイ状態から動作状態に切り替え，アナログ入力チャネル0〜3が使用できます。引数として1を与えると，A/Dモジュール0とA/Dモジュール1の2系統が動作状態になり，アナログ入力チャネル0〜7のすべてを使用できます。アナログ-デジタル変換動作は，シングルモード動作，1サイクルスキャン（スタート信号を与えると指定したチャネルを1回だけA/D変換する）の設定にしています。

Examples：
```
void main(void) {
  port_init( );      // ポートの初期設定
  ad_init(0);        //ch0～ch3を動作状態にする
  ……
}
```

```
set_ad_ch( unsigned short adch );
```

引数：0〜7（アナログ入力チャネル番号）

戻値：なし

機能：A/D変換するアナログ入力チャネルを指定します。チャネル0から7は，ディジタル・アナログ入力ポート（CN3）のCN3-B0からCN3-B7に対応しています。

```
ad_start( unsigned short adch );
```

引数：0〜7（アナログ入力チャネル番号）

戻値：なし

機能：指定した入力チャネルにおいて，A/D変換を開始します。この命令を実行すると，内蔵されているサンプル&ホールド回路のサンプリング時間を経た後A/D変換が開始されます。A/D変換時間（この命令を与えてからサンプリング時間とA/D変換終了までの合計時間）は2.12μsです。

※　この関数を実行する前に，必ず**servo_init()**関数を実行して下さい。

```
unsigned short get_ad(
        unsigned short gch );
```

引数：0～7（アナログ入力チャネル番号）
戻値：0～1023（符号なし整数）
機能：指定したアナログ入力チャネルにおけるA/D変換結果を取得します。この関数は，A/D変換が完了するまで待機し，変換完了フラグを検出すると引数で与えたアナログ入力チャネルのA/D変換結果を取得し，0～1023までの整数を返します。このため，戻り値を受け取る変数は16ビット幅（unsigned short）以上でなければなりません。A/D変換器の分解能は10ビットであるため16ビット幅の変数には，Bit0～Bit9までがA/D変換値，残りのBit10～Bit15にはすべて0が配置されます。

Examples：
```
void main(void) {
  unsigned short add;//16Bit 符号なし整数の変数
  port_init( );           // ポートの初期設定
  ad_init(0);             //A/D モジュール0を動作状態
  while(1) {
    while(SW1==1){ }     //SW1が押されるまで待機
    while(SW1==0){ }     //SW1から手を離すまで待機
    set_ad_ch(1);        // 入力チャネル1に設定
    ad_start(1);         //A/D 変換のスタート
    add = get_ad(1);     // 変換した値の取得
    v0 = (5.0/1024.0)*(float)add; // 電圧に変換
  }
```

```
ad_off( void );
```

引数：なし
戻値：なし
機能：A/D変換モジュール0と1へのクロック供給を停止し，スタンバイ状態に移行します。

Examples：
```
void main(void) {
  unsigned short add;//16Bit 符号なし整数の変数
  port_init( );           // ポートの初期設定
  while(1) {
    while(SW1==1){ }     //SW1が押されるまで待機
    while(SW1==0){ }     //SW1から手を離すまで待機
    ad_init(0);          //A/D モジュール0を動作状態
    set_ad_ch(1);        // 入力チャネル1に設定
    ad_start(1);         //A/D 変換スタート
    add = get_ad(1);     // 変換した値の取得
    ad_off( );           //A/D モジュールを休止状態
  }
}
```

[6] 2相エンコーダ入力

```
enc_start( void );
```

引数：なし
戻値：なし
機能：ロータリエンコーダからの回転パルス信号をカウントするカウンタをゼロクリアし，計測を開始します。TK400SHでは図F5.2に示すような2相のパルス信号を出力するロータリエンコーダを，2チャネル接続することができます。また，入力信号がLowレベルのとき，TK400SH上のモニタ用LED（LED3～LED6）が点灯するようになっているので，エンコーダパルスが正常に入力されているか確認できます。エンコーダパルスのカウンタ機能は，マイコンSH7125が内蔵するMTU2モジュールの位相計数モードを利用しています。位相計数モードは，2つの外部入力信号の位相差を検出し，カウンタをアップ／ダウンさせる機能です。TK400SHでは，図F5.2のように1パルスのクロック入力に対し4カウントする4逓倍モードの設定にしています。

```
enc_stop( void );
```

引数：なし
戻値：なし
機能：ロータリエンコーダからの入力信号をカウントする，カウンタの動作を停止します。

```
unsigned short get_enc(
        unsigned short ch );
```

引数：1，2（エンコーダ入力番号）
戻値：0～65535

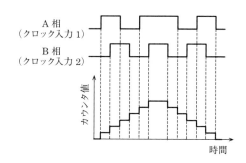

図F5.2　2相ロータリエンコーダの入力信号

機能：ロータリエンコーダ入力1または2のカウンタの値を読み出します。カウンタは16ビット幅のレジスタで構成されており，符号なし16ビット整数を返します。この関数の戻り値を，符号つき16ビット整数宣言した変数に代入すれば，ロータリエンコーダの正転・逆転に対応した－32768～32767の範囲でカウンタパルスの値を取り扱うことができます。

Examples：

```
void main(void) {
  short enc1,enc2;      // 符号つき16Bit整数の変数
  port_init( );         // ポートの初期設定
  while(1) {
    while(SW1==1){ }    //SW1が押されるまで待機
    while(SW1==0){ }    //SW1から手を離すまで待機
    enc1 = 0; enc2=0;   // 変数のゼロクリア
    enc_start( );       // エンコーダカウンタの開始
    enc1 = get_enc(1);  // エンコーダ1の値取得
    enc2 = get_enc(2);  // エンコーダ2の値取得
  }                     //enc1とenc2には-32768～32767の
}                       // 範囲でカウンタの値が入ります
```

[7] 汎用I/Oポート

TK400SHは8本の入出力端子をもつ汎用I/Oポートを備えており，接続コネクタCN4に配置されています。汎用I/Oポート（CN4）はマイコンSH7125のポートEを使用しており，回路構成上，図F5.3のようなビット配置になっています。また，PE1とPE2端子は第2シリアルポートと兼用しています。TK400SHでは，ポートEの汎用I/Oピン端子をビット番号順に並べて再編成したうえで，8ビット単位で扱える関数を用意しました。汎用I/Oポート（CN4）のピン配置を図F5.4に示します。

set_pe_sci(void);

引数：なし

戻値：なし

機能：汎用I/Oポート（CN4）のCN4-B1とCN4-B2をI/O端子からシリアルポートの入出力端子に設定変更します。この関数を実行することにより，D-Sub 9ピンコネクタによるシリアルポート1に加え，シリアルポート2（CN10またはCN4）も使用できるようになります。シリアル信号は図3.3（81ページ）に示すジャンパーJP1とJP2による短絡ソケットの挿入位置により，TTLレベルかRS232レベルのどちらかに信号レベルを選択することができます。標準設定（出荷状態）はJP1とJP2の1-2間が短絡されています。汎用I/Oポート（CN4）のCN4-B1（受信）とCN4-B2（送信）

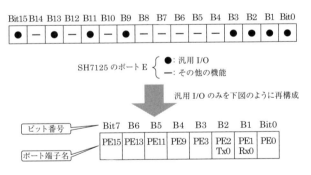

図F5.3　汎用I/Oポート（CN4）のビット配置

CN4ピン番号	1	2	3	4	5	6	7	8	9	10	11	12	13	14
ピン名称	+5V	+5V	PE13	PE15	PE9	PE11	PE2	PE3	PE0	PE1	NC	NC	GND	GND
端子表記	CN4-1	CN4-2	CN4-3	CN4-4	CN4-5	CN4-6	CN4-7	CN4-8	CN4-9	CN4-10	CN4-11	CN4-12	CN4-13	CN4-14
ビット表記	CN4-5V	CN4-5V	CN4-B6	CN4-B7	CN4-B4	CN4-B5	CN4-B2	CN4-B3	CN4-B0	CN4-B1	—	—	CN4-GND	CN4-GND

図F5.4　汎用I/Oポート（CN4）のピン配置

をシリアルポート2として使用する場合は，TTLレベルになります。一方，JP1とJP2の2-3間に短絡ソケットを挿入すると，汎用I/Oポート（CN4）からRS232ラインドライバに切り替わり，シリアルポート2（CN10）が有効になります。

set_peio(unsigned char pedr);

引数：0x00 ～ 0xFF（8Bit 符号なし整数）
戻値：なし
機能：汎用 I/O ポート（CN4）に配置した8ビットのポートピン端子に対して，入出力方向を指定します。入力端子にする場合は「1」，出力端子にする場合は「0」を指定します。CN4-B1（受信）と CN4-B2（送信）をシリアルポートとして使用する場合も入出力方向を設定します。

Examples：
```
void main(void) {
  unsigned char tmp;  //8Bit 符号なし整数
  port_init( );       //ポートの初期設定
  cmt1_init( );       //CMT1の初期化(時間待ちに必要)
  set_peio(0xf0);     // 上位4Bitは入力,下位は出力端子に
  while(SW1==1){ }    //SW1が押されるまで待機
  while(SW1==0){ }    //SW1から手を離すまで待機
  output_pe(0x0f);    // 汎用I/Oの下位4Bitを1
  delay_ms(1000);     //1秒時間待ち
  output_pe(0x00);    // 汎用I/Oの下位4Bitを0
}
```

unsigned char input_pe(void);

引数：なし
戻値：符号なし8ビット整数
機能：汎用 I/O ポート（CN4）の状態を1バイト単位で入力します。

Examples：
```
void main(void) {
  unsigned char tmp;  //8Bit 符号なし整数の変数
  port_init( );       //ポートの初期設定
  cmt1_init( );       //CMT1の初期化(時間待ちに必要)
  set_peio(0xff);     // 汎用I/O端子は全て入力
  while(1) {
    while(SW1==1){ }  //SW1が押されるまで待機
    while(SW1==0){ }  //SW1から手を離すまで待機
    tmp = input_pe( );
                      // 汎用I/Oの端子の状態を取得
    delay_ms(1000);   //1秒時間待ち
  }
}
```

output_pe(unsigned char ped);

引数：0x00 ～ 0xFF（1 バイト符号なし整数）
戻値：なし
機能：汎用 I/O ポート（CN4）から1バイトの整数を出力します。CN4-B1 と CN4-B2 をシリアル端子に設定した場合は，引数として与えた「1」または「0」の値は無視されます。

Examples：
```
void main(void) {
  unsigned char tmp;  //8Bit 符号なし整数の変数
  port_init( );       //ポートの初期設定
  cmt1_init( );       //CMT1の初期化(時間待ちに必要)
  set_peio(0x00);     // 汎用I/Oポートの端子は全て出力
  output_pe(0x0f);    // 汎用I/Oの下位4Bitを1
  delay_ms(1000);     //1秒時間待ち
  output_pe(0xf0);    // 汎用I/Oの上位4Bitを1
}
```

bitset_pe(unsigned char ppe);

引数：0 ～ 7（ビット位置番号）
戻値：なし
機能：汎用 I/O ポート（CN4）において，指定するビット位置番号の I/O 端子に High（1）レベルを出力します。

Examples：
```
void main(void) {
  unsigned char tmp;  //8Bit 符号なし整数の変数
  port_init( );       //ポートの初期設定
  cmt1_init( );       //CMT1の初期化(時間待ちに必要)
  set_peio(0x00);     // 汎用I/Oポートは全て出力
  bitset_pe(7);       // ビット番号7(CN4-B7)を1
  delay_ms(1000);     //1秒時間待ち
  bitset_pe(5);       // ビット番号5(CN4-B5)を1
}
```

bitclr_pe(ppe);

引数：0 ～ 7（ビット位置番号）
戻値：なし
機能：汎用 I/O ポート（CN4）において，指定するビット番号の I/O 端子に Low（0）レベルを出力します。

Examples：
```
void main(void) {
  unsigned char tmp;  //8Bit 符号なし整数の変数
  port_init( );       //ポートの初期設定
  cmt1_init( );       //CMT1の初期化(時間待ちに必要)
  set_peio(0x00);     // 汎用I/Oポートは全て出力
  bitset_pe(7);       // ビット番号7(CN4-B7)を1
  delay_ms(1000);     //1秒時間待ち
  bitclr_pe(7);       // ビット番号7(CN4-B7)を0
}
```

[8] シリアルコミュニケーションインタフェース

```
set_sci( unsigned short mj ,
         unsigned int br );
```

引数：第1引数：DSUB, SPIN（D-Sub9 ピンコネクタまたはストレートピンヘッダ（CN10））
　　　第2引数：110～307200（通信速度, Bit Rate）
　　　第1引数の mj はシリアルコミュニケーションインタフェースの DSUB（D-Sub9 ピンコネクタ）または SPIN（ストレートピンヘッダ（CN10））のどちらかを指定します[※]。
　　　第2引数：br は通信速度（Bit Rate）を指定します。指定できる範囲は 110bps～307200bps までの整数です。これ以外の値を指定した場合は 9600bps に設定されます。
戻値：なし
機能：通信速度を設定するために、対象となるシリアルポートの名称と通信速度を設定します。

Examples：
```
void main(void) {
  port_init();
  set_sci(DSUB , 38400);
     //D-Sub9 ピンコネクタの通信速度を38400bpsに設定
  printf("TK400SH start up¥n");
     // D-Sub9 ピンから文字列の送信
}
```

```
rx_start( unsigned short mj );
rx_stop( unsigned short mj );
```

引数：DSUB, SPIN（D-Sub9 ピンコネクタまたはピンヘッダ（CN10））
　　　引数の mj はシリアルコミュニケーションインタフェースの DSUB（D-Sub9 ピンコネクタ）または SPIN（ストレートピンヘッダ, CN10）のどちらかを指定します。
戻値：なし
機能：rx_start(mj) 関数は、引数で指定されたシリアルポートの受信動作の開始します。rx_stop(mj) 関数は、受信動作を停止します。

```
sendbyte( unsigned short mj ,
          unsigned char txd );
```

引数：第1引数：DSUB, SPIN（D-Sub9 ピンコネクタまたはストレートピンヘッダ（CN10））
　　　第2引数：1バイトの送信データ
　　　第1引数の mj はシリアルコミュニケーションインタフェースの DSUB（D-Sub9 ピンコネクタ）または SPIN（ストレートピンヘッダ（CN10））のどちらかを指定します。
　　　第2引数の txd は1バイトの送信データを与えます。
戻値：なし
機能：1バイトのデータを引数で指定されたポートから送信します。

```
getbyte( unsigned short mj ,
         unsigned char *rxd );
```

引数：第1引数：DSUB, SPIN（D-Sub9 ピンコネクタまたはストレートピンヘッダ（CN10））
　　　第2引数：受信データを格納する変数のアドレス
　　　第1引数の mj はシリアルコミュニケーションインタフェースの DSUB（D-Sub9 ピンコネクタ）または SPIN（ストレートピンヘッダ（CN10））のどちらかを指定します。
　　　第2引数の *rxd は、1バイトの受信データを格納する変数アドレスをポインタ指定します。
戻値：なし
機能：1バイトのデータを引数で指定されたシリアルポートから受信し、指定された変数に格納します。

Examples：
```
void main(void) {
  char rd;            // キャラクタ（文字）型の変数
  port_init();
  lcd_init();
  set_sci(DSUB,38400);
             // D-Sub9 ピンの通信速度を38400bpsに設定
  rx_start(DSUB);     // 受信動作を開始
  locate(0,0);
  while(1) {
    getbyte(DSUB, &rd);
             // D-Sub9 ピンから1バイトのデータを受信
    outc(rd); // 受信データをLCDに出力（1文字出力）
```

※　TK400SHではシリアルポート1（D-Sub9ピンコネクタ）にマイコンSH7125に内蔵されているSCI1モジュールを、シリアルポート2にはSCI0モジュールをそれぞれ割り当てています。

```
    sendbyte(DSUB,rd);
        //受信データをD-Sub9ピンから送信(エコーバック)
  }
}
```

**sendtx(unsigned chort mj ,
       unsigned short num ,
       unsigned char *txd);**

引数：第1引数：DSUB，SPIN（D-Sub9
ピンコネクタまたはストレートピンヘッダ（CN10））
第2引数：1～65535（送信バイト数）
第3引数：送信データが格納されている変数の先頭アドレス
第1引数のmjはシリアルコミュニケーションインタフェースのDSUB（D-Sub9ピンコネクタ）またはSPIN（ストレートピンヘッダ（CN10））のどちらかを指定します。
第2引数のnumは送信するデータ数（バイト数）を1～65535の範囲で指定します。
第3引数は，送信するデータが格納されている変数の先頭アドレスをポインタ指定します。

戻値：なし

機能：1バイトのデータを指定された数だけ，指定されたシリアルポートから連続送信します。

Examples：
```
void main(void) {
  unsigned char tx[5]; //キャラクタ(文字)型配列
  port_init();
  set_sci(DSUB,38400);
        //D-Sub9ピンの通信速度を38400bpsに設定
  tx[0]=12; tx[1]=23;  tx[2]=34;
  tx[3]=45; tx[4]=56;
  sendtx(SPIN, 5,&tx[0]);
        //SPINから5バイトのデータをを送信
}
```

**getrx(unsigned short mj ,
      unsigned short num ,
      unsigned char *rxd);**

引数：第1引数：DSUB，SPIN（D-Sub9
ピンコネクタまたはストレートピンヘッダ（CN10））
第2引数：1～65535（受信バイト数）
第3引数：受信したデータを格納する変数の先頭アドレス
第1引数のmjはシリアルコミュニケーションインタフェースのDSUB（D-Sub9ピンコネクタ）またはSPIN（ストレートピンヘッダ（CN10））のどちらかを指定します。
第2引数のnumは受信するデータ数（バイト数）を1～65535の範囲で指定します。
第3引数は，受信したデータを格納する変数の先頭アドレスをポインタ指定します。

戻値：なし

機能：1バイトのデータを指定された数だけ，指定されたシリアルポートから連続受信します。

Examples：
```
void main(void) {
  unsigned char rx[5],i;//キャラクタ(文字)型配列
  port_init();
  lcd_init();
  set_sci(DSUB,38400);
        //D-Sub9ピンの通信速度を38400bpsに設定
  rx_start(DSUB);      // 受信動作を開始
  locate(0,0);
  getrx(DSUB, 5, &rd[0]);
        //D-Sub9ピンから5バイト分のデータを受信
  for(i=0; i<5; i++)
    { outc(rd[i]); }   //LCDに表示
}
```

[9] 時間待ち

delay_ms(unsigned short t);

引数：1～65535 符号無し16ビット整数
戻値：なし
機能：msを単位とする時間待ち関数で，1ms～65535ms（65.535s）の範囲で指定が可能です。マイコンSH7125が内蔵しているコンペアマッチタイマ1（CMT1）による割り込み処理で時間待ちを行っています。この時間待ち関数を使用するためには，コンペアマッチタイマ1の設定を行うcmt1_init()関数を事前に実行しておかなければなりません。なお，割り込みの許可と禁止命令は，この関数の中で行っているのでユーザが記述する必要はありません[※]。

Examples：
```
void main(void) {
  port_init( );   //ポートの初期化
  cmt1_init( );   //CMT1の初期化(時間待ちに必要)
  while(1) {
    LED1 = 1;    //LED1の点灯
```

```
    delay_ms(1000);
    LED1 = 0;           //LED1の消灯
    delay_ms(1000);
  }
}
```

delay_2us(unsigned short tu);

引数：1～65535 符号無し16ビット整数
戻値：なし
機能：約2μsを単位とする時間待ち関数です。引数は1～65535（2μs～0.13s）の範囲で指定が可能です。時間の精度は余り高くないので，1msを超える場合はdelay_ms()関数をお使い下さい。この関数は割り込み処理を使用していないのでcmt1_init()を事前に実行する必要はありません。

Examples：
```
void main(void) {
  port_init( );                        //ポートの初期化
  while(1) {
    LED1 = 1; delay_2us(10);//LED1の点灯，20μs
    LED1 = 0; delay_2us(10);//LED1の消灯，20μs
  }
}
```

[10] LCD (Liquid Crystal Display)

TK400SHに搭載されているLCD（液晶ディスプレイ）は16文字×2行の範囲で文字や数字を表示することができます。

lcd_init(void);

引数：なし
戻値：なし
機能：LCDモジュールの内部レジスタに対して，動作条件を設定します。LCDを使用する前に必ずこの関数を実行してください。この関数の実行を忘れると画面表示ができません。

locate(unsigned short x , unsigned short y);

引数：x: 0～15, y: 0, 1
戻値：なし
機能：カーソルをxとyで指定した座標に移動します。カーソル位置とは，文字や数字などを表示する液晶画面上の位置を示し，x=0，y=0は1行1列目になります。LCDに表示できるのは半角の英数文字と記号，半角のカナ文字です。1バイトの文字コード（ASCIIコード）を与えることで対応する文字や記号を表示できることからキャラクタディスプレイとも呼ばれます。

Examples：
```
void main(void) {
  port_init( );          //ポートの初期化
  lcd_init( );           //LCDの初期化
  locate(0,0);           //1行，1列目にカーソルを移動
  outst("TK400SH");      //文字列の表示
}
```

outst(char *s);

引数：文字列または文字列が格納された変数の先頭アドレス
戻値：なし
機能：カーソル位置から文字列を表示します。

Examples：
```
void main(void) {
  char s1[4] = "123";
  char s2[] = "abc";
  port_init( );          //ポートの初期化
  lcd_init( );           //LCDの初期化
  locate(0,0);           //1行，1列目にカーソルを移動
  outst(s1);             //文字列の表示
  outst(s2);
  outst("456");
}
    実行結果
    123abc456
```

outc(char c);

引数：1文字または文字コードが入った変数（配列要素）
戻値：なし
機能：カーソル位置から1文字を出力します。

Examples：
```
void main(void) {
  char s[3] = { 'x', 'y', 'z' };
  port_init( );          //ポートの初期化
  lcd_init( );           //LCDの初期化
  locate(0,0);           //1行，1列目にカーソルを移動
  outc(s[0]);            //1文字の表示，x
  outc(s[1]);            //1文字の表示，y
  outc('-');             //ハイフンの表示
```

※（260ページ）マイコンSH7125は，割り込みレベルに優先順位を付けます。関数delay_ms( )に使用しているコンペアマッチタイマ1（CMT1）は，最も低い「優先レベル1」に設定しています。このため，複数の割り込み要求が発生した場合，優先順位の高い処理から実行され，この関数は保留されます。この結果，指定した時間よりも長くなることがあるので注意して下さい。

```
    outc(s[2]);           //1 文字の表示, z
}
    実行結果
    xy-z
```

outi(int i);

引数：int 型の変数または整数
戻値：なし
機能：カーソル位置から整数を表示します。数値の表示範囲は int 型により -2147483648 ～ 2147483647 までになります。

Examples：
```
void main(void) {
  int a=10, b=15, c=5, s;
   port_init( );        // ポートの初期化
  lcd_init( );          //LCD の初期化
  s = b*b - 4*a*c;      //s = b^2 - 4ac の計算
  locate(0,0);          //1 行, 1 列目にカーソルを移動
  outst("s=");
  outi(s);              // 計算結果を整数で表示
}
    実行結果
    s=25
```

outf(float f);

引数：float 型の変数または実数
戻値：なし
機能：カーソル位置から小数点以下第 4 位までの実数を表示します。表示される数値の精度は有効数字 6 桁です。

Examples：
```
void main(void) {
  float pi=3.14159, r=3.0, cf;
  port_init( );         // ポートの初期化
  lcd_init( );          //LCD の初期化
  cf = 2.0*pi*r;        //cf = 2πr の計算
  locate(0,0);          //1 行, 1 列目にカーソルを移動
  outst("cf="); outf(cf);   // 計算結果の表示
}
    実行結果
    cf=18.8495
```

clr_lcd(void);

引数：なし
戻値：なし
機能：液晶の全画面を消去します。消去には約 1.7ms の時間を要します。

Examples：
```
void main(void) {
  port_init( );    // ポートの初期化
  lcd_init( );     //LCD の初期化
  locate(0,0); outst("Hello");
  locate(0,1); outst("TK400SH");
  clr_lcd();       // 全画面消去
  locate(0,0); outst( "How are you?" );
```

```
}
```

outhex(short d , short n);

引数：第 1 引数：2 バイトサイズの変数または整数
　　　第 2 引数：1 ～ 4（表示桁数）
戻値：なし
機能：カーソル位置から，第 1 引数で与えた数値を第 2 引数で指定した桁数で 16 進数表示します。

Examples：
```
void main(void) {
  int id = 0xfae8;
  port_init( );        // ポートの初期化
  lcd_init( );         //LCD の初期化
  locate(0,0); outst("Hex4:"); outhex(id,4);
                       //16 進数 4 桁表示
  locate(0,1); outst("Hex2:"); outhex(id,2);
                       //16 進数 2 桁表示
}
    実行結果
    Hex4:fae8
    Hex2:e8
```

outbin(short n);

引数：1 バイトサイズの変数または整数
戻値：なし
機能：カーソル位置から，引数で与えた数値を 2 進数で表示します。

Examples：
```
void main(void) {
  int ib=0xae;
  port_init( );        // ポートの初期化
  lcd_init( );         //LCD の初期化
  locate(0,0); outst("Bin:"); outbin(ib);
                       //2 進数で表示
}
    実行結果
    Bin:10101110
```

F.6 I²C通信関数ライブラリ関数 [SH_i2c_lib.h]

マイコンSH7125は，周辺機能としてI²Cインタフェースをもっていませんが，3.3.3項の回路とソフトウェアにより，I²C通信を行うことができます。I²C通信の基本となる5つの関数について説明します。

[1] init_i2c_bus(void);

引数：なし
戻値：なし
機能：汎用I/Oポート（CN4）において，CN4-B7（PE15），CN4-B6（PE13），CN4-B5（PE11）端子の入出力方向を設定し，ポートピン端子の出力レベルをI²Cバスの初期状態に設定します。このとき，他のポートピン端子も使用する場合は，この関数を実行した後，再度 **set_peio()** 関数を使い，各ポートピン端子の入出力方向を再設定して下さい。

この関数の内容は下記のようになっています。

```
#define SCL  PE.DRL.BIT.B15 //Serial Clock(out) PE15
#define SDAO PE.DRL.BIT.B13 //Serial Data(out) PE13
#define SDAI PE.DRL.BIT.B11 //Serial Data(in)PE11
#define H (1)
#define L (0)

void i2c_bus_init(void) {
  set_peio(0x3f);      //PE15,PE13以外は全て入力
  SCL  = H; delay_2us(1);
  SDAO = H; delay_2us(1);
}
```

[2] i2c_start(void);

引数：なし
戻値：なし
機能：スタートコンディションを発行します。

この関数の内容は下記のようになっています。

```
void i2c_start(void) {
  SDAO= H; SCL = H; delay_2us(1);
                        //setup time 0.6μs 以上
  SDAO= L;  delay_2us(1); //hold time 0.6μs 以上
  SCL = L;  SDAO= H;      //クロック列のはじまり
}
```

[3] i2c_stop(void);

引数：なし
戻値：なし
機能：ストップコンディションを発行します。

この関数の内容は下記のようになっています。

```
void i2c_stop(void) {
  SDAO = L; delay_2us(1);   //SDA端子をLow
  SCL  = H; delay_2us(1);   //クロック端子をHigh
  SDAO = H; delay_2us(1);
                //SCL=Hの間にSDAをHにする
}
```

[4] unsigned char i2c_write (unsigned char dat);

引数：1バイトのデータ
戻値：1または0 （1=ACK, 0=No ACK）
機能：スレーブデバイスに対して1バイトのデータを書き込みます。戻り値はスレーブデバイスからのACK応答で，応答があれば1，応答がなければ0を返します。戻り値を利用する場合は **ir=i2c_write(dat);** のように記述し，利用しない場合は，単に **i2c_write(dat);** と記述します。

この関数の内容は下記のようになっています。

```
unsigned char i2c_write(unsigned char bytedat)
{         // 戻り値 ack=0(ACK 有),ack=1(ACK 無)
  unsigned  char i,  ack;
  SCL = L;                  //wait_us(wt);
  for (i=0; i<8; i++){
    if ((bytedat & 0x80) == 0x80) SDAO = H;
                              //MSBのチェック
    else                          SDAO = L;
    delay_2us(1);
    SCL = H; delay_2us(1);    //1Bit書き込み
    SCL = L; delay_2us(1);
    bytedat <<= 1;            //1Bit左シフト
  }
  SDAO= H; delay_2us(1);//マスタ側のACK受信準備
  SCL = H; delay_2us(1);//ACK用クロックの送出
  if(SDAI == L) ack = 0;//ACK受信(Lowアクティブ)
  else          ack = 1;//No ACK
  SCL = L; delay_2us(1);
  return(ack);
}
```

[5]　unsigned char i2c_read
　　　　　(unsigned char ack);

引数：1 または 0
　　　（1:ACK 応答を返す，0:ACK 応答なし）
戻値：1 バイトのデータ
機能：スレーブデバイスから 1 バイトのデータを読み込みます。引数として 1 を与えると，データ読み込み完了時にスレーブデバイスに対して ACK 応答を返します。引数に 0 を与えると ACK 応答を返しません（No ACK 応答）。

この関数の内容は下記のようになっています。

```
unsigned char  i2c_read(unsigned char bans)
{  //第1引数：bans=1(ACK応答ON), bans=0(ACK応答OFF)
   unsigned char  i, tmp;
                   //戻り値 tmp (1byteのデータを返す)
   SDAO = H; tmp = 0;         //受信準備
   for (i=0; i<8; i++) {
      tmp <<= 1;              //1Bit 左シフト
      SCL = L; delay_2us(1); SCL = H;
                              //CLK端子をL→Hへ
      delay_2us(1);
      if(SDAI == H)  tmp |= 0x01;   //bit set
      else           tmp &= 0xfe;   //bit clear
      SCL = L;
   }
   if(bans == 1) {
      SDAO= L; delay_2us(1); //ACK送信
      SCL = H; delay_2us(1); SCL = L;
                              //ACKクロックの送出
   }
   else {
      SDAO= H; delay_2us(1); //No ACK
      SCL = H; delay_2us(1); SCL = L;
                              //No ACKクロックの送出
   }
   return(tmp);
}
```

F.7　移動ロボットの製作

第2章，第4章で使用している移動ロボットの製作手順を示します。

F.7.1　準備品
製作に必要な部品を表F7.1に示します。

F.7.2　車体の製作手順
手順[1]〜[10]の下に記載した ☐ 内には，その手順の中で使用する部品名称と数量を示します。あらかじめ準備したうえで作業すると確実です。

写真F7.1　ウォームギヤボックスHE（タミヤ）

[1]　ギヤボックスの組み立て
　　ウォームギヤボックスHE×2セット

1　写真F7.1に示すウォームギヤボックスを組み立て説明書に従い，216：1（タイプB）の減速比で組み立てます。組み立てる際に，シャフトやギヤの軸受・噛み合わせ部分にグリスを塗ります。グリスはギヤボックスに付属していますが，写真F7.2に示す潤滑性に優れたセラグリスHG（タミヤ）をお勧めします。ノズルが付属しており細かな場所に注入できます。

2　ギヤボックスの出力軸には2種類のシャ

写真F7.2　模型用グリス（タミヤ）

表F7.1　移動ロボットの部品一覧

名称	規格など	型番	メーカなど	数量	単価
ユニバーサルプレートL	210×160mm，$t=3$mm	ITEM70172	タミヤ	1	693
ユニバーサルプレートセット	160×60mm，$t=3$mm	ITEM70098	タミヤ	1	378
ウォームギヤボックスHE	減速比216：1（46rpm，143.9N・cm）	ITEM72004	タミヤ	2	1,029
スポーツタイヤセット	スポーツタイヤセット（56mm径）	ITEM70111	タミヤ	1	567
模型用グリス	セラグリスHG	ITEM87099	タミヤ	1	504
フリーキャスタ	ナイロン製車輪，車輪サイズ25mm	420G-N，25mm	ハンマーキャスタ	1	100
マイコンボード	TK400SH	TK400SH	バイナス	1	
積層セラミックコンデンサ	0.01μF [103]，50V		秋月電子通商	4	10
モータ用リード線（赤）	KV0.3（0.3sq），赤色，20cm			1	10
モータ用リード線（黒）	KV0.3（0.3sq），黒色，20cm			1	10
スナップ端子延長用リード線（赤）	KV0.3（0.3sq），赤色，10cm			1	10
スナップ端子延長用リード線（黒）	KV0.3（0.3sq），黒色，10cm			1	10
熱収縮チューブ	熱収縮チューブ，φ3mm，10mm	スミチューブC3B	住友電工	2	45
なべ小ねじ	M3×8mm，黄銅製，Niメッキ	B-0308	廣杉計器	4	4
なべ小ねじ	M3×6mm，黄銅製，Niメッキ	BF-0306	廣杉計器	4	4
皿小ねじ	M3×10mm，黄銅製，Niメッキ	BF-0310	廣杉計器	2	4
M3用六角ナット	M3用6角ナット，黄銅製，Niメッキ	BNT-03	廣杉計器	6	4
電池ケース	単3×6本用電池ケース	BH-361B	秋月電子通商	1	100
バッテリ・スナップ端子	006P用スナップ端子，プラスチック製	SBS-IR-1/150mm	秋月電子通商	1	20
両面テープ	両面テープ，10mm幅			適量	

（注）単価は参考価格〔円〕

フトが用意されています。必ずシャフト（穴あき）タイプを使用し，写真 F7.3 のようにスプリングピンを入れておきます。スプリングピンはラジオペンチで強くはさむと変形してしまうので，注意して挿入して下さい。

3 ギヤボックスにおけるシャフトの位置は，スプリングピンを付けた反対側のシャフトの溝（E リング用）が写真 F7.4 の位置になるように調整します。

4 写真 F7.5 のような状態まで完成したら，シャフトを指で回し，異音なくなめらかに回転することを確認します。調整は 4 本の固定ねじの締め付け具合で行います。また，ギヤにもグリスを塗っておきます。

5 もう一つのギヤボックスも同様に組み立てます。シャフトの位置は写真 F7.6 のように，スプリングピンの位置が左右対称となるようにします。この段階では，まだモータをギヤボックスに取り付けません。

[2] モータへのブラシノイズ対策用コンデンサとリード線はんだ付け

付属モータ× 2 個，
赤・黒リード線 20cm ×各 2 本，
0.01μF × 4 個

1 写真 F7.7 のように，モータにはんだ付けされているリード線を外します。このリード線は長さが短いので使用しません。また，余分なはんだは除去しておきます。このとき，はんだごてを長時間あて過ぎて樹脂を溶かさないように注意します。

2 写真 F7.8 のように，モータケースのはんだ付けする場所を，下地が見えるまでヤスリがけします。こうすることではんだがなじみやすくなります。モータケースの反対側も同じようにヤスリがけします。

3 写真 F7.9 のように 0.01μF のコンデンサを，端子とモータケースにはんだ付けします。反対側も同じようにコンデンサをはんだ付けします。

4 写真 F7.10 のように新しいリード線をはんだ付けします。赤色のリード線をモータのエンボスマーク側に取り付けます。リード線

写真 F7.3 スプリングピンの挿入

写真 F7.4 シャフト位置の調整

写真 F7.5 ギヤの噛み合わせ確認とバランス調整

写真 F7.6 左右のギヤボックスの組み立て

写真 F7.7 リード線の取り外し

写真 F7.8 モータケースのヤスリがけ

写真 F7.9 コンデンサのはんだ付け

は 0.3mm² の断面積をもつビニル絶縁電線 KV0.3 が最適です。また，リード線の反対側は，被覆を 5mm 程度むいて芯線をより合わせ，はんだメッキしておきます。

5️⃣ 最後に写真 F7.11 のように，リード線を互いにより合わせておきます。こうすることでリード線からのモータブラシノイズの輻射を軽減できます。

参考 ブラシノイズ対策用コンデンサの効果

ブラシノイズとは，モータ内の回転子に巻かれたコイルに給電するためにコミュテータとよばれる電極と，これに接触しているブラシ電極との間に発生するノイズのことです。ブラシノイズはモータに給電するリード線にも現れ，オシロスコープで観測することができます。この様子を写真 F7.12(a) に示します。モータを無負荷で回転させているにもかかわらず，約 4V 以上のスパイクノイズが発生しています。このスパイクノイズがマイコンボードに回り込むと，マイコンの誤動作や意図しないリセットが発生します。写真 F7.12(b) はモータ端子とケース間に 0.01μF のコンデンサを取り付けた場合です。スパイクノイズがほとんど除去され，コンデンサを接続した効果が確認できます。

[3] スポーツタイヤセット (56mm径) の組み立て

スポーツタイヤセット（56mm径）1セット

1️⃣ スポーツタイヤセットに付属している M3 × 10mm のなべ小ねじと M3 用ナットを使い，ホイールハブ 2（回転止めのスプリングピンに適合するもの）をホイールに取り付けます。ホイールには表と裏があります。写真 F7.13 のように，裏側にホイールハブ 2 を取り付けます。

[4] ユニバーサルプレートへのギヤボックスの取り付け

ユニバーサルプレートL（210mm×160mm）1枚，手順 [1] で組み立てたギヤボックス 2 個，M3 × 8mm ネジ 4 個，M3 用ナット 4 個

1️⃣ ユニバーサルプレートLに組立手順 [1]

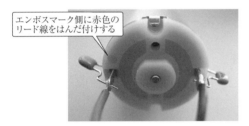

写真 F7.10　リード線のはんだ付け（極性に注意）

写真 F7.11　リード線のより合わせ

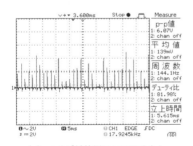

(a) ノイズ対策用コンデンサなし

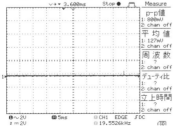

(b) ノイズ対策用コンデンサあり（0.01μF）
写真 F7.12

写真 F7.13　スポーツタイヤセットの組み立て

写真 F7.14　ユニバーサルプレートへのギヤボックスの取り付け

で製作したギヤボックスを取り付けます。写真 F7.14 のように右端から 2 穴目 × 6 穴目の位置にギヤボックスの取り付け穴を合わせます。ギヤボックス側に M3 × 8mm のねじを入れ，表側にナットを取り付けます。

2 もう一つのギヤボックスも左端から 2 穴目 × 6 穴目の位置に固定します。

[5] タイヤの取り付け

> 手順 [3] で組み立てたスポーツタイヤ 2 個，
> M3 用平ワッシャ 2 枚，M3 用ナット 2 個

1 手順 [3] で組み立てたタイヤを M3 用平ワッシャと M3 用ナットを使い，ギヤボックスに取り付けます。写真 F7.15 のように取り付けたらタイヤを指で回転させ，なめらかにタイヤが回転するか再度確認します。ギヤから異音がしたり回転がスムーズでないときはギヤボックスの組み立てに問題があるので，手順 [1] の内容を再確認してください。

[6] フリーキャスタの取り付け

> フリーキャスタ 420G-N 25mm
> （ハンマーキャスタ社製），
> 両面テープ，ユニバーサルプレートの端材

1 ユニバーサルプレートの端材を使い，写真 F7.16 のように 7 穴 × 6 穴のサイズに 2 枚，切り出します。切断面はバリがでているので，ヤスリで削っておきます。

2 切り出した 2 枚のユニバーサルプレートを両面テープを使って貼り合わせます。貼り合わせたユニバーサルプレートに，写真 F7.17 のようにフリーキャスターを両面テープで固定します。

3 できあがったフリーキャスタをロボット本体となるユニバーサルプレート L に固定します。先端付近はライントレース用のフォトセンサを取り付けることがあるので，スペースを空けておきます。写真 F7.18 のように，先頭から 4 穴目の位置にフリーキャスタを固定します。

[7] モータ駆動用電池ケースの取り付け

> 単 3 × 6 本直列用電池ケース，
> ユニバーサルプレートの端材，
> 皿小ねじ M3 × 10mm 2 個，M3 用ナット 2 個

1 ユニバーサルプレートの端材を使い，写真 F7.19 のように 13 穴 × 2 穴のサイズに 2 枚切り出します。切断面はバリがでているのでヤスリで削っておきます。

2 写真 F7.20 のように，切り出したユニバーサルプレートを電池ケースに両面テープで

写真 F7.15　ギヤボックスにタイヤの取り付け

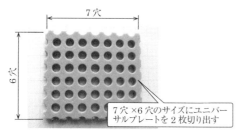

写真 F7.16　ユニバーサルプレートの切り出し

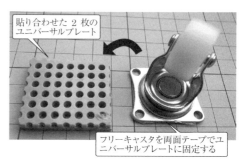

写真 F7.17　フリーキャスタの固定

写真 F7.18　ロボット本体にフリーキャスタの固定

写真 F7.19　ユニバーサルプレートの切り出し

固定し，電池ケース全体を底上げします。このとき，電池ケースのねじ止め用の穴とユニバーサルプレートの穴は一致させておきます。

3 電池ケースをユニバーサルプレートLに皿小ねじ M3 × 10mm を使って固定します。取付位置は写真 F7.21 のようにギヤボックスの真上とし，電池ケースの側面がユニバーサルプレートの端と一致させます。このとき，電池ケースのスナップ端子が右側になるように配置します。

[8] TK400SH（マイコンボード）の取付

M3 × 6mm なべ小ねじ 4 個

1 TK400SH には標準で長さ 10mm の六角スペーサが付属しています。これを使ってユニバーサルプレートに固定します。写真 F7.22 のように左右対称になるよう，先端から横方向に 7 穴目，縦方向に 9 穴目の位置に取り付けます。

[9] モータの取り付け

手順 [2] で加工したモータ 2 個

1 手順 [2] で加工したモータをウォームギヤボックスに取り付けます。このとき，写真 F7.23 のように赤色リード線が上側になるように取り付けます。

2 モータのリード線は写真 F7.24 のように，フリーキャスタの根元から表側に引き出します。リード線はキャスタが回転したときに干渉しないよう，ユニバーサルプレートに密着させます。

3 ユニバーサルプレートの表側に引き出したモータリード線は写真 F7.25 のように，右

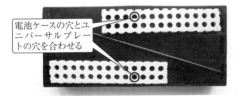

写真 F7.20　電池ケースへのユニバーサルプレートの貼付

写真 F7.21　電池ケースの固定

写真 F7.22　マイコンボード TK400SH の取り付け

写真 F7.23　モータの取り付け

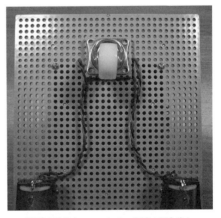

写真 F7.24　モータリード線の引き出し

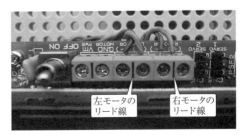

写真 F7.25　モータ端子への接続

モータは R-MOTOR，左モータは L-MOTOR 端子に接続します。このとき，赤色リード線を（+）側に接続します。

[10] モータ電池ケース用スナップ端子の
　　　　　リード線延長と取り付け

> スナップ端子，
> ビニル絶縁電線（KV0.3）赤・黒各 10cm，
> φ3 熱収縮チューブ 10mm 2 本

1 スナップ端子のリード線に長さ 10cm のビニル絶縁電線を写真 F7.26 のようにはんだ付けして延長します。

2 はんだ付けした場所に熱収縮チューブをかぶせ，写真 F7.27 のように絶縁処理をしておきます。

3 スナップ端子のリード線は写真 F7.28 のようにより合わせ，端末は被覆を 8mm 程度むいてはんだメッキ仕上げをしておきます。

4 スナップ端子をモータ用電池ケースに取り付けます。リード線はマイコンボードとユニバーサルプレートの隙間を通し，TK400SH のコネクタ CN5 に接続します。写真 F7.29 のように，赤色リード線を Vm 端子，黒色リード線を GND 端子に接続して完成です。

完成した移動ロボットの様子を写真 F7.30(a)，(b) に示します。

写真 F7.26　スナップ端子のリード線の延長

写真 F7.27　熱収縮チューブによる絶縁処理

写真 F7.28　スナップ端子のリード線の延長

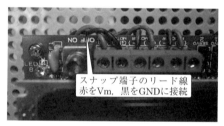

写真 F7.29　モータ電源用リード線の接続

(a) 表側

(b) 裏側

写真 F7.30　完成した移動ロボット

F.8　マイコンボード TK400SH と開発環境の購入先

[1]　マイコンボード　TK400SH の購入先

　　株式会社バイナス　　　　　〒490-1312　愛知県稲沢市平和町下三宅菱池 917-2
　　　　　　　　　　　　　　　電話 0567-69-6983
　　　　　　　　　　　　　　　URL　　http://www.bynas.com
　　　　　　　　　　　　　　　販売価格：　　34,800 円（税別）

[2]　TK400SH 互換マイコンボードと
　　　統合開発環境 YellowIDE と SH マイコン用 C コンパイラの購入先

　　株式会社エル・アンド・エフ　〒175-0083　東京都板橋区徳丸 4-2-9
　　　　　　　　　　　　　　　　電話 03-5398-1116　　FAX 03-5398-1181
　　　　　　　　　　　　　　　　URL　　http://www.l-and-f.co.jp

　　　　TK400SH 互換品マイコンボード
　　　　　　型番：　LFTK400SH
　　　　　　価格：　19,800 円（税別）
　　　　LFTK400SH 専用ホームページ URL
　　　　　　http://www.l-and-f.co.jp/

　　　　Yellow 組込開発専用ページ URL
　　　　　　http://www.l-and-f.co.jp/yellow/

　　　　WEB ショップ URL
　　　　　　http://www.l-and-f.co.jp/netshop/

　　　　※　YellowIDE と SH マイコン用 C コンパイラ YCSH は体験版（無償）を利用することができます。
　　　　ダウンロード URL
　　　　　　http://www.l-and-f.co.jp/download.htm

[3] 統合開発環境 HEW の入手先

ルネサスエレクトロニクスのホームページから，マイコン SH7125 の開発ツール一覧の中から無償評価版を利用することができます。

http://japan.renesas.com/products/mpumcu/superh/shtiny/sh7125/soft_tools_index.jsp

図 F8.1 のように「SuperH ファミリ用 C/C++ コンパイラパッケージ」を選択し，「【無償評価版】SuperH ファミリ用 C/C++ コンパイラパッケージ V.9.04 Release 02」をダウンロードします。ダウンロードすると shv9420_ev.exe という実行形式のファイルが保存されます。

次に，プログラマ（書き込みソフト）をダウンロードします。ページの下部に移動していくと，図 F8.2 のように，フラッシュ書き込みツールの項目があります。この中から「【無償評価版】フラッシュ開発ツールキット V.4.09 Release 02」を選択します。ダウンロードすると fdtv409r02.exe という実行形式のファイルが保存されます。

図 F8.1　SH マイコン用 C コンパイラパッケージのダウンロード

図 F8.2　フラッシュ ROM 書き込みツール（FDT）のダウンロード

参考文献

第 1 章

(1) 林晴比古「新訂新 C 言語入門 ビギナー編」ソフトバンククリエイティブ株式会社，2013．

第 2 章

(1) トランジスタ技術編集部「わかる電子回路部品全図鑑」CQ 出版社，1999．
(2) 西田和明：たのしくできるブレッドボード電子工作，東京電機大学出版局，2013．

第 3 章

(1) 高田直人「C による PIC 活用ブック」東京電機大学出版局，2009．
(2) GT-720F（Flash version）Fast Acquisition Enhanced Sensitivity 65 Channel GPS Sensor Module Data Sheet. CanMoer Electronics Co., Ltd.
(3) I^2C バス仕様書 バージョン 2.1，Philips Semiconductors，2000 年 1 月
(4) I^2C シリアル EEPROM ファミリデータシート DS21930A_JP，Microchip Technology Inc. 2005.
(5) ± 0.5℃ Accurate, 16-Bit Digital I2C Temperature Sensor ADT7410 Data Sheet, ANALOG DEVICES.
(6) MCP4921/4922 12-Bit DAC with SPI Interface Data Sheet，Microchip Technology Inc. 2007.
(7) MCP3204/3208 2.7V 4-Channel/8-Channel 12-Bit A/D Converters with SPI Serial Interface Data Sheet，Microchip Technology Inc. 2008.

第 4 章

(1) 形 SS 超小型基本スイッチカタログ，オムロン株式会社，2011．
(2) GP2Y0A21YK0F Distance Measuring Sensor Unit Measuring distance: 10 to 80 cm Analog output type Data Sheet，Sharp Corporation. 2006.
(3) ジャイロセンサ XV-8000CB/LK データシート，セイコーエプソン．
(4) ± 2g Tri-Axis Accelerometer KXR94-2050 Data Sheet，Kionex. 2009.
(5) Reflective Object Sensor LBR-127HLD Data Sheet，Letex Technology Corp.
(6) 高田直人「1 ランク上の PIC マイコンプログラミング」東京電機大学出版局，2013．
(7) DC モータ用フルブリッジドライバ TA7291P, TA7291S/SG, TA7291F/FG データシート，東芝セミコンダクタ，2007．
(8) HB-25 Motor Controller（#29144）Data Sheet，Parallac, Inc. 2007.

第 5 章

(1) SH7125 グループ，SH7124 グループハードウェアマニュアル Rev.5.00，ルネサスエレクトロニクス，2009．
(2) YC シリーズ C コンパイラ プログラマーズマニュアル，イエローソフト，2009．

索 引

◆◆◆ あ行 ◆◆◆

アクノリッジ信号 ……… 105
圧電スピーカ ………… 49
アナログ入力 ………… 58
アノード ……………… 43
アノードコモン ……… 47
アンチエイリアシングフィルタ
　………………………… 152

移動ロボット ………… 64
インタラプト・リクエスト 210
インデント …………… 18

液晶ディスプレイ ……… 7

オーバーフロー ……… 17
温度センサ …………… 114

◆◆◆ か行 ◆◆◆

カーソル ………………… 7
カウンタ機能 ………… 75
角速度 ………………… 150
カスタムコード部 …… 181
カソード ……………… 43
カソードコモン ……… 47
加速度センサ ………… 158
　3軸── ……… 160
型 ……………………… 17
形 SS-01GL2-F[リミットスイッチ]
　………………………… 137
可読性 ………………… 18
関数 …………………… 28

基準電圧回路 ………… 128
キャリッジリターン … 96
協定世界時 …………… 101

クリノメータ ………… 159
クロック ……………… 119

計画軌道走行 ………… 153
傾斜計 ………………… 159
継続条件式 …………… 17

高速転送 ……………… 239
コネクタ ……………… 50
コメント ………………… 9
コメントアウト ……… 19
コンソール入出力 …… 84
コンフィグレーションビット 130
コンペアマッチカウンタ … 217
コンペアマッチコンスタントレ
　ジスタ ……………… 217
コンペアマッチタイマ … 214
コンペアマッチタイマ スタート
　レジスタ …………… 215
コンペアマッチタイマコントロー
　ル/ステータスレジスタ 216

◆◆◆ さ行 ◆◆◆

再設定式 ……………… 17
サンプル&ホールド回路 129

シーケンシャルリード … 110
シーケンス制御 ……… 67
しきい値 ……………… 173
字下げ ………………… 18
自然制動(フリーモード) … 64
実行時のエラー ……… 17
ジャイロセンサ ……… 150
種 ……………………… 33
シュミットトリガ・インバータ
　………………………… 173
順方向電圧 …………… 44
順方向電流 …………… 44
障害物回避ロボット … 138
初期化式 ……………… 17
書式指定記号 ………… 86
シリアルEEPROM …… 108
シリアル通信 ……… 78, 103
シリアルデータ ……… 103

シリアルデータ出力 … 119
シリアルデータ入力 … 119

スタートアップルーチン … 234
スタートコンディション … 104
スタートビット ……… 79
ステッピングモータ … 203
ストップコンディション … 104
ストップビット ……… 79
スレーブ ……………… 104
スレーブアドレス …… 104
スレーブデバイス …… 103

静止時オフセット電圧 … 152
静止時電圧 …………… 151
整流用ショットキーバリア
　ダイオード ………… 196
赤外線センサ ………… 179
赤外線リモコン ……… 180
セグメント …………… 47
セットアップタイム … 130
センサ ………………… 137
　3軸加速度── …… 160
　温度── ………… 114
　加速度── ……… 158
　ジャイロ── …… 150
　赤外線── ……… 179
　測距──モジュール 141
　反射型フォト── … 167
　フォト── ……… 167
センテンス …………… 96

送信データフォーマット 181
添字 …………………… 34
測距センサモジュール … 141

◆◆◆ た行 ◆◆◆

ターミナル表示 ……… 84
帯域制限フィルタ …… 161
代入 …………………… 16
タイマ割り込み ……… 16

タイマ割り込み機能 …… 196
タクトスイッチ………… 22, 52
多重割り込み ………… 210
立ち上がりエッジ検出 … 224
立ち下がりエッジ検出 … 224
脱調 ………………… 208
ダブルバッファ機構 …… 122
短絡制動（ブレーキモード） 64

チェック端子 …………… 20
チップセレクト ………… 119
チャタリング …………… 24
調歩同期式………………… 79

通信関数ライブラリ …… 106
通信速度………………… 79

ディジタル・アナログ入力ポート
 ……………………… 56
ディジタル電圧計 ……… 131
ディジタル入力 ………… 59
データコード部 ………… 181
デバイスアドレス ……… 104
デバッグ ………………… 7
デューティ比 …………… 61
電流制限抵抗 …………… 45

透過型 ………………… 167
同期用クロック信号 …… 103
統合開発環境 ………… 241
ドライバ ………………… 60
トレースロボット ……… 55
トレーラ部 ……………… 181

◆◆◆ な行 ◆◆◆

日本標準時間…………… 101

ヌル文字 ……………… 37, 90

のこぎり波 …………… 123
ノンマスカブル・インタラプト
 ……………………… 210

◆◆◆ は行 ◆◆◆

ハーフステップ駆動 …… 204
バイト書き込み ………… 109
バイパスコンデンサ …… 152
配列 …………………… 34
パリティビット ………… 79
パワーMOSFET ……… 192
反射型 ………………… 167
反射型フォトセンサ …… 167
反射神経ゲーム ……… 224
搬送波 ………………… 181
汎用I/O端子 …………… 90
汎用I/Oポート ………… 41
汎用I/Oポート用関数…… 42

引数 ……………………… 9
左シフト ……………… 126
ピッチ角 ……………… 161
ビット演算子 …………… 17
ビットシフト ………… 126
ピンファンクションコントローラ
 ……………………… 224

ファーストリカバリダイオード
 ……………………… 196
フィードバック制御 …… 67
フォトインタラプタ …… 73
フォトセンサ …………… 167
　　　　反射型 —— …… 167
複数端子からの入力 …… 54
フライホイールダイオード 196
フラッシュROMライタ
 ………………… 239, 243
フリーモード（自然制動）… 64
プルアップ抵抗 ………… 53
ブレーキモード（短絡制動） 64
プロジェクト ……… 236, 244

ページ書き込み ……… 109
ベクタアドレス ……… 210
ベクタテーブル ……… 210
ベクタ番号 …………… 210
ヘッダファイル ………… 10
変換指定記号 …………… 86
変数 …………………… 17

ポインタ型 ……………… 18
ホールドタイム ……… 130
ボーレート …………… 239

◆◆◆ ま行 ◆◆◆

マスク処理 ……………… 54
マスタ ………………… 104
マスタデバイス ……… 103
マルチステートメント …… 18

無限ループ ……………… 19

メイク ………………… 239

モータ …………………… 60
モータドライバ ………… 60
文字 …………………… 10
文字コード ……………… 36
モジュロ演算子 …… 31, 194
文字列 ………………… 10
戻り値 …………………… 9
モンテカルロ法 ………… 32

◆◆◆ や行 ◆◆◆

優先順位 ……………… 210

要素数………………… 34

◆◆◆ ら行 ◆◆◆

ライントレースロボット … 174
ラインフィード ………… 96
ラジコンサーボモータ …… 69
ラッチ ………………… 127
乱数 …………………… 32
ランダムリード ……… 110

リーダ部 ……………… 181
リードモディファイライト 221
リピートコード部 ……… 181
リミットスイッチ ……… 137
両エッジ検出 ………… 224

レジスタ ……………… 75	ad_init() ……… 57, 255	ライタ) ……………… 239
連続変換モード………… 117	ad_off() ……… 57, 256	get_ad() …………… 256
	ad_start() …… 57, 255	get_dip_sw() … 25, 252
ロータリーエンコーダ …… 73	ADT7410［温度センサ］ 114	get_enc() ………… 256
ロータリースイッチ……… 25	atan2() …………… 165	get_sensor() 57, 141, 252
ローパスフィルタ ……… 152	bitclr_pe() …… 43, 258	getbyte() ………… 259
ロール角 ……………… 161	bitset_pe() …… 43, 258	getrx() …………… 260
ローレベル検出 ………… 224	break 文 …………… 25	GP2Y0A21YK［測距センサモ
論理積 ………………… 54	C-551SR［7セグメント LED］	ジュール］ ………… 141
論理和 ………………… 54	……………………… 47	GPS モジュール………… 92
	char 型 ……………… 18	GT-720F［GPSモジュール］92
◆◆◆ わ行 ◆◆◆	CLK（クロック）……… 119	HB-25 モータコントローラ 201
ワークスペース ………… 244	clr_lcd() ……… 8, 262	HEW（統合開発環境）
割り込みコントローラ … 211	CMCNT_0（コンペアマッチカ	……………… 241, 244, 272
割り込み処理…………… 209	ウンタ）…………… 217	H ブリッジ ………… 63, 197
割り込みマスクビット…… 213	CMCOR_0（コンペアマッチコ	I/O ポートの初期設定 …… 10
割り込み優先レベル設定レジスタ	ンスタントレジスタ）…… 217	i2c_bus_init() …… 107
……………………… 212	CMCSR_0（コンペアマッチタ	i2c_read() …… 107, 264
割り込み要因…………… 210	イマコントロール/ステータス	i2c_start() …… 107, 263
ワンショットモード……… 117	レジスタ）………… 216	i2c_stop() …… 107, 263
移動ロボット …………… 265	CMSTR（コンペアマッチタイマ	i2c_write() …… 107, 263
	スタートレジスタ）… 215	I^2C 通信 ………… 103
◆◆◆ 数字・英字・記号 ◆◆◆	CMT（コンペアマッチタイマ）	if 文 ……………… 22
1-2 相励磁方式………… 204	……………………… 214	init_i2c_bus() …… 263
1S4［整流用ショットキーバリア	CN3（ディジタル・アナログ入力	input_pe() …… 42, 258
ダイオード］………… 205	ポート）…………… 56	INTC（割り込みコントローラ）
1SPS モード ………… 117	CN4（汎用 I/O ポート）…… 41	……………………… 211
1 相励磁方式…………… 204	COM ポート ………… 239	int 型 ……………… 18
2SK2796L［パワー MOSFET］	CR（キャリッジリターン） 96	IPR（割り込み優先レベル設定
……………………… 205	CS（チップセレクト）…… 119	レジスタ）………… 212
2SK2936［パワー MOSFET］	CSC7125.C ……… 234, 237	IRQ（インタラプト・リクエスト）
……………………… 192	D/A コンバータ ……… 121	……………………… 210
2 相エンコーダ ………… 74	DC モータ …………… 60	JST（日本標準時間）…… 101
2 相エンコーダ用関数 …… 75	DC モータ駆動回路 …… 192	KXR94-2050［3軸加速度セ
2 相励磁方式…………… 204	DC モータ用関数 ……… 67	ンサ］……………… 160
3 軸加速度センサ ……… 160	delay_2us() ……… 261	LBR127HLD［反射型フォトセ
7125S.H ………… 235, 238	delay_ms() …… 16, 260	ンサ］……………… 167
7 セグメント LED ……… 47	double 型 ………… 18	lcd_init() ………… 261
	do-while 文 ……… 20	LCD（液晶ディスプレイ）… 7
A/D コンバータ……… 128	E12 系列 …………… 45	lcd_init() ………… 8
A/D 変換 ……………… 57	EEPROM …………… 108	LCD の初期設定 ……… 10
A-551SR［7 セグメント LED］	enc_start() …… 75, 256	LED ……………… 7, 43
……………………… 47	enc_stop() …… 75, 256	LF（ラインフィード）…… 96
ACK 信号 …………… 105	float 型 …………… 18	LFTK400SH ………… 271
	for 文 ……………… 17	locate() ……… 8, 261
	FWRITE2（フラッシュ ROM	long double 型 …… 18

`long`型 …………… 18	`scanf()` ………………… 84	TK400SH ………… 1, 7, 271
`main()` ……………… 28	SCL（同期用クロック信号）103	tk400sh.h ………… 235, 244
MAX6241ACPA［基準電圧発生用］………… 128	SDA（シリアルデータ）… 103	tk400sh_lib.h ………… 235, 244, 252
MCP3204-B［A/Dコンバータ］…………………… 128	SDI（シリアルデータ入力）119	TK400SHサポートライブラリ …………………… 8
`motor_amp_off()` 67, 254	SDO（シリアルデータ出力）119	`toupper()` …………… 92
`motor_amp_on()` 67, 254	`sendbyte()` ………… 259	`unsigned char`型 … 18
NCP4922-E/P［D/Aコンバータ］…………………… 121	`sendtx()` ……… 91, 260	`unsigned int`型 ……… 18
NMI（ノンマスカブル・インタラプト）…………… 210	`servo_init()` … 72, 254	`unsigned long`型 …… 18
`outbin()` ………… 8, 262	`set_ad_ch()` …… 57, 255	`unsigned short`型 … 18
`outc()` …………… 8, 261	`set_imask()` ………… 213	UTC（協定世界時）…… 101
`outf()` …………… 8, 262	`set_motor_dir()` 67, 253	`void` ………………… 29
`outhex()` ……… 8, 262	`set_pe_sci()` … 83, 257	`while`文 ……………… 19
`outi()` …………… 8, 262	`set_peio()` 42, 83, 258	`WriteSR()` ………… 213
`output_pe()` …… 43, 258	`set_pwm_duty()` 67, 253	Writeコマンド …… 105, 122
`outst()` ………… 8, 261	`set_pwm_freq()` 67, 253	XV-8000CB［ジャイロセンサ］…………………… 151
PFC（ピンファンクションコントローラ）…………………… 224	`set_sci()` …… 82, 259	YCSH（SHマイコン用Cコンパイラ）………… 233
`port_init()` ……… 252	`set_servo1()` 72, 161, 255	YellowIDE …… 233, 271
`printf()` …………… 84	`set_servo2()` 72, 161, 255	
PSD …………………… 141	SH_i2c_lib.h …… 106, 235, 244, 263	`#define` ……………… 15
PWM出力 ……………… 63	`short_get_ad()` ……… 57	$GPRMCセンテンス 97, 100
PWM制御 ………… 63, 193	`short_get_enc()` …… 75	`%`（モジュロ演算子）… 31, 194
`rand()` ………… 32, 230	`short`型 ……………… 18	`%d`（フォーマット指定子）… 86
RCサーボ ………… 69, 161	SHマイコン用Cコンパイラ …………………… 233	`&`（ビット演算子）… 54, 86, 91
RCサーボ用関数 ……… 72	`signed char`型 ……… 18	`|`（ビット演算子）…………… 54
Readコマンド ……… 106	SPG27-1702［ステッピングモータ］……… 205	`~`（ビット演算子）………… 17
RS232 ………………… 78	SPI通信 ……………… 119	`\n`（改行）……………… 86
RS232ラインドライバ …… 80	`srand()` ……………… 33	
`rx_start()` ………… 259	`strcpy()` …………… 37	
`rx_stop()` ………… 259	`strlen()` …………… 91	
SC1602BSLB［液晶ディスプレイ］………………… 7	`switch`文 ……………… 28	
	TA7291P［Hブリッジ］ 197	
	TC74HC14AP［シュミットトリガ・インバータ］……… 173	

【著者紹介】

川谷亮治（かわたに・りょうじ）

学　歴　大阪大学大学院工学研究科 産業機械工学専攻 博士課程修了（1984年）
　　　　工学博士
職　歴　大阪大学大学 工学部 助手（1984年），同講師（1990年）
　　　　長岡技術科学大学 助教授（1991年）
　　　　福井大学 助教授（2000年），准教授（2007年）
著　書　『フリーソフトで学ぶ線形制御』森北出版，2008年
　　　　『「Maxima」と「Scilab」で学ぶ古典制御（改訂版）』工学社，2014年

高田直人（たかだ・なおと）

学　歴　中部大学 工学部 電子工学科卒業（1986年）
　　　　中部大学大学院 電気工学専攻 博士課程（前期課程）修了（1988年）
職　歴　長野県飯田OIDE長姫高等学校 電気電子工学科 教諭
著　書　『CによるPIC活用ブック』東京電機大学出版局，2003年
　　　　『1ランク上のPICマイコンプログラミング』東京電機大学出版局，2013年

実験で学ぶメカトロニクス　TK400SHボード実習

2016年4月20日　第1版1刷発行　　　　　　　　ISBN 978-4-501-33180-1　C3055

著　者　川谷亮治，高田直人
　　　　© Kawatani Ryoji, Takada Naoto　2016

発行所　学校法人 東京電機大学　　　　〒120-8551　東京都足立区千住旭町5番
　　　　東京電機大学出版局　　　　　〒101-0047　東京都千代田区内神田1-14-8
　　　　　　　　　　　　　　　　　　Tel. 03-5280-3433（営業）03-5280-3422（編集）
　　　　　　　　　　　　　　　　　　Fax.03-5280-3563　振替口座 00160-5-71715
　　　　　　　　　　　　　　　　　　http://www.tdupress.jp/

JCOPY ＜(社)出版者著作権管理機構 委託出版物＞
本書の全部または一部を無断で複写複製（コピーおよび電子化を含む）することは，著作権法上での例外を除いて禁じられています。本書からの複製を希望される場合は，そのつど事前に，(社)出版者著作権管理機構の許諾を得てください。また，本書を代行業者等の第三者に依頼してスキャンやデジタル化をすることはたとえ個人や家庭内での利用であっても，いっさい認められておりません。
［連絡先］TEL 03-3513-6969，FAX 03-3513-6979，E-mail：info@jcopy.or.jp

印刷：三立工芸㈱　　製本：誠製本㈱　　装丁：大貫伸樹
落丁・乱丁本はお取り替えいたします。　　　　　　　　　　　　　　Printed in Japan